高职高专电子/通信类专业系列教材

光纤通信技术与设备

（第三版）

主　编　曾庆珠　杜庆波　李　洁
副主编　黄先栋　丁秀锋　王文轩　张志友

西安电子科技大学出版社

内 容 简 介

本书是在第一版和第二版的基础上，广泛征求意见，再次修订而成的。

本书内容包括光纤通信基本理论、光纤线路工程和光纤设备应用三部分。基本
理论部分知识点通俗易懂、循序渐进；光纤线路工程部分主要强调工程应用；光纤
设备应用部分的实践主要借助中兴 ZXMP S320 光端机组成的传输网络来完成，内
容丰富，实用性强。

本书可作为高职高专通信、电子等专业的教材，也可供电大、函大、成人自考
等有关专业选用，对光纤通信工程技术人员也有一定的参考价值。

图书在版编目(CIP)数据

光纤通信技术与设备/曾庆珠，杜庆波，李洁主编. —3 版.
—西安：西安电子科技大学出版社，2019.3(2021.8 重印)
ISBN 978 - 7 - 5606 - 5217 - 7

Ⅰ. ① 光… Ⅱ. ① 曾… ② 杜… ③ 李… Ⅲ. ① 光纤通信－通信技术
② 光纤通信－通信设备 Ⅳ. ① TN929.11

中国版本图书馆 CIP 数据核字(2019)第 019200 号

责任编辑 宁晓蓉 秦志峰
出版发行 西安电子科技大学出版社(西安市太白南路 2 号)
电 话 (029)88202421 88201467 邮 编 710071
网 址 www.xduph.com 电子邮箱 xdupfxb001@163.com
经 销 新华书店
印刷单位 西安创维印务有限公司
版 次 2019 年 3 月第 3 版 2021 年 8 月第 9 次印刷
开 本 787 毫米×1092 毫米 1/16 印张 21.5
字 数 503 千字
印 数 21 001～24 000 册
定 价 49.00 元
ISBN 978 - 7 - 5606 - 5217 - 7/TN

XDUP 5519003 - 9

序

进入 21 世纪以来,高等职业教育呈现出快速发展的形势。高等职业教育的发展,丰富了高等教育的体系结构,突出了高等职业教育的类型特色,顺应了人民群众接受高等教育的强烈需求,为现代化建设培养了大量高素质技能型专门人才,为高等教育大众化做出了重要贡献。目前,高等职业教育在我国社会主义现代化建设事业中发挥着越来越重要的作用。

教育部 2006 年下发了《关于全面提高高等职业教育教学质量的若干意见》,其中提出了深化教育教学改革,重视内涵建设,促进"工学结合"人才培养模式改革,推进整体办学水平提升,形成结构合理、功能完善、质量优良、特色鲜明的高等职业教育体系的任务要求。

根据新的发展要求,高等职业院校积极与行业企业合作开发课程,根据技术领域和职业岗位群任职要求,参照相关职业资格标准,改革课程体系和教学内容,建立突出职业能力培养的课程标准,规范课程教学的基本要求,提高课程教学质量,不断更新教学内容,而实施具有工学结合特色的教材建设是推进高等职业教育改革发展的重要任务。

为配合教育部实施质量工程,解决当前高职高专精品教材不足的问题,西安电子科技大学出版社与中国高等职业技术教育研究会在前三轮联合策划、组织编写"计算机、通信、电子、机电及汽车类专业"系列高职高专教材共 160 余种的基础上,又联合策划、组织编写了新一轮"计算机、通信、电子类专业"系列高职高专教材共 120 余种。这些教材的选题是在对全国范围内近 30 所高职高专院校教学计划和课程设置进行充分调研的基础上策划产生的。教材的编写采取在拥有教育部精品专业或示范性专业的高职高专院校中公开招标的形式,以吸收尽可能多的优秀作者参与投标和编写。在此基础上,召开系列教材专家编委会,评审教材编写大纲,并对中标大纲提出修改、完善意见,确定主编、主审人选。该系列教材以满足职业岗位需求为目标,以培养学生的应用技能为着力点,在教材的编写中结合任务驱动、项目导向的教学方式,力求在新颖性、实用性、可读性三个方面有所突破,体现高职高专教材的特点。已出版的第一轮教材共 36 种,2001 年全部出齐,从使用情况看,比较适合高等职业院校的需要,普遍受到各学校的欢迎,一再重印,其中《互联网实用技术与网页制作》在短短两年多的时间里先后重印 6 次,并获教育部 2002 年普通高校优秀教材奖。第二轮教材共 60 余种,2004 年已全部出齐,有的教材出版一年多的时间里就重印 4 次,反映了市场对优秀专业教材的需求。前两轮教材中有十几种入选国家"十一五"规划教材。第三轮教材 2007 年 8 月之前全部出齐。本轮教材预计 2009 年全部出齐,相信也会成为系列精品教材。

教材建设是高职高专院校教学基本建设的一项重要工作。多年来,高职高专院校十分重视教材建设,组织教师参加教材编写,为高职高专教材从无到有,从有到优、到特而辛勤工作。但高职高专教材的建设起步时间不长,还需要与行业企业合作,通过共同努力,出版一大批符合培养高素质技能型专门人才要求的特色教材。

我们殷切希望广大从事高职高专教育的教师面向市场、服务需求,为形成具有中国特色和高职教育特点的高职高专教材体系做出积极的贡献。

中国高等职业技术教育研究会会长
2007 年 6 月

高职高专电子/通信类专业系列教材
编审专家委员会名单

主　任：温希东（深圳职业技术学院副校长　教授）

副主任：马晓明（深圳职业技术学院通信工程系主任　教授）

电子组　于宝明（南京信息职业技术学院电子信息学院院长　副教授）

马建如（常州信息职业技术学院电子信息工程系副主任　副教授）

刘　科（苏州职业大学信息工程系　副教授）

刘守义（深圳职业技术学院　教授）

许秀林（南通职业大学电子系副主任　副教授）

高恭娴（南京信息职业技术学院电子信息工程系　副教授）

余红娟（金华职业技术学院电子系主任　副教授）

宋　烨（长沙航空职业技术学院　副教授）

李思政（淮安信息职业技术学院　副教授）

苏家健（上海第二工业大学电子电气工程学院　教授）

张宗平（深圳信息职业技术学院电子通信技术系　高级工程师）

陈传军（金陵科技学院电子系主任　副教授）

徐丽萍（南京工业职业技术学院电气与自动化系　高级工程师）

涂用军（广东科学技术职业学院机电学院副院长　副教授）

郭再泉（无锡职业技术学院自动控制与电子工程系主任　副教授）

曹光跃（安徽电子信息职业技术学院电子工程系主任　副教授）

梁长垠（深圳职业技术学院电子工程系　副教授）

通信组　王巧明（广东邮电职业技术学院通信工程系主任　副教授）

江　力（安徽电子信息职业技术学院信息工程系主任　副教授）

余　华（南京信息职业技术学院通信工程系　副教授）

吴　永（广东科学技术职业学院电子系　高级工程师）

张立中（常州信息职业技术学院　高级工程师）

李立高（长沙通信职业技术学院　副教授）

林植平（南京工业职业技术学院电气与自动化系　高级工程师）

杨　俊（武汉职业技术学院通信工程系主任　副教授）

俞兴明（苏州职业大学电子信息工程系　副教授）

项目策划　马乐惠

策　划　张媛　薛媛　张晓燕

前　言

《光纤通信技术与设备》系统讲述了光纤通信的基本原理与关键技术，侧重于设备应用和工程。第三版在保留前两版基本内容的基础上，作了许多优化和改进，主要体现在：

（1）删除了前两版中的第 7 章"仪器及仪表"和第 8 章"光纤通信新技术"的内容，分别更新为第 7 章"PTN 技术"和第 8 章"OTN 技术"，内容更加丰富，结构更加合理，充分体现了"厚基础、重技能"的人才培养目标。

（2）增加了章节知识点微课、视频和动画，每章节配备 PPT 课件，扫描二维码即可查看。

（3）在原有章节课后习题的基础上，增加了习题参考答案。

本书共 8 章。第 1 章主要介绍光纤通信技术的发展、特点及系统组成；第 2 章主要介绍光纤和光缆的结构、导光原理及传输器件，光缆线路的敷设及接续，光纤和光缆的发展现状等；第 3 章主要介绍光源器件、光检测器及光无源器件的结构、特点、工作原理及应用；第 4 章主要介绍光发射机与光接收的结构、原理及技术指标；第 5 章主要介绍 SDH 优缺点、帧结构、复用原理、开销、设备的逻辑组成及 SDH 自愈网等；第 6 章主要介绍 ZTE ZXMP S320 光端机设备的结构组成、设备维护及常用故障排除操作等；第 7 章主要介绍 PTN 技术及设备配置；第 8 章主要介绍 OTN 技术及设备配置。

本书的第 1、3、4 章及第 2、7 章部分内容由曾庆珠编写，第 2 章由王文轩和杜庆波编写，第 5、6 章由李洁和张志友编写，第 7 章由丁秀锋编写，第 8 章由黄先栋编写，全书由曾庆珠统稿。

限于编者的水平，书中难免存在不妥之处，敬请读者批评指正。

编　者

2018 年 12 月

第二版前言

目前，光纤光缆在我国通信网中已成为主流传输介质，光缆线路工程、光纤通信设备投资比重也越来越大，光纤通信技术已成为支撑通信业务网最重要的通信技术之一。近年来，由于国家电信改革的需要，电信运营行业一分为六，越来越多的社会资源参与到电信行业的工程建设、运行维护等环节。通信行业的竞争越来越激烈，导致企业不得不关注"岗位成本"。因此，社会急需既具有一定的基础理论，又掌握实用技能的光纤通信工程技术人员。

本教材注重素质教育，注重应用型人才能力的培养，立足基本概念和工程技术应用，在编排上具有精内容重技能、理论与实践紧密结合的特点。内容删繁就简，突出主线，突出重点，通俗易懂，循序渐进。为便于理解和记忆，书中配备了大量的插图。本教材编者有从事高等职业教育的教师，还有大型骨干企业的一线工程师。本书在结构、内容安排方面，总结了编者多年来在教学改革、教材建设、工程建设和科研创新等方面取得的经验，力求全面体现高等职业教育的特点，满足学校教学和企业工程的需要。

本书共 8 章。第 1 章主要介绍光纤通信技术的发展、特点及系统组成；第 2 章主要介绍光纤光缆的结构、导光原理及传输特性，光缆线路的敷设及熔接，光纤光缆的发展现状等；第 3 章主要介绍光源器件、光检测器及光无源器件的结构、特点、工作原理及应用；第 4 章主要介绍光发射机与光接收机的结构、原理及技术指标；第 5 章主要介绍 SDH 特点、帧结构、复用原理、开销、设备的逻辑组成及 SDH 自愈网等；第 6 章主要介绍 ZTE ZXMP S320 光端机设备的结构组成、设备维护及常用故障排除操作等；第 7 章主要介绍光纤通信工程中涉及的仪器与仪表；第 8 章主要介绍光纤通信的新技术。

本书的第 1、3、7 章及第 4、8 章的部分内容由曾庆珠编写，第 2 章由王文轩和沈敏（网盈公司）编写，第 5、6 章由李洁编写，第 4、6 章的部分内容由王田田（中兴通讯）编写，第 2、4 章部分内容由曹雪编写，第 8 章部分内容由邓韦编写，全书由杜庆波统稿。教材编写过程中得到了南京信息职业技术学院、网盈南京分公司和中兴通讯有限公司的工程师和教师的大力支持，在此表示衷心的感谢。

限于编者水平，书中难免存在疏漏及不妥之处，敬请读者批评指正。

编 者

2011 年 11 月

第 一 版 前 言

目前，光纤光缆在我国通信网中已成为主流传输介质，光缆线路工程、光纤通信设备投资比重也越来越大，光纤通信技术已成为支撑通信业务网最重要的通信技术之一。近年来，由于国家电信改革的需要，电信运营行业一分为六，越来越多的社会资源参与到电信行业的工程建设、运行维护等环节。通信行业的竞争越来越激烈，导致企业不得不关注"岗位成本"。因此，社会急需既具有一定的基础理论，又掌握实用技能的光纤通信工程技术人员。

本教材在讲述光纤通信基本原理的基础上，着重强调其概念和工程应用，在教材编排上具有精内容重技能、先理论后实践的特点。本教材的工程部分涉及的各类光纤通信设备和应用方案，都是作者长期经验的积累，非常实用。教材中涉及的各类实验的过程和结论都已通过验证。教材在编排上力求通俗易懂、循序渐进，为便于理解和记忆，书中还配有大量的插图。

本书共 7 章。第 1 章主要介绍光纤通信技术的发展、特点及系统组成；第 2 章主要介绍光纤光缆的结构、导光原理及传输特性，光缆线路的敷设及熔接，光纤光缆的发展现状等；第 3 章主要介绍光源器件、光检测器及光无源器件的结构、特点、工作原理及应用；第 4 章主要介绍光发射机与光接收机的结构、原理及技术指标；第 5 章主要介绍 SDH 特点、帧结构、复用原理、开销、设备的逻辑组成及 SDH 自愈网等；第 6 章主要介绍 ZTE ZXMP S320 光端机设备的结构组成、设备维护及常用故障排除操作等；第 7 章主要介绍光纤通信工程中涉及的仪器与仪表。

本书的第 1、3、7 章及第 4 章的部分内容由曾庆珠编写，第 2 章由王文轩编写，第 5、6 章由李洁编写，第 4 章的部分内容由杜庆波编写，全书由杜庆波统稿。

限于编者的水平，书中难免存在疏漏及不妥之处，敬请读者批评指正。

编 者

2007 年 12 月

目　　录

第 1 章　概　　论

★ **本章目的**

　　了解光纤通信的发展
　　了解光纤通信系统的基本组成
　　掌握光纤通信的特点

☆ **知识点**

　　光通信与光纤通信
　　光纤通信系统的构成
　　光纤通信的特点

1.1　光纤通信发展史

　　在世界技术革命的浪潮中，光纤数字通信技术异军突起，迅猛发展，它的发展速度超出了人们的预想，光纤通信被誉为通信方式中的王牌。

　　1880 年，贝尔发明了光话系统，但光通信的关键性困难——光源和传光介质问题没有解决，所以此后长达 80 年左右的时间内，光通信技术进展缓慢。

　　1960 年美国科学家梅曼发明了世界上第一台红宝石激光器，1960 年贝尔实验室又发明了氦 - 氖激光器。激光器的发明使光通信的研究有了进展。对于传光介质，在 20 世纪 60 年代初出现了研究大气激光通信的热潮。这种通信方式的优点是无需敷设线路，经济方便；缺点是受自然条件的影响太大，难以实现。在大气激光通信的研究受阻之后，又有人进行了地下光波通信的实验，但这种通信方式系统复杂、造价高、测试困难，也无法实现。

　　1964 年，高锟博士根据介质波导理论提出光纤通信的概念。他指出：只要设法消除玻璃中的杂质，就完全有可能做出衰减低于 20 dB/km 的光纤，并且光纤损耗极限还远低于这个数值。这一重大研究成果使光纤通信的研究出现了生机。英籍华人高锟博士因此被誉为"光纤通信之父"。2009 年，高琨博士以"涉及光纤传输的突破性成就"获得诺贝尔物理学奖。

　　1970 年是光纤通信史上闪光的一年。这一年美国康宁玻璃公司拉制出了衰减为 20 dB/km 的低损耗光纤。同一年，贝尔实验室又成功研究出在室温下可连续工作的激光器。此后，光纤的损耗不断下降，1972 年降至 4 dB/km，1973 年降至 1 dB/km，1976 年降至 0.5 dB/km。1970 年，美国首先在亚特兰大成功地进行了速率为 44.763 Mb/s、距离为 10 km 的光纤通信系统的现场试验，使光纤通信向实用化迈出了第一步。1980 年，多模光纤通信系统投入商用，单模光纤通信系统也进入现场试验阶段。1983 年，美、日、德、法、英、荷、意等国都先后宣布以后不再使用电缆，而改用光缆。

随着光纤通信技术的日益发展，光缆不仅敷向陆地，而且敷向海底。美、日、英联合建立的太平洋海底光缆全长 8300 km，使用 840 Mb/s 系统，连接美、日、新西兰等国。由美、英、法联合建设的横跨大西洋的海底光缆全长 6000 km，使用 560 Mb/s 系统，1991 年开通使用。

在光纤通信领域，我国从研制到推广应用用了不到 15 年的时间，其发展之快、应用范围之广、规模之大、所涉及学科之多是前所未有的。

光纤通信目前已经经历了三代。第一代使用 PDH 技术，那时的网络比较简单，适合于小容量传输，传输速率为 2.048/8.448/34.368/139.264 Mb/s；第二代使用 SDH 技术，是宽带传输，速率为 155/622/2500 Mb/s，适合于用户传输网络建设和市话传输网络建设；第三代使用 SDH ＋ DWDM 技术，性能卓越，其中光中继传输的使用使通信方式向全光通信迈进了一大步，波分复用技术使通信容量达到 10 Gb/s、20 Gb/s、40 Gb/s、80 Gb/s 和 320 Gb/s。现在，光纤通信正在向高速率、大容量和智能化的方向发展。光纤通信、卫星通信和无线通信是现代化通信的三大支柱，其中光纤通信是主体。

1.2　光纤通信系统的结构与分类

现代的光纤通信系统采用的技术包括准同步数字体系（PDH，Plesiochronous Digital Hierarchy）、同步数字体系（SDH，Synchronous Digital Hierarchy）和密集波分复用（DWDM，Dense Wavelength Division Multiplexing）等。

光纤通信概述

最基本的光纤通信系统组成如图 1－1 所示。它由电端机、光端机、光纤、中继器等组成。通信是双方向的，现在仅以一个方向为例，说明其工作的主要过程。一个方向包括 6 个部分，即电发送侧、光发送侧、光纤、中继器、光接收侧、电接收侧。电发送侧和电接收侧属于电端机（多路调制解调设备），同理，光发送侧和光接收侧属于光端机。此外还有一些附属设备，如光纤配线架等。

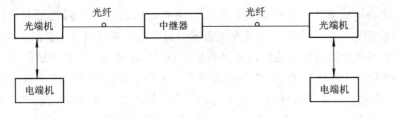

光电话系统

图 1－1　光纤通信系统模型

（1）电发送侧的主要任务是对电信号进行放大、复用、成帧等处理，然后输送到光发送侧。

（2）光发送侧的主要任务是将电信号转换为光信号，并进行处理，然后耦合到光纤。

（3）光纤的主要任务是传送光信号。

（4）中继器的主要任务是放大和整形。它将接收的光信号转换为电信号，然后进行处理，处理结束后，又将电信号转换为光信号，继续向前传送。

（5）光接收侧的主要任务是接收光信号，并将光信号转换为电信号。

（6）电接收侧的主要任务是对电信号进行解复用、放大等处理。

经过上述处理后，就可以进行双向通信了。

1.3　光纤通信的特点

光纤通信之所以成为通信方式中的王牌，是因为它具有以往任何通信方式不可比拟的优越性。与电缆或微波通信相比，光纤通信具有许多的优点，表现如下：

（1）通信容量大。理论上，如头发丝粗细的光纤可同时传输 1000 亿路语音，实际应用中可同时传输 24 万路。这比传统的电缆或微波通信高出了几百甚至上千倍。而且一根光缆中可包含多根甚至几十根光纤，如果再使用复用技术，其通信容量之大十分惊人。

（2）传输损耗小，中继距离长。目前，光纤的衰减被控制在 0.19 dB/km 以下，其衰减系数很低，可使中继距离延长到数百千米。有关资料显示，已经进行的光孤子通信试验可达到传输 120 万个话路、6000 km 无中继的水平，而电缆或微波通信其中继距离分别是 1.5 km 和 50 km。可见光纤通信用于通信干线、长途网络是十分合适的。

（3）抗干扰性强。

① 光波信号在光纤中传输的时候，只在光纤的"纤芯"中进行，不同光纤芯线之间几乎不存在相互间的串扰，无光泄漏，因此保密性好。

② 光纤通信不受外界的电磁干扰，而且耐腐蚀、可挠性强（弯曲半径大于 25 cm 时性能不受影响）。

③ 光纤信道带宽很大，特别适合于采用数字通信方式，而抗干扰性强又正是数字通信的一大优点。

（4）可节省大量的金属材料。制造电缆使用铜材料，但地球上的铜资源非常有限，而制造光纤用的二氧化硅材料资源则非常丰富。据测算，使用 1000 km 的光缆可节省 150 吨铜和 500 吨铅。

（5）体积小、重量轻、便于施工和维护。光纤的重量轻，如军用的特制轻质光缆只有 5 kg/km。光缆的施工方式也很灵活，维护也比较方便。

光纤通信也存在一些不足，主要表现为：光信号难以直接放大，弯曲半径不宜太小，分路耦合不方便，需要高级的切断接续技术等。

1.4　光纤通信网涉及的器件与产品

从图 1-1 可以看出，光纤通信就是指利用光纤作为传输介质，实现光信号传输的通信方式。它是由电端机、光端机（光发射机、光接收机）、光纤等部件组成的，一部分属于电子电路，用于传输电信号；一部分属于光域，用于传输光信号。用来传输光信号的有光纤、光源、光电检测器、光放大器和光无源器件。

（1）光纤。光纤是光纤通信的传输媒质，其任务是传送光信号。光纤通信系统的波长在近红外波长范围。光纤通信的传输媒质材料是石英，它属于介质波导，是一个圆柱体，由纤芯和包层组成。纤芯折射率为 n_1，包层的折射率为 n_2，且 $n_1 > n_2$。当满足全反射条件时，就可将光限制在纤芯中传播。

光纤的主要特性是损耗和色散。损耗用衰减系数表示，其单位为 dB/km。光纤有三个低损耗窗口，波长分别为 $\lambda_0 = 0.85\ \mu m$（短波长波段）、$\lambda_0 = 1.31\ \mu m$（长波长波段）、$\lambda_0 = 1.55\ \mu m$（长波长波段）。

光纤的色散是指由于在光纤中不同频率成分和不同模式成分的光信号的传输速度不同而使光脉冲展宽的现象。色散用色散系数表示，其单位为 ps/(nm · km)。信号的散开即色散的存在影响传输带宽，进而影响光纤的传输容量和传输距离。

【知识扩展】

空芯光纤属于光电子材料领域，是传输可见光及近红外光的光波导，也是粒子导管。空芯光纤的主要特征是在各个方向上有一对或数对近似直角样（截角）棱镜或其层状结构，或者是等径圆柱构成的密堆积或松排列周期或非周期层状结构。光主要沿纵向传输，在横向，光在包层结构中经两次或多次（近似）全反射，返至空芯区，由此限制光束发散而形成导模。该光纤非线性效应小、损耗小、单模工作的波长范围大，可传输超短脉冲或制作其他光电器件。

（2）光端机。光源的作用是将电转换为光，即完成电/光转换。常用的光源有激光器（LD）和发光二极管（LED），它们是光发送侧的主要器件。激光器性能较好，价格较贵。发光二极管性能稍次，价格较低。

光电检测器的作用是将光转换为电，即完成光/电转换。常用的光电检测器有 PIN 光电二极管和雪崩光电二极管（APD），其中 APD 有放大作用。

（3）电端机。电端机的作用是对来自光源的信号进行模/数转换、多路复用等处理。

（4）光放大器。光放大器的作用是放大光信号，它接收来自光纤的光信号，将光信号放大后，又送至下一段光纤继续进行传送。它将置换中继器，在全光通信中起重要作用。

光放大器的种类有半导体光放大器、非线性光纤放大器和掺铒光纤放大器，其中最重要的是掺铒光纤放大器。

（5）光无源器件。光无源器件与电无源器件一样重要，光无源器件是为光路服务的。在光纤通信中除了使用上述光器件之外，还使用了光纤活动连接器、固定连接器、光衰减器、无源光耦合器、光波分复用器、光隔离器和光开关等光无源器件。

1.5　光纤通信的应用与发展

1. 光纤通信在我国的应用

1973 年，我国开始研究光纤通信，主要集中在石英光纤、半导体激光器和编码制式通信机等方面。

1978 年改革开放后，我国的光纤通信研发工作进程大大加快。上海、北京、武汉和桂林都研制出了光纤通信试验系统。1982 年邮电部重点科研工程"八二工程"在武汉开通，该工程被称为实用化工程，要求一切商用产品而不是试验品要符合国际 CCITT 标准，要由设计院设计，并由工人施工，而不是由科技人员施工。从此中国的光纤通信进入实用阶段。

进入 20 世纪 80 年代后，数字光纤通信的速率已达到 144 Mb/s，可传送 1980 路电话。

光纤通信作为主流被大量采用,在传输干线上全面取代电缆。

经过国家"六五"、"七五"、"八五"和"九五"计划,我国已建成"八纵八横"干线网,连通全国各省区市。光纤通信已成为我国通信的主要手段。

2. 光纤通信的发展趋势

(1)向超长距离传输发展。无中继传输是骨干传输网的理想,目前已能够实现 2000 ~ 5000 km 的无中继传输。通过采用拉曼光放大技术等新的技术手段,有望更进一步延长光传输的距离。

(2)向超高速系统发展。高比特率系统的经济效益大致按指数规律增长,这促使光纤通信系统的传输速率在近 30 年来一直持续增加,增加了约 2000 倍,比同期微电子技术的集成度增加速度还快得多。高速系统的出现不仅增加了业务传输容量,而且也为各种各样的新业务,特别是宽带业务和多媒体业务提供了可靠的保证。

(3)向超大容量波分复用(WDM)系统发展。如果将多个发送波长适当错开的光源信号同时在光纤上传送,则可大大增加光纤的信息传输容量,这就是波分复用的基本思路。采用波分复用系统可以充分利用光纤的巨大带宽资源,使容量迅速扩大几倍甚至上百倍,也可在大容量长途传输时节约大量光纤和再生器,从而大大降低了传输成本。利用 WDM 网络实现网络交换和恢复,可望实现未来透明的、具有高度生存性的光联网。

其他方面,如光纤入户(FTTH)技术、光交换技术、新的光电器件、光孤子技术等,都是当前光纤通信的重点发展方向。

【知识扩展】

随着 WDM 和 DWDM 技术的应用,光纤通信系统的速率从单波长的 2.5 Gb/s 和 10 Gb/s 爆炸性地发展到多波长的 Tb/s(1 Tb/s＝1024 Gb/s)传输,当今实验室光系统速率已超过 10 Tb/s。

从 20 世纪 80 年代开始,我国开始建设横贯全国的"八横八纵"光纤光缆工程,历时 15 年,建设了一个由 48 条光缆干线组成,总长度接近 8 万千米,覆盖全国所有省会城市和 70% 以上地市的经纬交织的光纤网络。

"八横八纵"大容量光纤通信网的具体线路如下:

八纵:哈尔滨—沈阳—大连—上海—广州,齐齐哈尔—北京—郑州—广州—海口—三亚,北京—上海,北京—广州,呼和浩特—广西北海,呼和浩特—昆明,西宁—拉萨,成都—南宁。

八横:北京—兰州,青岛—银川,上海—西安,连云港—新疆伊宁,上海—重庆,杭州—成都,广州—南宁—昆明,广州—北海—昆明。

近年来,我国光缆线路总长度年增长 17% 以上,至 2017 年,我国的光缆线路总长度已达 3747 万千米。

本 章 小 结

1960 年梅曼(T. H. Maiman)发明了红宝石激光器,产生了单色相干光,为光纤通信提供了合适的光源。1966 年,英籍华人科学家高锟(C. K. Kao)博士提出了利用玻璃制作通信光导纤维(即光纤)的可行性。随后美国康宁公司首先研制出损耗为 20 dB/km 的光纤,证实了高锟的理论。激光器及光纤的出现，为光纤通信的实用化奠定了基础。

最基本的光纤通信系统由电端机、光端机、光纤（光缆）和中继器组成。电端机主要用来进行复用和解复用处理，光端机主要用来进行 E/O 或 O/E 处理，光纤用来传送光信号，中继器用来进行 E/O 和 O/E 转换、放大、整形处理。

光纤通信具有通信容量大，传输损耗小，中继距离长，抗干扰能力强，节省资源，体积小，重量轻，便于施工和维护等优点。

光纤通信已经成为我国通信网的主体，"八纵八横"光纤干线网基本形成。

光纤通信自身的巨大技术优势以及网络应用的要求，使光纤通信技术向超长距离传输、超高速系统、超大容量波分复用（WDM）方向发展。光纤入户（FTTH）技术、光交换技术、新的光电器件、光孤子技术等新技术、新器件、新标准的研发，必将极大地促进光纤通信技术的发展及应用，极大地影响人类生活的各个领域。

习　　题

一、填空题

1. 1966 年华人科学家_____首次提出利用石英介质进行导光的概念。1970 年，康宁公司研制成功低损耗石英光纤。

2. 对于 SiO_2 光纤，有_____、_____和_____三个低损耗窗口，它们是目前光纤通信的实用工作波长。

3. 光纤通信系统主要由_____、_____、_____和长途干线上必须设置的光中继器组成。

4. 利用_____传输_____的通信方式称为光纤通信。

5. _____是光纤通信的主要传输媒质。

6. 光纤的主要特性是_____和_____。

二、选择题

1. 1970 年，光纤研制取得了重大突破，美国康宁公司成功研制了损耗为（　　　　）的石英光纤，从而展现了光纤通信美好的前景。

A. 20 dB/km　　　　　B. 1000 dB/km　　　　　C. 2.5 dB/km　　　　　D. 4 dB/km

2. 光纤通信的优越性包括（　　　）。（多选题）

A. 传输频带宽，通信容量大　　　　　B. 传输损耗小　　　　　C. 抗电磁干扰的能力强

D. 光纤线径细、重量轻，而且制作光纤的资源丰富　　　　　E. 泄漏小，保密性好

三、判断题

1. 光波属于电磁波的范畴，属于光波范畴之内的电磁波包括紫外线、可见光和红外线。（　　　　）

2. 光纤通信中光中继器的形式主要有两种，一种是光/电/光转换形式的中继器，另一种是在光信号上直接放大的光放大器。（　　　　）

第 2 章　光纤与光缆工程

★ **本章目的**

　　掌握光纤、光缆的结构及类型

　　了解光纤的导光原理

　　掌握光纤的传输特性

　　了解光缆的敷设和熔接

☆ **知识点**

　　光纤、光缆的结构和类型

　　全反射、矢量模求解

　　损耗、色散特性

　　MCVD 法

　　光缆接续操作

　　光纤是优良的传输介质，是光纤通信系统的重要组成部分，提供了光信号传输的信道。光纤具有信息传输容量大，中继距离长，不受电磁场干扰，保密性能好和使用轻便等优点。为保证光纤性能稳定，系统运行可靠，必须根据实际使用环境设计各种结构的光纤和光缆。本章从应用的观点概述光纤的导光原理、光纤和光缆的类型和特性，以供设计光纤系统时参考。

2.1　光　纤　概　述

1. 光纤结构

　　光纤是光导纤维的简称，它是一种新的导光材料。现在实用的光纤是比人的头发丝稍粗的玻璃丝，外径一般为 $125\sim140~\mu m$，芯径一般为 $3\sim100~\mu m$。光纤在光通信系统中的作用是在不受外界干扰的条件下，低损耗、小失真地将光从一端传送到另一端。

　　光纤的基本结构一般是双层或多层的圆柱体，如图 2-1 所示。中心部分是纤芯，纤芯以外的部分称为包层。纤芯的作用是传导光，包层的作用是将光波封闭在光纤中传播。为了达到传导光波的目的，需要使纤芯材料的折射率 n_1 大于包层的折射率 n_2。为了实现纤芯与包层的折射率差，需要使纤芯与包层的材料有所不同。目前实际纤芯的主要成分是石英。如果在石英中掺入一定的掺杂剂，就可作为包层材料。经这样的掺杂后，上述目的就可实现了。目前广泛应用的掺杂剂主要是二氧化锗(GeO_2)、五氧化二磷(P_2O_5)、三氧化二硼(B_2O_3)、氟(F)。前两种用于提高石英材料的折射率，后两种用于降低石英材料的折射率。

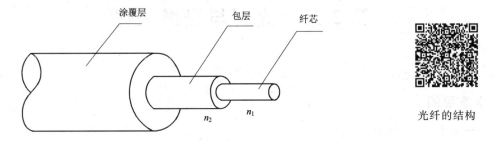

图 2 - 1　光纤的基本结构

　　实用的光纤并不是裸露的玻璃丝，而是要在它的外面附加几层塑料涂层，以保护光纤，增加光纤的强度。经过涂覆以后的光纤称为光纤芯线。涂覆有一次涂覆和二次涂覆。光纤可分为紧套光纤和松套光纤，如图 2 - 2 所示。

图 2 - 2　光纤芯线结构

　　紧套光纤是二次涂覆光纤，其目的是减小外应力对光纤的作用。紧套光纤的优点是结构相对简单，无论是测量还是使用都比较方便。

　　松套光纤是光纤可以在套塑层中自由活动，其优点主要是机械性能好，具有较好的耐侧压力，温度特性好，防水性能好，管中充有油膏，可防止水分进入，有利于提高光纤的稳定可靠性，便于成缆，一般不会引入附加损耗。松套光纤一般都制成一管多芯的结构。

　　【提示】套塑后，光纤的温度特性下降，这是因为套塑材料的膨胀系数比石英高，在低温情况下，压迫光纤发生微弯曲，增加了光纤的损耗。

2. 光纤分类

1) 按材料划分

　　按制作材料的不同，光纤可分为以二氧化硅为主要成分的石英光纤，由多种成分玻璃组成的玻璃光纤，在某种细管内充以一种传光的液体材料组成的液芯光纤，以塑料为材料的塑料光纤，以石英为纤芯和包层、外涂炭素材料的高强度光纤等。

2) 按折射率分布划分

　　按光纤横截面上折射率的分布，光纤可分为阶跃型光纤、渐变型光纤和 w 型光纤，如图 2 - 3 所示，图中 a 为纤芯半径，b 为包层半径，C 为缓冲层半径。

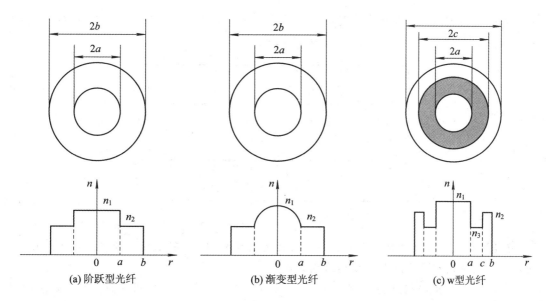

图 2 - 3　光纤的纤芯折射率剖面分布

从图 2 - 3 可以发现，阶跃型光纤在纤芯或包层区域内，其折射率是均匀分布的，值分别为 n_1 和 n_2，且 $n_1 > n_2$，而在纤芯与包层的分界面处，折射率是阶跃变化的；渐变型光纤在光纤轴心处的折射率最大（达到 n_1），而沿截面径向折射率逐渐变小，至纤芯与包层的分界面，折射率降为 n_2，包层区域内，折射率为 n_2，且均匀分布。

光在阶跃型光纤和渐变型光纤中传播的轨迹如图 2 - 4 所示。

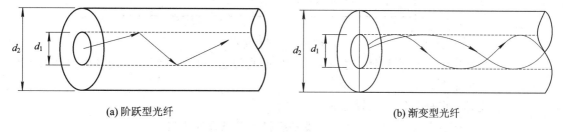

图 2 - 4　光纤中的光传播

3）按传输波长划分

按传输波长划分，光纤可分为短波长光纤和长波长光纤。短波长光纤的波长为 $0.85 \mu m$（$0.8 \sim 0.9 \mu m$），长波长光纤的波长为 $1.3 \sim 1.6 \mu m$，主要有 $1.31 \mu m$ 和 $1.55 \mu m$ 两种。长波长光纤具有衰耗低、带宽大等优点，适用于远距离、大容量的光纤通信。

【提示】光纤的传输波长 $0.85 \mu m$、$1.31 \mu m$ 和 $1.55 \mu m$ 也被称为光纤传输的三个窗口。

4）按传输模的数量划分

按传输模的数量划分，光纤可划分为多模光纤和单模光纤。

当光在光纤中传播时，如果光纤纤芯的几何尺寸（芯径 d_1）远大于光波波长，则光在光纤中会以几十种乃至几百种传播模式进行传播，如图 2 - 5 所示，这些不同的光束称为模式，此时光纤被称为多模光纤。多模传输会产生模式色散现象，导致多模光纤的带宽变窄，降低光纤的传输容量。因此多模光纤适用于小容量或短距离的光纤通信。多模光纤的折射率分布一般为渐变型，纤芯直径一般为 $50\ \mu m$。

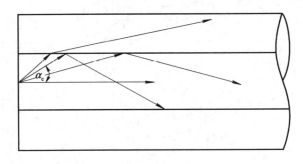

图 2-5　多模传播

【提示】不同的传输模式会具有不同的传播速度和相位，经长距离传输后，会产生时延及光脉冲展宽的现象，该现象被称为模式色散。

单模光纤是指当光纤的几何尺寸（芯径 d_1）较小，与光波长在同一数量级，如芯径 d_1 在 $4\sim10\ \mu m$ 范围时，光纤只允许一种模式（基模）在其中传播，其余的高次模全部截止，这样的光纤称为单模光纤。单模传播如图 2-6 所示。

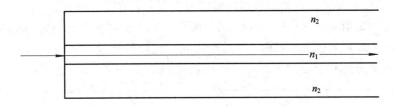

图 2-6　单模传播

单模光纤避免了模式色散，适用于远距离的光纤通信，但其纤芯要求很纤细，因此对制作工艺提出了苛刻的要求。

单模光纤和多模光纤的比较见表 2-1 所示。

表 2-1　单模光纤和多模光纤的比较

项　目	单模光纤	多模光纤
芯径	较细（$10\ \mu m$ 左右）	较粗（$50\sim100\ \mu m$）
与光源的耦合	较难	简单
光纤间连接	较难	较容易
传输带宽	极宽（100 G 量级）	窄（数 G 量级）
微弯曲影响	小	较大
适用场合	远距离、大容量	中短距离、中小容量

3. 光纤制造过程简介

光纤是用高纯度的玻璃材料制成的。下面简单介绍石英光纤的制作工艺。

1）光纤制造过程

（1）制作光纤预制棒。制作光纤的第一步就是利用熔融的、透明状态的二氧化硅（SiO_2，石英玻璃)熔制出一条玻璃棒——光纤预制棒。石英玻璃的折射率为 1.458，则熔制纤芯和包层时，为了满足 $n_1 > n_2$ 的条件，在制备纤芯时，需要均匀地掺入极少量能提高石英折射率的材料，使其折射率为 n_1，在制备包层时，则相反。

（2）拉丝。将光纤预制棒放入高温拉丝炉中加温，使其软化，然后以相似比例的尺寸拉制成又长又细的玻璃丝，最后得到的玻璃丝就是光纤。

光纤的拉丝涂覆工艺

2）制造方法

制备光纤预制棒的方法很多，主要有化学气相沉积法（PCVD、MCVD）、管外化学气相沉积法、轴向气相沉积法、微波腔体的等离子体法、多元素组分玻璃法等。下面简要介绍管内化学气相沉积法（Modified Chemical Vapor Deposition，MCVD）。该方法是制作高质量石英光纤比较稳定可靠的方法。

PCVD 生产工艺

MCVD 法是在石英反应管（也称衬底管、外包管)内沉积内包层和芯层的玻璃，整个系统处于封闭的超提纯状态下，所以用这种方法制得的预制棒可以生产出高质量的单模和多模光纤。MCVD 法制备光纤预制棒的示意图如图 2-7 所示。

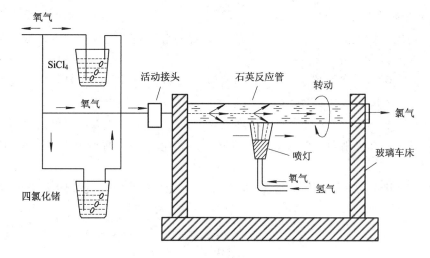

图 2-7 MCVD 法制备光纤预制棒

其基本制作步骤是：

（1）熔制光纤的内包层玻璃。熔制的主材料选择液态的四氯化硅（$SiCl_4$），掺杂剂选择氟利昂（CF_2Cl_2)等低折射率材料。在制作过程中载运气体——氧气带着四氯化硅等物质一起进入石英反应管。随着玻璃车床的旋转，高达 1400℃ ~1600℃ 的氢氧火焰为反应管加热，这时管内的四氯化硅等物质在高温下起氧化反应，形成粉尘状氧化物（SiO_2 - SiF_4等），并逐渐沉积在高温区气流下游的管内壁上，当氢氧火焰的高温区经过这里时，就在石英反应管的内壁上形成均匀透明的掺杂玻璃 SiO_2 - SiF_4。氯气和未反应完的材料均从石英反应管的尾端排出。这样不断地重复沉积，就在管子的内壁上形成一定厚度的玻璃层，作为纤维的内包层。

（2）熔制芯层玻璃。芯层的折射率比内包层的折射率稍高，可选择折射率高的材料如三氯氧磷、四氯化锗等作为掺杂剂。用超纯氧气把掺杂剂等送进反应管中进行高温氧化反应，形成粉尘状氧化物等，沉积在气流下游的内壁上，氢氧火焰烧到这里时，就在内壁上形成透明的玻璃层，沉积在内包层玻璃上。经过一段时间的沉积后，就在石英管的内壁上形成一定厚度的掺锗玻璃，这层玻璃就称为芯层玻璃。

经过数小时的沉积，石英反应管内壁上已沉积了相当厚度的玻璃层，初步形成了玻璃棒体。持续加大火焰，或者降低火焰左右移动的速度，并保持石英反应管的旋转状态，石英反应管在高温下软化收缩，最后形成一个实心棒，即光纤原始的预制棒。原石英反应管已经和沉积的石英玻璃熔缩成一个整体，成为光纤的外包层（或称为保护层）。

2.2　光纤的导光原理

光具有两重性，既可以被看成光波，也可以被看成是由光子组成的粒子流。因此，光纤的导光原理可以使用两种理论来解释：射线理论和波动理论。射线理论把光作为光线处理，比较直观、易懂，但它是一种近似方法，只能作定性分析。波动理论要解麦克斯韦方程，它很严密，有定量结果，但较复杂。

1. 从射线理论分析光纤的导光原理

1）光纤的导光原理

光纤是怎样把光波传向远方的呢？简单直观的解释是从光线的观点来看光的传播，即光是通过全反射来进行传播的。

光进入光纤后的射线传播，通过 3 种介质和 2 种界面进行。这 3 种介质是空气、纤芯和包层。空气的折射率为 n_0（$n_0 \approx 1$），纤芯的折射率为 n_1，包层的折射率为 n_2。空气和纤芯端面之间形成界面 1，纤芯与包层之间形成界面 2。在界面 1，其入射角记为 θ_0，折射角记为 θ。在界面 2，其入射角记为 ϕ_1，折射角记为 ϕ_2。当 $\phi_2 = 90°$ 时称为临界情况，此时的入射角 ϕ_1 记为 ϕ_c。

（1）临界状态时光线的传播情况。临界状态时光线的传播情况如图 2-8(a)所示。因为在界面 2 上有

$$折射角\ \phi_2 = 90°$$
$$入射角\ \phi_1 = \phi_c$$

所以在界面 1 上有

$$折射角\ \theta = 90° - \phi_c$$

现在来求界面 1 上的入射角。根据折射定理有

$$n_0 \sin\theta_0 = n_1 \sin\theta = n_1 \sin(90° - \phi_c) = n_1 \cos\phi_c \qquad (2-1)$$

因为 $n_0 = 1$，所以有

$$\sin\theta_0 = n_1 \cos\phi_c \qquad (2-2)$$

$$\cos\phi_c = \sqrt{1 - \sin^2\phi_c} = \sqrt{1 - \left(\frac{n_2}{n_1}\right)^2} = \frac{1}{n_1}\sqrt{n_1^2 - n_2^2} \qquad (2-3)$$

$$\sin\theta_0 = \sqrt{n_1^2 - n_2^2} \qquad\qquad (2-4)$$

可见，界面 1 的入射角为 θ_0 时，界面 2 的入射角为 ϕ_c，这是临界情况。

（2）在包层与纤芯界面上产生全反射的情况。当光线在界面 1 上入射角小于 θ_0 时，在界面 2 上的入射角大于 ϕ_c，则出现如图 2-8(b) 所示的情况，光将全部反射回纤芯中。根据全反射定律，反射回纤芯的光线，在向另一侧纤芯与包层界面入射时，入射角保持不变，也就是说，这种光线可以在纤芯中不断反射，不产生折射。这种入射光全部反射回纤芯中的反射现象称为全反射。

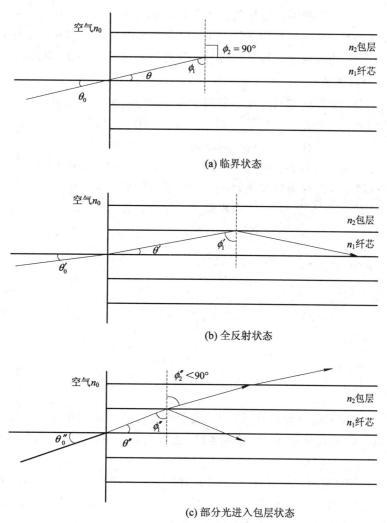

(a) 临界状态

(b) 全反射状态

(c) 部分光进入包层状态

图 2-8　光线的反射和传播

当折射角 $\phi_2 = \dfrac{\pi}{2}$ 时，临界角 ϕ_c 的正弦为

$$\sin\phi_c = \frac{n_2}{n_1} \qquad\qquad (2-5)$$

可见，ϕ_c 的大小由纤芯的包层与纤芯材料的折射率之比来决定。

（3）部分光进入包层的情况。当光线在界面 1 上入射角大于 θ_0 时，在界面 2 上的入射

角则小于 ϕ_c，折射角小于 $90°$，如图 2-8(c)所示。部分光线在纤芯中传送，部分光线折射入包层。

根据上面的分析可知：光线以 θ_0 的角度入射到光纤纤芯，在界面 2 的入射角为 $\phi_1 = \phi_c$，折射角为 $\phi_c = 90°$，此时有一微弱的光线沿界面传播；当光线在界面 1 上入射角小于 θ_0 时，在界面 2 上的入射角则大于 ϕ_c，在包层与界面发生全反射，光线以之字形曲线向前传播，光被封在纤芯中；当光线在界面 1 上入射角大于 θ_0 时，在界面 2 上的入射角则小于 ϕ_c，折射角小于 $90°$，不会产生全反射，一部分光进入包层，进入包层的光将要损耗掉。

结论：因为 $n_1 > n_2$，利用纤芯与包层的折射率差，当在界面 1 的入射角小于 θ_0 时，就会在界面 2 发生全反射，光被封闭在纤芯中，以之字形曲线向前传播。在纤芯与包层界面满足全反射条件时，所对应的光线从空气进入纤芯的入射角 θ_0 称为接收角。

2）传导模和数值孔径

根据前面的分析，当纤芯与包层界面满足全反射条件时，光线只在纤芯内传输，这样形成的模称为传导模。当纤芯与包层界面不满足全反射条件时，部分光线在纤芯内传输，部分光线折射入包层，这种从纤芯向外部辐射的模式叫辐射模。

这样的结论只是一种近似，当进一步研究光的波动性和光波的相位一致条件时，应加以修正。只有既满足全反射条件又满足相位一致条件的光线束才称为传导模。

接收角最大值 θ_0 的正弦与 n_0 的乘积称为光纤的数值孔径，表达式为

$$N_A = n_0 \sin\theta_0 = \sin\theta_0 \qquad (2-6)$$

$$\sin\theta_0 = \sqrt{n_1^2 - n_2^2} = n_1 \sqrt{\frac{n_1^2 - n_2^2}{n_1^2}} = n_1 \sqrt{\frac{(n_1 - n_2)(n_1 + n_2)}{n_1^2}}$$

$$\approx n_1 \sqrt{2 \frac{n_1 - n_2}{n_1}} = n_1 \sqrt{2\Delta} \qquad (2-7)$$

即

$$N_A = n_1 \sqrt{2\Delta} \qquad (2-8)$$

$$\Delta = \frac{n_1 - n_2}{n_1} \qquad (2-9)$$

Δ 为纤芯与包层的相对折射率差。N_A 表示光纤接收光能力的大小。相对折射率差 Δ 增大，数值孔径 N_A 也随之增大。对单模光纤，Δ 为 $0.1\% \sim 0.3\%$，对跃变型多模光纤，Δ 为 $0.3\% \sim 3\%$。

【提示】对无损耗光纤，在 θ_0 内的入射光都能在光纤中传输。N_A 越大，纤芯对光能量的束缚越强，光纤抗弯曲性能越好。但 N_A 越大，经光纤传输后产生的输出信号展宽越大，因而限制了信息传输容量，所以要选择适当的 N_A。

2. 用波动理论分析光纤中的问题

用波动理论求解光纤中的问题，可以得到严格的结果。下面用传统的解法，即矢量解法求解均匀光纤中的问题。由于用这样的方法要进行许多数学推导，因此不作详细推演，仅列出结果，也不作为教学要求，有兴趣的读者请参考有关文献。

1）求矢量解的场方程

在极坐标系中，满足边界条件的电场 z 方向和磁场 z 方向场方程如下：

电场 z 向分量场方程为

$$E_z = A\mathrm{e}^{-\mathrm{j}\beta z} \sin m\theta \begin{cases} \dfrac{J_m\left(\dfrac{u}{\alpha}r\right)}{J_m(u)} & r \leqslant \alpha \\[4mm] \dfrac{K_m\left(\dfrac{W}{\alpha}r\right)}{K_m(W)} & r \geqslant \alpha \end{cases}$$

磁场 z 向分量场方程为

$$H_z = \beta\mathrm{e}^{-\mathrm{j}\beta z} \cos m\theta \begin{cases} \dfrac{J_m\left(\dfrac{u}{\alpha}r\right)}{J_m(u)} & r \leqslant \alpha \\[4mm] \dfrac{K_m\left(\dfrac{W}{\alpha}r\right)}{K_m(W)} & r \geqslant \alpha \end{cases}$$

有了 E_z、H_z 的表示式，其他场分量可以根据麦氏方程求解。

2）解特征方程

特征方程为

$$\frac{J'_m(u)}{uJ_m(u)} + \frac{K'_m(W)}{WK_m(W)} = \pm m\left(\frac{1}{u^2} + \frac{1}{W^2}\right)$$

此方程有两组解，当方程右端取正、负号时各有一组解。式中，$u = \sqrt{k_0^2 n_1^2 - \beta^2}\,\alpha$；$W = \sqrt{\beta^2 - k_0^2 n_2^2}\,\alpha$（$u$ 为导波的径向归一化相位常数，W 为导波的径向归一化衰减常数，β 为相位常数）。

又有 $V = \sqrt{u^2 + W^2} = \sqrt{2\Delta}\,n_1 k_0\alpha$，$k_0 = 2\pi/\lambda_0$。$V$ 叫做光纤的归一化频率，它概括了光纤的结构 α、Δ、n_1 和波长，是一个重要的综合性参数，光纤的许多特性都与光纤的归一化频率 V 有关。

3）矢量模的分类

在光纤中存在四种类型的模：TE 模、TM 模、EH 模和 HE 模。

（1）TE 模、TM 模只在 $m=0$ 时存在，特征方程为

$$-\frac{J_1(u)}{uJ_0(u)} = \frac{K_1(W)}{WK_0(W)}$$

（2）EH 模和 HE 模只在 $m>0$ 时存在，EH 模的特征方程为

$$-\frac{J_{m+1}(u)}{uJ_m(u)} = \frac{K_{m+1}(W)}{WK_m(W)}$$

HE 模的特征方程为

$$\frac{J_{m-1}(u)}{uJ_m(u)} = \frac{K_{m-1}(W)}{WK_m(W)}$$

4）矢量模的特性

矢量模的特性用三个特征参数 u、W、β 来描述。u、W、β 三者之间有确定的关系，知道其中一个，便可以求出另外两个，下面给出的是 u 参数。

（1）导波的截止条件为

$$V_c = u_c$$

即导波在截止状态下的径向归一化相位常数 u_c 与光纤归一化频率 V_c 相等。

（2）TE 模和 TM 模在截止状态下的特征方程为

$$J_0(u_c) = 0$$

u_c 是零阶贝赛尔函数的根，有一系列的值，如用 μ_{0n} 代表零阶贝赛尔函数的第 n 个根，则有

$$u_c = \mu_{0n}$$

（3）通过求零阶贝赛尔函数的根来求解 TE 模和 TM 模的截止频率。

① 求 u_c。

由表可以查得零阶贝赛尔函数的根为

$$\mu_{0n} = 2.404\,83,\ 5.520\,08,\ 8.653\,73\cdots$$

所以，当 $m=0$ 时，求出一系列零阶贝赛尔函数的根 u_c，每个 u_c 对应于一定的场分布及相位常数，且决定了一个 TE 模和一个 TM 模。当 $u_c = 2.404\,83$ 时，得 TE_{01} 和 TM_{01} 模；当 $u_c = 5.520\,08$ 时，得 TE_{02} 和 TM_{02} 模；当 $u_c = 8.653\,73$ 时，得 TE_{03} 和 TM_{03} 模；依此类推。可知，$m=0$ 时，对应于一族 TE 模和 TM 模，记为 TE_{0n} 和 TM_{0n}，下标"0"是贝赛尔函数的阶数，"n"表示特征方程中零阶贝赛尔函数根的序号。

② 求各模的截止条件。

有了截止时的 u_c，根据前面 $V_c = u_c = \mu_{0n}$，可以求得光纤归一化截止频率 V_c。对于 TE_{01}、TM_{01} 模，$V_c = 2.404\,83$；对于 TE_{02}、TM_{02} 模，$V_c = 5.520\,08$；对于 TE_{03}、TM_{03} 模，$V_c = 8.653\,73$。

每一模式有它自己的归一化截止频率，若将实际的光纤归一化频率 V 与各模式的归一化截止频率 V_c 相比，则有

$$导行条件：V_c < V$$
$$截止条件：V_c > V$$
$$临界条件：V_c = V$$

（4）通过求 m 阶贝赛尔函数的根来求解 TE 模和 TM 模的截止频率。

用类似的方法可以求得 $u_c = \mu_{mn}$，μ_{mn} 是 m 阶贝赛尔函数的第 n 个根。

当 $m=1$ 时，

$$EH_{11}\ 模\quad V_c = u_c = \mu_{11} = 3.831\,71$$
$$EH_{12}\ 模\quad V_c = u_c = \mu_{12} = 7.015\,59$$
$$EH_{13}\ 模\quad V_c = u_c = \mu_{13} = 10.173\,47$$

当 $m=2$ 时，

$$EH_{21}\ 模\quad V_c = u_c = \mu_{21} = 5.135\,62$$
$$EH_{22}\ 模\quad V_c = u_c = \mu_{22} = 8.417\,24$$
$$EH_{23}\ 模\quad V_c = u_c = \mu_{23} = 11.619\,84$$

（5）LP_{mn} 模。对于一对确定的 m、n 值有一个确定的 u 值，每一个 u 值对应着一个模式，它有自己的传输特性和传播特性。这种模式称为标量模或 LP_{mn} 模，LP_{mn} 是线极化波的意思，它表示弱导波光纤中的电磁场基本上是一个线极化波，下标 m、n 是波形的编号。

（6）单模光纤。单模光纤是在给定的波长上，只传输单一基模的光纤，例如在均匀光纤中，只传输 LP_{01}（或 HE_{11}）模。光纤的归一化频率越高，传输的模式越多，为此，必须使 V 值小于与基模最靠近的那一模式（称第一高次模）的归一化截止频率，才能实现单模传输。

2.3　光纤的传输特性

光纤特性包括传输特性、光学特性、几何特性、机械特性和温度特性等，这里仅介绍传输特性。传输特性包括损耗特性和带宽特性，主要参数有衰减、带宽和色散。

1. 光纤的损耗

光纤传播的光能有一部分在光纤内部被吸收，有一部分可能辐射到光纤外部，使光能减少，产生损耗。光纤每公里的损耗称为衰减系数，单位为 dB/km。衰减系数与波长的关系曲线称为衰减谱，如图 2-9 所示。

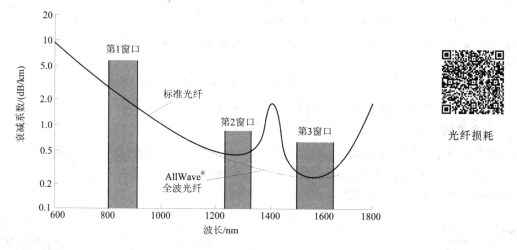

光纤损耗

图 2-9　光纤的衰减谱

在衰减谱上，衰减系数出现的高峰称为吸收峰；衰减系数较低所对应的波长称为窗口，常说的工作窗口是指下列波长：$\lambda_0 = 0.85\ \mu m$、$\lambda_0 = 1.31\ \mu m$、$\lambda_0 = 1.55\ \mu m$。光纤衰减分为吸收衰减和散射衰减两种。吸收衰减包括固有吸收衰减和杂质吸收衰减，散射衰减包括固有散射衰减和结构不完善衰减。

衰减产生的原因如下：

（1）光纤的电子跃迁和分子振动都要吸收一部分光能，造成光的损耗，产生衰减。

（2）光纤原料总有一些杂质，存在过渡金属离子（如 Cu^{2+}、Fe^{2+}、Cr^{3+} 等），这些离子在光照下产生振动，也会产生电子跃迁，产生衰减。

（3）在光纤中存在氢氧根，产生衰减。

（4）由于瑞利散射、布里渊散射、受激拉曼散射等原因，使一部分光能射出光纤之外，产生衰减。瑞利散射是指光波遇到与波长大小可以比拟的带有随机起伏的不均匀质点时，所产生的散射。光时域反射仪（OTDR）就是通过被测光纤中产生的瑞利散射来工作的。布里渊散射、受激拉曼散射是强光在光纤中引起的非线性散射，这种散射也产生损耗。

OTDR 原理

（5）光纤接头和弯曲也会产生损耗。

总之，光纤衰减包含紫外吸收衰减、红外吸收衰减、过渡金属离子吸收衰减、氢氧根吸收衰减、瑞利散射衰减和结构不完善衰减。

光纤损耗是光纤的一项重要的性能指标，由于光纤损耗的存在，光纤中传输的光信号（模拟信号或数字脉冲）都会衰减，造成幅度的衰减。光纤损耗在很大程度上决定了系统的传输距离。

$$P(Z) = P(0)10^{-(\alpha Z/10)} \qquad (2-10)$$

式中，$P(0)$为入射光功率，$P(Z)$当光传输距离$Z(km)$后的功率，Z为传输距离，α为光纤的损耗系数。光纤的损耗系数为

$$\alpha(\lambda) = \frac{10}{L} \lg \frac{P_1}{P_2} \qquad (2-11)$$

式中：L为光纤的长度，P_1和P_2分别为输入光功率和输出光功率，单位是 mW 或 W。损耗系数α表示单位长度光纤引起的光功率的损耗，单位是 dB/km。

式（2-10）应用时要特别注意两点：假定光纤沿轴向是均匀的，即与轴向位置无关；对多模光纤而言，必须达到稳态（平衡）模分布。只有在满足上面的条件时，测量到的损耗系数才能线性相加。

【提示】如果在制造工艺上进一步采取措施，降低 OH⁻ 含量，将改善光纤的波长损耗特性，有可能实现按波长划分多群复用，进一步增大光纤的传输容量。

2. 光纤的色散

当光纤的输入端入射光脉冲信号经过长距离传输以后，在光纤输出端，光脉冲波形发生了时间上的展宽，这种现象即为色散。按照光在光纤中传输模式的不同，可将光纤分为单模光纤和多模光纤。单模光纤中的色散现象如图 2-10 所示。

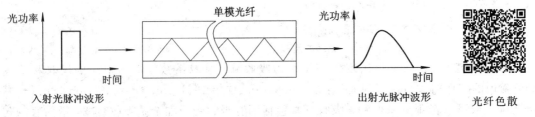

图 2-10 光纤中的色散现象

色散将导致码间干扰，在接收端将影响光脉冲信号的正确判决，使误码率性能恶化，严重影响信息传送。

单模光纤中的色散主要由光信号中不同频率成分的传输速度不同引起，这种色散称为色度色散。在色度色散可以忽略的区域，偏振模色散也成为单模光纤色散的主要部分。

光在光纤中的模式传播

以下主要介绍色度色散和偏振模色散的现象、原因以及对 DWDM 系统的影响。

1）色度色散

（1）色度色散简介。色度色散包括材料色散和波导色散。

材料色散：由于光纤材料石英玻璃对不同光波长的折射率不同，而光源具有一定的光谱宽度，不同的光波长引起的群速度也不同，从而造成了光脉冲的展宽。

光纤材料色散

波导色散：对于光纤的某一传输模式，在不同的光波长下的群速度不同引起的脉冲展

宽。它与光纤结构的波导效应有关，因此也称为结构色散。

材料色散大于波导色散。根据色散的计算公式，在某一特定波长位置上，材料色散有可能为零，这一波长称为材料的零色散波长。幸运的是，该波长恰好位于 1310 nm 附近的低损耗窗口，如 G.652 就是零色散光纤。

尽管光器件受色散的影响很大，但存在一个可以容忍的最大色散值（即色散容纳值）。只要产生的色散在容限之内，仍可保证正常的传输。

（2）色度色散的影响。色度色散主要会造成脉冲展宽和啁啾效应。

脉冲展宽是光纤色散对系统性能影响最主要的表现。当传输距离超过光纤的色散长度时，脉冲展宽过大，这时，系统将产生严重的码间干扰和误码。

色散不仅使脉冲展宽，还使脉冲产生了相位调制。这种相位调制使脉冲的不同部位对中心频率产生了不同的偏离量，具有不同的频率，即脉冲的啁啾效应（Chirp）。啁啾效应将使光纤划分为正常色散光纤和反常色散光纤。正常色散光纤中，脉冲的高频成分位于脉冲后沿，低频成分位于脉冲前沿；反常色散光纤中，脉冲的低频成分位于脉冲后沿，高频成分位于脉冲前沿。在传输线路中，合理使用两种光纤可以抵消啁啾效应，消除脉冲的色散展宽。

（3）如何消除色度色散对 DWDM 系统的影响。对于 DWDM 系统，由于系统主要应用于 1550 nm 窗口，如果使用 G.652 光纤，需要利用具有负波长色散的色散补偿光纤（DCF）对色散进行补偿，降低整个传输线路的总色散。

2）偏振模色散

偏振模色散（PMD）是存在于光纤和光器件领域的一种物理现象。

单模光纤中的基模存在两个相互正交的偏振模式，理想状态下，两种偏振模式应当具有相同的特性曲线和传输性质，但是由于几何和压力的不对称导致了两种偏振模式具有不同的传输速度，产生时延，形成 PMD，如图 2-11 所示。PMD 的单位通常为 $\mathrm{ps}/\sqrt{\mathrm{km}}$。

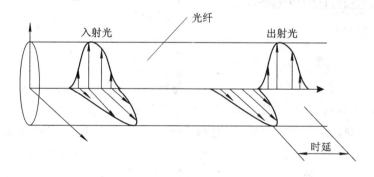

渐变型光纤模式色散

图 2-11　单模光纤中的 PMD 现象

在数字传输系统，PMD 将导致脉冲分离和脉冲展宽，对传输信号造成降级，并限制载波的传输速率。

PMD 与其他色散相比几乎可以忽略，但是无法完全消除，只能从光器件上使之最小化。脉冲宽度越窄的超高速系统中，PMD 的影响越大。

多模光纤的色散除了材料色散和波导色散外，还有模式色散，一般模式色散占主要地位。可以改进标准单模光纤的结构和参数，制造出各种新型光纤，如色散位移光纤。

色散位移光纤

3) 光纤的非线性效应

在常规光纤通信系统中，发送光功率低，光纤呈线性传输特性。但是，对于 DWDM 系统而言，当采用掺铒光纤放大器(EDFA)后，光纤呈现非线性效应。

光纤非线性效应使 DWDM 系统多波通道之间产生严重的串扰，引起光纤通信系统的附加衰减，限制发光功率、EDFA 的放大性能和无电再生中继距离。

非线性效应主要包括自相位调制(SPM)、交叉相位调制(XPM)、四波混频(FWM)、受激拉曼散射(SRS)和受激布里渊散射(SBS)。

(1) 自相位调制(SPM)。折射率与光强存在依赖关系，在光脉冲持续时间内折射率发生变化，脉冲峰值的相位对于前、后沿来说均产生延迟。随着传输距离的增大，相移不断积累，达到一定距离后显示出相当大的相位调制，从而使光谱展宽导致脉冲展宽，这就称为自相位调制(SPM)，如图 2-12 所示。

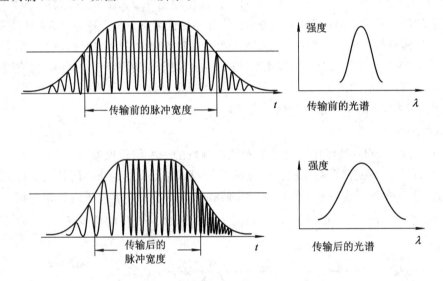

图 2-12　SPM 现象

当系统使用色散系数为负的光纤工作区时(例如 G.653 光纤的短波长区，或工作区色散为负的 G.655 光纤)，SPM 将导致色散受限距离变短；当使用色散系数为正的光纤工作区时(例如 G.652、G.653 光纤的长波长区，或工作区色散为正的 G.655 光纤)，SPM 将延长色散受限距离。

SPM 影响主要发生在靠近发送机侧的一定距离内，同时，低色散光纤也可减少 SPM 对系统性能的影响。

(2) 交叉相位调制(XPM)。当两个或多个不同频率的光波在非线性介质中同时传输时，每个频率光波的幅度调制都将引起光纤折射率的相应变化，从而使其他频率的光波产生非线性相位调制，即交叉相位调制(XPM)。

XPM 通常伴随 SPM 产生。XPM 将引起一系列非线性效应，如 DWDM 系统通道之间的信号干扰、光纤非线性双折射等现象，造成光纤传输的偏振不稳定性。同时，XPM 对脉冲的波形和频谱也会产生影响。适当地增大色散可削弱 XPM 的影响。

（3）四波混频（FWM）。FWM 是指当多个频率的光载波以较强功率在光纤中同时传输时，由于光纤的非线性效应引发多个光载波之间出现能量交换的一种物理过程。

FWM 导致复用信道光信号能量的衰减以及信道串扰。如图 2-13 所示，由于 FWM 的影响，导致在其他波长产生了一个新光波。

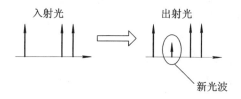

图 2-13　FWM 现象

FWM 对 DWDM 系统的影响主要来自两个方面：

① 产生新的波长，使原有信号的光能量受到损失，影响系统的信噪比等性能。

② 如果产生的新波长与原有某波长相同或交叠，将会产生严重的串扰。

FWM 的产生与光纤色散有关，零色散时混频效率最高，随着色散的增加，混频效率迅速降低。DWDM 系统通过采用 G.655 光纤，回避了 1550 nm 零色散波长区出现的 FWM 效应。

（4）受激拉曼散射（SRS）。SRS 属于由非线性效应引起的受激非弹性散射过程，起源于光子与光学声子（分子振动态）之间的相互作用和能量交换。

SRS 效应将使短波长信号被衰减，长波长信号被增强，如图 2-14 所示。

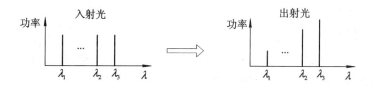

图 2-14　SRS 现象

SRS 效应在光纤通信中有很多方面的应用，如利用拉曼增益可以制作分布式拉曼放大器，对光信号提供分布式宽带放大，如中兴通讯 DWDM 设备的 DRA 板即利用 SRS 效应实现光放大功能；另一方面，SRS 对通信系统也会产生一定的负面影响，在 DWDM 系统中，短波长信道的光会作为泵浦光将能量转移至长波长信道中，形成通道间的拉曼串扰。

（5）受激布里渊散射（SBS）。SBS 是光纤中泵浦光与声子间相互作用的结果，在使用窄谱线宽度光源的强度调制系统中，一旦信号光功率超过受激布里渊散射 SBS 的门限（SBS 的门限较低，对于 1550 nm 的激光器，一般为 7～8 dBm），将有很强的前向传输信号光转化为后向传输，随着前向传输功率的逐渐饱和，后向散射功率急剧增加。WDM+ED-FA 系统中，注入到光纤中的功率大于 SBS 的门限值，会产生 SBS 散射，如图 2-15 所示。

利用 SBS 效应可以制成光纤布里渊激光器和放大器。另一方面，SBS 将引起信号光源的不稳定性，以及反向传输通道间的串话。但是，随着系统传输速率的提高，SBS 的峰值增益显著降低，因此，SBS 对高速光纤传输系统不会构成严重影响。

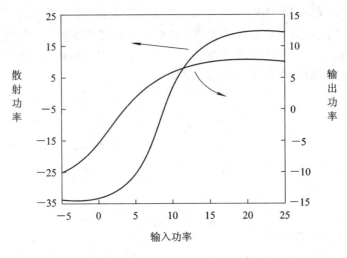

图 2 - 15　SBS 效应

2.4　光缆的结构与分类

经过一次涂覆或二次涂覆（套塑）以后的光纤，虽然具有一定抗拉强度，但还是经不起工程应用中的弯折、扭曲和侧压力的作用。欲使光纤达到工程应用的要求，必须通过绞合、套塑、金属铠装等措施，把若干根光纤组合在一起，这就构成了光缆。光缆具有实用条件下的抗拉、抗冲击、抗弯、抗扭曲等机械性能，能够保证光纤原有的传输特性，并且使光纤在各种环境条件下可靠工作。

1. 光缆的结构

光缆和电缆一样由缆芯、加强件、填充物和护层等共同构成。目前常用的光缆结构有层绞式、束管式和骨架式等，将在本节中详细介绍。

光缆

（1）缆芯。为进一步提高光纤的强度，一般将带有涂覆层的单根或多根光纤合在一起再套上一层塑料管，通常称为套塑，套塑后的光纤称为光纤芯线。将套塑后的并满足机械强度要求的单根或多根光纤芯线与不同形式的加强件和填充物组合在一起称为缆芯。

（2）加强件。加强件用于提高光缆施工的抗拉能力。光缆中的加强件一般采用镀锌钢丝、多股钢绳、带有紧套聚乙烯垫层的镀锌钢丝、芳纶丝和玻璃增强塑料。

加强件在光缆中的位置有中心式、分布式和铠装式 3 种。位于光缆中心的，称为中心加强；处于缆芯外面并绕包一层塑料以保证与光纤的接触表面光滑的，称为分布式加强；位于缆芯绕包一周的，称为铠装式加强。

（3）护层。护层用于保护缆芯，使缆芯有效抵御一切外来的机械、物理、化学的作用，并能适应各种敷设方式和应用环境，保证光缆有足够的使用寿命。光缆护层分为外护层和护套。外护层从结构上看是一层由塑料或金属构成的外壳，位于光缆的最外面，故称之为外护层，起加强光缆保护的作用。护套用来防止金属加强件与缆芯直接接触而造成损伤。

（4）填充物。在光缆缆芯的空隙中注满填充物（如石油膏），其作用是保护光纤免受潮气和减少光缆的相互摩擦。用于填充的复合物应在 60℃ 下不从光缆中流出，在光缆允许的低温下不使光缆弯曲特性恶化。

光缆结构设计的要点是根据传输系统的容量、使用环境、敷设方式、制造工艺等，通过合理选用各种材料来使光纤具有抵抗外界机械作业、温度变化和水作用等的功能。

2. 光缆分类

光缆的分类方法很多，下面作简要介绍。

按传输性能、距离和用途划分，光缆可分为市话光缆、长途光缆、海底光缆和用户光缆等。

按光纤的种类划分，光缆可分为多模光缆、单模光缆。

按光纤套塑方法划分，光缆可分为紧套光缆、松套光缆、束管式光缆和带状多芯单元光缆等。

按缆芯结构划分，光缆可分为层绞式光缆、中心管式光缆和骨架式光缆等。

按光纤芯数划分，光缆可分为单芯光缆、双芯光缆、四芯光缆、六芯光缆、八芯光缆、十二芯光缆和二十四芯光缆等。

按加强件配置方法划分，光缆可分为中心加强构件光缆(如层绞式光缆、骨架式光缆)、分散加强构件光缆(如束管两侧加强光缆、扁平光缆)、护层加强构件光缆(如束管钢丝铠装光缆)等。

按线路敷设方式划分，光缆可分为架空光缆、管道光缆、直埋光缆、隧道光缆和水底光缆等。

按使用环境与场合划分，光缆可分为室外光缆、室内光缆及特种光缆。

按护层材料性质划分，光缆可分为聚乙烯护层普通光缆、聚氯乙烯护层阻燃光缆和尼龙防蚁防鼠光缆等。

按网络层次划分，光缆可分为长途光缆(即长途端局之间的线路，包括省际一级干线、省内二级干线)、市内光缆(长途端局与市话端局以及市话端局之间的中继线路)、接入网光缆(市话端局到用户之间的线路)等。

按传输导体、介质状况划分，光缆可分为无金属光缆、普通光缆(包括有铜导线作远供或联络用的金属加强构件、金属护层光缆)和综合光缆(指用于长距离通信的光缆和用于区间通信的对称四芯组综合光缆，主要用于铁路专用网通信线路)。

【提示】金属加强构件是用高强度单圆钢丝或高强度钢丝构成的钢丝绳(1×7 单股)。在光缆制造长度内金属加强构件不允许整体接头。

3. 典型光缆介绍

1) 层绞式光缆

层绞式光缆属于室外光缆，其结构如图 2-16 所示。它是由多根二次被覆光纤松套管(或部分填充绳)绕中心金属加强件绞合成缆芯，缆芯外先纵包复合铝带并挤上聚乙烯内护套，再纵包阻水带和双面覆膜皱纹钢(铝)带加上一层聚乙烯外护层这三部分构成。

层绞式光缆的特点：可容纳较多数量的光纤，光纤余长比较容易控制，光缆的机械和环境性能好，可用于直埋、管道敷设，也可用于架空敷设。

层绞式光缆的不足之处是光缆结构较复杂、生产工艺较繁琐、材料消耗多等。

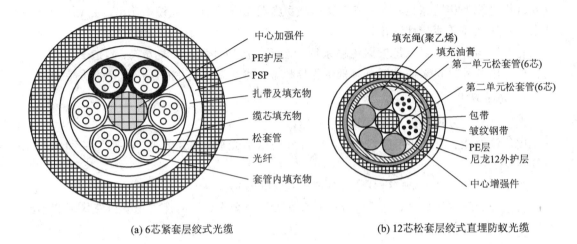

(a) 6芯紧套层绞式光缆　　　　　　　　　(b) 12芯松套层绞式直埋防蚁光缆

图 2-16　层绞式光缆

【提示】 填充绳的作用是在松套光纤绞层中填补空位，以使缆芯圆整。它是圆形实心塑料绳，其外径应与松套管的选定外径相同，其表面应圆整光滑。

2）束管式结构光缆

束管式结构光缆是把一次涂覆光纤或光纤束放入大套管中，加强芯配置在套管周围而构成的，如图 2-17 所示。

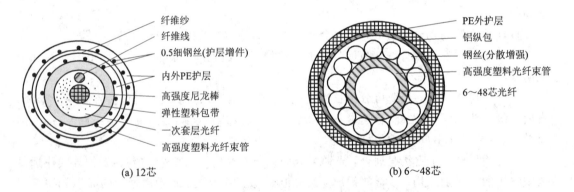

(a) 12芯　　　　　　　　　　　　　　　(b) 6～48芯

图 2-17　束管式结构光缆

束管式结构光缆的特点：由于束管式结构的光纤与加强芯分开，因而提高了网络传输的稳定可靠性；由于直接将一次光固化层光纤放置于束管中，所以光缆的光纤数量灵活；对光纤的保护效果最好；强度好、耐侧压，能防止恶劣环境和可能出现的野蛮作业的影响。

3）骨架式结构光缆

骨架式结构光缆是将紧套光纤或一次涂覆光纤放入加强芯周围的螺旋形塑料骨架凹槽内而构成的，如图 2-18 所示。

骨架式结构光缆的特点：可以将一次涂覆光纤直接放置于骨架槽内，省去松套管二次被覆过程；骨架形式有中心增强螺旋形、正反螺旋形、分散增强基本单元型等；骨架式结构对光纤具有良好的保护性能，侧压强度好，对施工尤其是管道布放有利。

目前我国采用的骨架结构式光缆均为螺旋形结构。

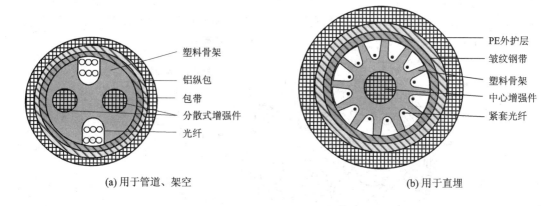

(a) 用于管道、架空　　　　　　　　　　　　　　　　(b) 用于直埋

图 2 - 18　骨架式结构光缆

4）带状结构光缆

带状结构光缆是将带状光纤单元放入大套管中形成中心束管式结构，或者将带状光纤单元放入凹槽内或松套管内形成骨架式或层绞式结构，如图 2 - 19 所示。

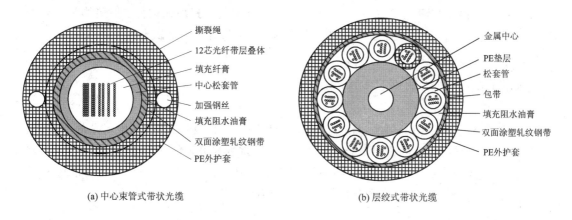

(a) 中心束管式带状光缆　　　　　　　　　　　　　　(b) 层绞式带状光缆

图 2 - 19　带状结构光缆

带状结构光缆的特点：可容纳大量的光纤(与束管式、层绞式等结构配合，其容纳光纤数量可达 100 芯以上)；可以以单元光纤为单位进行一次熔接，以适应大量光纤接续、安装的需要。

5）单芯结构光缆

单芯结构光缆简称单芯软光缆。单芯光缆一般采用紧套光纤来制作，其外护层多采用具有阻燃性能的聚氯乙烯塑料，如图 2 - 20 所示。

目前，趋于采用松套光纤或将一次光固化涂层光纤直接置于骨架来制造光缆。

单芯结构光缆的特点：几何、光学参数一致

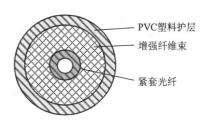

图 2 - 20　单芯结构光缆

性好；主要用于局内(或站内)，用来制作仪表测试软线和特殊通信场所用特种光缆。

6）特殊结构光缆

特殊结构光缆是指电力光缆、阻燃光缆和水底光缆等，由于其应用的特殊性，导致其结构也与其他光缆有明显不同。全介质自承式结构电力光缆如图 2 - 21 所示。

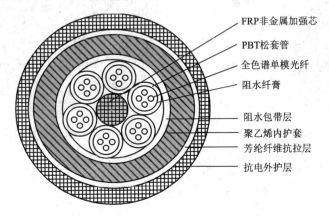

图 2 - 21　全介质自承式结构电力光缆

特殊结构光缆的特点：水底光缆的结构和光纤（机械）性能非常高（缆芯外边均为抗张零件和钢管或铝管等耐压层）；电力电缆属于无金属光缆，其加强构件、护层均为全塑结构，适用于电站、电气化铁路及有强电磁干扰的场合，具有防强电磁干扰等特点。

4. 光缆制造过程简介

光缆的制造过程分为以下几个步骤。

1）光纤的筛选

筛选的目的是选择出传输特性优良和张力合格的光纤。在筛选过程中，首先，按照有关规定进行 400～600 g 的张力试验，通过了张力筛选的光纤才能作为成缆的合格光纤。其次，对成缆用的各种塑料、加强元件材料、金属包扎带（涂覆的铝带或涂覆的钢带）、填充胶等进行抽样试验，检查外形和备用长度是否合格。

2）光纤的染色

染色的目的是方便对光纤的识别，有利于施工和维护时的光纤接续操作。光缆中的光纤单元、单元内的光纤、导电线组（对）及组（对）内的绝缘芯线都使用全色谱来识别，也可用领示色谱来识别。用于识别的色标应该鲜明，遇到高温时不褪色，也不迁移到相邻的其他光缆元件上。染色时可以是全染单色，也可印成色带。

光纤排列以 12 芯为一束，每束光纤按图 2 - 22 所列色带顺序区分，其排列顺序为蓝、桔、绿、棕、灰、白、红、黑、黄、紫、玫瑰、天蓝。如 20 芯光缆，即由蓝组 12 芯全色标光纤和桔组 8 芯全色光纤组成。

光纤序号：　1　2　3　4　5　6　7　8　9　10　11　12
光纤颜色：蓝　桔　绿　棕　灰　白　红　黑　黄　紫　玫瑰　天蓝

图 2 - 22　12 芯光纤带色谱标识

多芯光缆把不同颜色的光纤放在同一束管中成为一组,这样一根多芯光缆里就可能有好几个束管,如图 2 - 23(a)所示。

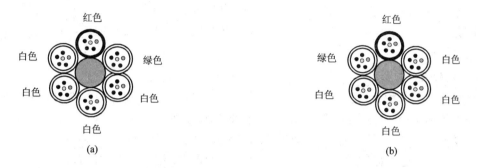

图 2 - 23 多芯光缆束管顺序

识别光缆端别的一般方法是:面对光缆截面,由领示光纤(或导电线、填充线)起,以红头绿尾(或蓝头黄尾)的顺序,顺时针为 A 端,逆时针为 B 端。

光纤纤序排列主要有下列几种方式(如图 2 - 23(b)所示,以 A 端截面为例):

(1)以红、绿领示电导线或填充线中间的光纤为 1♯管,顺时针排列依次为 2♯、3♯ ……(若红绿两管只作标识或填充绳时,不参与编号);

(2)以红、绿领示色紧套、松套(单芯)、骨架(单芯),其红色为 1♯管,顺时针数为 2♯、3♯ ……绿色为最后 1♯管。领示色管中如有光纤则参与编号;

(3)以红、绿(或蓝、黄)领示色松套(双芯),红(或蓝)为 1♯管,绿(或黄)为 6♯管,以红(或蓝)——绿(或黄)顺时针计数,纤序如表 2 - 2 所示;

(4)以蓝、黄领示单元松套(6 芯),蓝色为第一单元(组),黄色为最后一单元(组),单元管内 6 芯光纤纤序为蓝、橙、绿、棕、灰、白的全色谱。

表 2 - 2 纤序(双芯)

管序	1		2		3		4		5		6	
管色	红(或黄)		白(本色)		白(本色)		白(本色)		白(本色)		绿(或黄)	
纤序	1	2	3	4	5	6	7	8	9	10	11	12
纤色	红(或黑)	白	红(或黑)	白	红(或黑)	白	红(或黑)	白	红(或黑)	白	红(或黑)	白

3)二次挤塑

二次挤塑的目的是为光纤制作套管(紧套管和松套管)。一般选用低膨胀系数的塑料挤塑成一定尺寸的管子,将光纤纳入,并填入防潮、防水的凝胶。

二次挤塑的要点:要选用高弹性模量、低膨胀系数的塑料;单纤入管的,其张力和余长设计必须得到良好控制,以保证套塑后的光纤在低温时有优良的温度特性;要填入凝胶;二次被覆挤塑后的松套的光纤要储存数天(不少于两天),使外套的塑料管产生一个微小的收缩,并缓慢固化定形下来。

4)光缆绞合

光缆绞合的目的是将挤塑好的光纤与加强件绞合,构成缆芯。绞合时,在绞合机上,用松套的光纤管(或一次涂覆 UV 丙烯酸酯和染色后的光纤)环绕着中心强度元件进行绞合。盘绞过程中，应使用拉力控制的全退扭的放线设备。

对于层绞式光缆，在绞合定型之前要使用热熔胶，将管子固定在中心加强元件上，用包扎带进行特别的固定；对于骨架式光缆，绞合时也要包扎好，并用黑色 PE 塑料套上第一层护套，以固定光纤进入 V 形槽道内，防止光纤位移到骨架的脊背上，引起光纤受应力而加大附加损耗。

5）挤光缆外护套

挤光缆外护套的目的就是为光缆加上外层护套，以满足工程应用的需要。在挤外护套的过程中要加填凝胶（在加强芯和二次挤塑后的套管之间），以防水流入缆心。在挤塑中使用纵向涂覆钢带（或涂覆铝带）进行压波纹搭接，金属搭接层的宽度一般为 6 mm。在挤塑线上，收线之前还要标记"××米"的打印数字，以便连续记录光缆的段长。

6）光缆测试

光缆测试是光缆生产过程中的最后一道工序，其目的是测试光缆是否符合各项设计指标，如测试损耗、是否有断纤、弯曲度如何。通过测试后，就可向用户提供成品光缆了。

5．光缆型号

光缆型号由它的形式代号和规格代号构成，中间用"-"分开，即光缆的型号＝形式代号 - 规格代号。

1）光缆形式代号的命名

光缆的形式代号构成如图 2 - 24 所示，依次是分类代号、加强件代号、派生代号、护层代号、外护层代号。

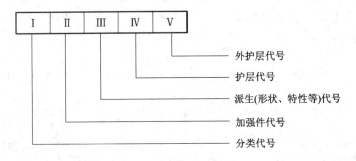

图 2 - 24　光缆形式代号构成

（1）分类代号说明：

GH：通信用海底光缆。

GJ：通信用室（局）内光缆。

GR：通信用软光缆。

GS：通信用设备内光缆。

GT：通信用特殊光缆。

GY：通信用室（野）外光缆。

（2）加强件代号说明：

无代号：金属加强构件。

F：非金属加强构件。

G：金属重型加强构件。

H：非金属重型加强构件。

【提示】 非金属加强构件选用玻纤增强塑料(FRP)圆杆制成,在光缆制造长度内,FRP不允许接头。

(3) 派生代号(结构特征代号)说明:

B：扁平式结构。

D：光纤带状结构。

G：骨架槽结构。

J：光纤紧套被覆结构。

T：填充式结构。

X：缆中心管(被覆)结构。

Z：自承式结构。

(4) 护层代号说明:

A：铝 – 聚乙烯黏结护层(A 护套)。

G：钢护套。

L：铝护套。

Q：铅护套。

S：钢 – 铝 – 聚乙烯综合护套(S 护套)。

U：聚氨酯护层。

V：聚氯乙烯护层。

Y：聚乙烯护层。

W：夹带平行钢丝的钢 – 聚乙烯黏结护套(W 护套)。

(5) 外护层代号说明。外护层是指铠装层及其铠装外边的外护层,代号及其含义见表2 – 3 所示。

表 2 – 3　外护层代号及其含义

代 号	铠装层(方式)	代 号	外护层(材料)
0	无	0	无
1	—	1	纤维层
2	双钢带	2	聚氯乙烯套
3	细圆钢丝	3	聚乙烯套
4	粗圆钢丝	4	聚乙烯套加覆尼龙套
5	单钢带皱纹纵包	5	聚乙烯保护管
33	双细圆钢丝	—	—
44	双粗圆钢丝	—	—

2）光缆规格代号的命名

光缆的规格由光纤数和光纤类别组成，如果同一根光缆中含有两种或两种以上规格（光纤数和类别）的光纤，中间应用"＋"号连接。规格代号构成形式如图 2 - 25 所示。

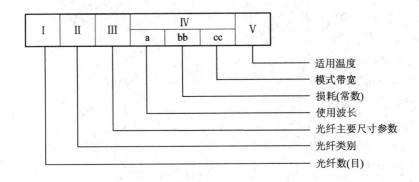

图 2 - 25　规格代号构成

（1）光纤数（目）代号：使用数码 1，2，…描述光纤数目。

（2）光纤类别代号说明：

D：二氧化硅系单模光纤。

J：二氧化硅系多模渐变型光纤。

S：塑料光纤。

T：二氧化硅系多模突变型光纤。

X：二氧化硅纤芯塑料包层光纤。

Z：二氧化硅系多模准突变型光纤。

（3）光纤主要尺寸参数：以 μm 为单位，描述多模光纤的芯径、包层直径，单模光纤的模场直径及包层直径等。

（4）波长、损耗、带宽：该处代号由 a、bb 及 cc 三组数字代号构成，描述了诸如带宽、损耗、波长等光纤传输特性参数。

a 符号表示使用的波长，其数字代号规定如下：

1：波长在 0.85 μm 区域。

2：波长在 1.31 μm 区域。

3：波长在 1.55 μm 区域。

【提示】在同一光缆中，如果可以使用两种或两种以上的波长，并具有不同传输特性时，应同时列出各波长的规格，并用"/"隔开。

bb 符号使用两位数字表示损耗常数。这两位数字依次为光缆中光纤损耗常数（dB/km）的个位和十位。

cc 符号使用两位数字表示模式带宽。这两位数字依次为光缆中光纤模式带宽分类数值（MHz·km）的千位和百位数字。

【提示】单模光纤无 cc 项。

（5）适用温度说明：

A：适用于－40℃～＋40℃。

B：适用于－30℃～＋50℃。

C：适用于－20℃～＋60℃。

D：适用于－5℃～＋60℃。

3）光缆附加金属导线的说明

如果光缆中附加金属导线，则在光缆型号后以"＋"连接其说明符号。

金属导线的说明符号是：导线对（组）数目×导线对（组）内导线个数×导线的线径。如果在该说明符号后出现字母"L"，则表示导线是铝线，否则为铜线。

综合以上介绍，光缆的型号规格的描述形式是：光缆形式代号－光缆规格代号＋附加金属导线说明符。

6. 光缆型号示例分析

例 1　GYTA53 － 12B$_1$

此光缆为松套层绞结构，金属加强件，铝-塑黏结护层，皱纹钢带铠装，聚乙烯外护层，属于通信用室外光缆，内装 12 根单模光纤。

例 2　GYDXTW － 144B$_1$

此光缆为中心管式结构，带状光纤，金属加强件，全填充型，夹带增强聚乙烯护套，属于通信用室外光缆，内装 144 根常规单模光纤（G.652）。

例 3　设有金属重型加强构件、自承式、铝护套和聚乙烯护层的通信用室外光缆，包括 12 根芯径/包层直径为 50/125 μm 的二氧化硅系列多模突变型光纤和 5 根用于远供及监测的铜线径为 0.9 mm 的四线组，且在 1.31 μm 波长上，光纤的损耗常数不大于 1.0 dB/km，模式带宽不小于 800 MHz·km；光缆的适用温度范围为－20℃～＋60℃。

该光缆的型号应表示为

GYGZL03 － 12T50/125(21008)C＋5×4×0.9

2.5　光缆的敷设与接续

2.5.1　光缆的敷设

光缆敷设与接续

光缆线路按建筑形式分为直埋、架空、管道和水下等几种敷设方法。光缆线路是光纤通信系统的重要组成部分。因此，光缆敷设要努力做到精心施工，确保工程质量。

1. 直埋光缆敷设

1）布放光缆前的准备工作

布放光缆前应作如下准备。

（1）布放光缆所用工具、器材的准备。

（2）领取光缆配盘表，指定专人负责检查盘号，按照表列顺序将光缆运送到预定地点。

（3）整修抬放光缆的道路，在急转弯、陡坡等危险地段采取安全措施。

（4）清理光缆沟，在石质沟底垫 10 cm 以上的细土或沙，陡坡地段沟内按规定铺设固定横木。

（5）检查光缆，发现损伤要及时修复。

（6）组织布放人员，并规定布放光缆的统一行动信号。

2）光缆敷设的要求和方法

光缆的直埋敷设方法有人工和机动车牵引两种。人工敷设时，首先将光缆盘架在千斤顶上，然后每隔一定距离用人力将光缆放开并放入沟内。机动车牵引敷设法则是用机动车拖引光缆盘，将光缆布放在光缆沟中。

光缆管道敷设（操作）

（1）光缆布放要求。光缆布放时，严禁直接在地上拖拉光缆，布放速度要均匀，避免光缆过紧成急剧弯曲。光缆的弯曲半径不得小于光缆外径的 15 倍。光缆端别的确定：一般光缆 A 端朝向东、北方向，光缆 B 端朝向西、南方向。分支光缆线路的端别应服从主干光缆线路端别。相邻两盘光缆重叠 1.5～2 m。在 30°以上斜坡地段光缆应作 S 形敷设，使光缆留有足够长度，在地形变动时可进行移位。

光缆管道敷设

在一些特殊地段，光缆应采取以下加固措施：

① 光缆沟的坡度较大时，应将光缆用卡子固定在预先铺设好的横木上。坡度大于 20°时，每隔 20 m 左右设一固定卡子；坡度大于 30°时，除固定卡子外，还应将光缆沟挖成 S 形，而且每隔 20 m 设一挡土墙；坡度大于 45°时，除采用以上措施外，还应选用金属铠装光缆。

② 光缆穿越铁路或高等级公路时，可用穿孔机从路面下穿入钢管，再将光缆从钢管中穿入。路面允许破开时，可交替破开路面的一半，敷设水泥管道、硬塑料管或光缆管道。穿越简易公路或乡村大道时，可盖砖保护。

③ 光缆通过地下管线及建筑物较多的工厂、村庄、城镇地段，光缆上面约 30 cm 处应放一层红砖用于日后维护时识别，以保证光缆不被挖坏。

（2）布放光缆的方法。

① 机械牵引敷设法。采用端头牵引机、中间辅助牵引机牵引光缆。2 km 盘长的光缆主要采用人工、中间辅助牵引机或端头牵引机等方法，由中间向两侧牵引。

② 人工抬放法。将一盘光缆分成二至三段布放，由几十至上百人完成，每隔 10～15 m一人将光缆放于肩上抬放，由专人统一指挥。抬放过程中注意速度均匀，避免"浪涌"和光缆拖地，严禁光缆打"背扣"，防止损伤光缆。

③ "∞"抬放法。将光缆分若干个组堆盘成"∞"状，并用竹竿或木棒等作抬架。布放时以四至五人为一组将"∞"状光缆抬放于肩上慢慢向前行走，光缆由后边将一个个"∞"字不断退下放入沟中，直到放完。

3）回填与标志

（1）覆土填沟。光缆布放后，经测量检查，光、电特性良好，即可进行覆盖回填。回填时，应先填细土。石质地段或有易腐蚀物质的地段应先铺盖 30 cm 左右的沙子或细土，再回填原土。当回填原土厚 50～60 cm 时，进行第一次夯实，然后每回填 30 cm 夯实一次。通过梯田时，还要把掘开的棱坎垒砌好，恢复原状。石质地带不准回填大石头，一般土路、人行道回填应高出路面 5～10 cm。郊区农田的回填应高出地面 15～20 cm。光缆敷设市区或有可能开挖的地段时，覆土填沟后，应在光缆上面 30 cm 处铺以红砖作为标志，用来保护光缆线路。

（2）光缆标石埋设。为方便维护和抢修时寻找光缆路由，直埋光缆均应设置标石。标石是表明光缆走向和特殊位置的钢筋水泥或石质标志。光缆标石主要分为接头标石、转角标石、路由标石和监测标石四类。

① 接头标石：表明光缆接头位置。

② 转角标石：标定光缆转弯的位置。

③ 监测标石：监视、测试光缆电气特性的监测点标石。通过监测标石受腐蚀及光缆电气特性变化等情况及时发现问题并做出相应的处理。

④ 路由标石：表示光缆及其附属装置所在确切位置的标志。

光缆路由直线段每隔 100 m 左右设一个标石，光缆通过公路、铁路、河流时，要设计标石。在接头处、地线坑、转弯处及山坡顶部，也要设立路由标石。标石必须在回填时埋设于光缆左侧 1 m 处（由 A 端向 B 端方向），也可埋于光缆沟正中央。地线坑的标石应埋设在接地体与引线焊接处。标石埋深不小于 60 cm，外露 30 cm。

（3）标石编号与表示方法。光缆线路的标石编号方法：以一个中继段为单元，由 A 端向 B 端依次用罗马数字标出中继站序号，用阿拉伯数字表示标石序号，再用各种记号标画在标石上，一般采用三位数码，从小到大依次排列，中间不要空号或重号。同沟敷设两条以上光缆时，接头标石两侧应标明光缆条别。

2. 光缆架空敷设

将光缆架设在杆上的敷设方法称为架空敷设。其主要应用于容量较小、地质条件不稳定、市区无法直埋且无电信管道、山区和水网等特殊地形及有杆路可利用的地段。

光缆架空敷设（操作）

1）光缆吊线承式选择

架空光缆的支承方式有吊线托挂式和吊线缠绕式两种。因为光缆具有一定的重量，且机械强度较差，所以在杆路上必须另设吊线，用挂钩或挂带把光缆托挂在吊线上。光缆吊线承式的选择要根据所挂光缆的形式、重量、标准杆距和线路所在地区的气象负荷来确定。

2）光缆吊线的装设

（1）光缆吊线装设的基本要求。

① 为了保证光缆线路的安全，一条光缆线路上吊线一般不得超过 4 条。

② 电杆上的吊线位置，应保证架挂光缆后，在最高温度或最大负载时，光缆到地面的距离符合要求。

③ 同一杆路上架设两条以上吊线时，吊线间的距离应符合要求。

④ 新设的光缆吊线，一挡内只允许一个接头。

（2）光缆吊线的装设方法。

① 中间杆的装设。光缆吊线在中间杆的装设，不同电杆有不同的方法。木杆一般在电杆上打穿钉洞，用穿钉和夹板固定吊线；混凝土电杆采用穿钉法（电杆上钉预留孔）、钢箍法和光缆吊线钢扣法。光缆吊线距杆顶的距离不得小于 50 cm。光缆吊线的坡度变更一般不得超过杆距的 5%，若大于 5%，电杆上应设置辅助线。

② 角杆的装设。角杆上装设夹板时，夹板的线槽应在上方，夹板的槽口由光缆吊线的合力方向而定。电杆为内角杆时，槽口应背向电杆；电杆为外角杆时，槽口应面向电杆。

③ 终端杆、转角杆的装设。终端杆和角深大于 15 m 的转角杆上的光缆吊线应做终结，如终端杆和转角杆因地形限制无法终结时，应将光缆吊线向前延伸一挡或数挡，再做吊线终结。光缆吊线终结的方法一般有 U 形钢绞线卡子法、双槽夹板法和铁线另缠法。

3）光缆吊线的原始垂度

在不同负荷区，对各种形式的光缆吊线，吊挂光缆前的原始垂度应符合规定。在 20℃ 以下时，允许偏差不大于标准垂度的 10%；在 20℃ 以上时，允许偏差应不大于标准垂度的 5%。

4）光缆架挂

（1）架挂光缆的基本要求。

① 每条光缆吊线一般只允许架挂一条光缆。

② 光缆在电杆上的位置应始终一致，不得上、下、左、右移位。

③ 光缆在电杆上分上、下两层挂设时，光缆间距不应小于 450 mm。

④ 光缆一般不与供电线路合杆架设。

⑤ 光缆架挂前应测试光、电特性，合格后才能架设。

⑥ 光缆与其他建筑间的最小净距离应符合要求，否则应采取保护措施。

⑦ 光缆挂钩的托挂间距为 50 cm，偏差不大于 ±3 cm，电杆两侧的第一个挂钩距吊线夹板 25 cm，偏差不大于 ±2 cm。

（2）光缆架挂的基本方法。架空光缆的敷设方法较多，我国目前较多地采用托挂式。托挂式施工方法一般有机动车牵引动滑轮托挂法、动滑轮边放边挂法、定滑轮托挂法、预挂挂钩托挂法等。托挂过程如图 2 - 26 所示。

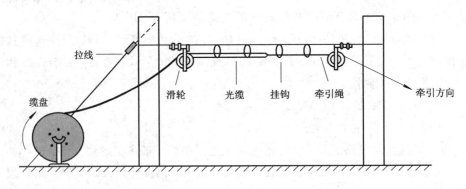

图 2 - 26　托挂过程

【提示】托挂过程中，缆盘附近的光缆呈松弛状态，但不能拖地；每个杆距间一般挂 5～10 个滑轮。

2.5.2　光缆的接续

光缆接续分为光纤接续和光缆护套接续两部分。光纤接续一般可分为固定连接和连接器连接两种形式。光缆护套接续一般可分为热接法和冷接法两大类。此处主要介绍光纤接续。

光缆接续一般按以下步骤进行：

（1）剥开光缆，除去光缆护套；

（2）清洗、去除光缆内的石油填充膏；

（3）捆扎好光纤，采用套管保护时，应预先套上热缩套管；

（4）检查光纤芯数，进行光纤对号，核对光纤色标是否有误；

（5）加强芯接续；

（6）各种辅助线对（包括公务线对、控制线对、屏蔽地线等）接续；

（7）光纤的接续；

（8）光纤接头的保护处理；

（9）光纤余纤的盘留处理；

（10）完成光缆护套的接续；

（11）光缆接头的保护。

带状光缆接续

1. 光纤固定接续的操作方法

光纤固定接续是光缆线路施工中最常用的一种接续方法，大都采用熔接法。这种方法的优点是光纤的连接损耗低，安全可靠，受外界因素的影响小。

光纤熔接操作一般分为光纤端面的处理、光纤的接续安装、光纤的熔接（或冷接）、光纤接头的保护、余纤的收容等几个步骤。现以 AV6491 型光纤熔接机为例，介绍光纤接续的操作方法。

1）光纤端面处理

（1）去除光纤的一、二次涂（被）覆层、松套管。紧套光纤用护套剥除器去除光纤上的一、二次涂（被）覆层。松套光纤应先用器具去除松套管，然后再用护套剥除器去除光纤上的一次涂覆层。护套剥除器有多种型号，应根据涂（被）覆光纤的直径选用相应型号的剥除器。去除涂（被）覆层的长度为 35 mm 左右。注意剥皮时，护套剥除器的刀刃应与芯线垂直，用力要适中均匀。

光纤熔接机

（2）清洗裸光纤。光纤上的涂覆一般采用硅橡胶等材料，与光纤粘贴很紧，用护套剥除器去除一、二次涂（被）覆后，光纤上仍粘有硅橡胶，如不清洗则会影响光纤的脆性，从而影响光纤断面的切断质量。清洗裸光纤一般用浸透了丙酮或酒精的纱布擦洗光纤表面，直到擦洗发出"吱吱"的响声为止。

（3）切断光纤断面。按光纤切断长度要求（一般以光纤接头保护管的长度来确定），将裸光纤放入切割钳 V 形槽内，加张力并锁紧压板。放下进刀柄，此时带有超声波振动的金刚石刀头前进切断光纤。完成切断后退刀，取出光纤，清除皮光纤头。

2）光纤装夹

（1）打开熔接机防尘罩，抬起光纤压板。

（2）将光纤装入 V 形固定槽中，位置以在屏幕上可看到光纤端面为宜，放下光纤压板。

（3）左右光纤装好后，盖好防尘罩。

3）熔接

（1）手动熔接方式。

① 小心打开防尘罩，把处理好的裸光纤（切段长度为 15～17 mm）装入光纤压板，使光纤在显示屏上可见但不重叠，然后轻轻放下防尘罩。

光纤熔接

② 判断一下端面是否可用，若端面有毛刺、太脏或端面角太大则不能接续，需重新制备端面。若光纤图像模糊或明显偏离显示屏中心位置，则重装光纤并清洁裸光纤和 V 形槽。

③ 按【L〈＝〉R】、【←】和【→】三个键，将左右光纤调到屏幕中心，并预留 1～2 mm 间隙。特殊情况下，该间隙大小可以改变。间隙的大小应与所选的电流大小、时间长短和推进量相匹配，这在实际操作时根据光纤类型和环境需要来调整。

④ 按【L〈＝〉R】、【↑】和【↓】三个键完成手动对芯。

⑤ 按【熔接】键，熔接机将完成光纤的接续并估计接续损耗。

（2）半自动熔接方式。

① 操作同手动方式中步骤①、②。

② 按【间隙】键，熔接机自动完成光纤的清洁及间隙调整。

③ 按【对芯】键，熔接机自动完成两光纤对芯。

④ 按【熔接】键，熔接机完成熔接，并估计接续损耗。

（3）全自动熔接方式。

① 操作同手动方式中步骤①、②。

② 按【自动】键，熔接机自动完成光纤清洁、间隙调整、对芯、熔接、估计损耗等操作。

建议在光纤工程施工时选用全自动熔接方式，只有在特种光纤接续或现场不能自动操作时才选用其他方式。

光纤接续注意事项和要求：光纤接续必须在帐篷内或工程车内进行，严禁露天作业；严禁用刀片去除一次涂覆层，严禁用火焰法制作光纤断面；光纤接续前，必须对接续机具的 V 形导槽等用酒精清洗，光纤切割后应用超声波清洗器去除光纤端面灰尘以保证接续质量；清洗光缆内的石油膏应采用专用清洗剂，禁止使用汽油。

光纤的熔接
（电弧放电）

【提示】光纤熔接采用电弧焊接法，利用电弧放电产生 2000℃ 高温，使被连接的光纤熔化而焊接成一体。

4）光纤接头的保护

光纤去掉一次涂覆层后，抗拉强度大幅度下降。因此在光纤接续后，应对熔接的光纤接头施加一定的张力进行抗拉强度筛选。对不断裂的接头进行保护，断裂的光纤应重新熔接。

对接头保护的要求：增加接头处抗拉、抗弯曲的强度；不因加保护而影响光纤的传输特性；强度和传输特性随时间变化非常小；操作简便、易掌握、时间短；节省费用。

光纤接头保护可以采用带金属钢棒的热缩管法、热熔型增强法以及铸塑增强法。

5）光纤接头余纤的处理

为了保证光纤的接续质量和有利于今后接头的维修，都要在光纤接头的两边留有一定长度的余纤。对于余纤的处理，不同的光缆接头形式有不同的处理方法。下面介绍两种常用的余纤处理方法。

（1）衬垫式余纤处理方法。这种方法是用橡皮做成两个半圆形衬垫，在衬垫上有很多槽，通过这些槽把余纤盘绕嵌在槽里。

（2）盒式余纤处理方法。盒式余纤处理的方法有许多种，如层叠式、单盘式等。

2. 接续子连接操作

1）光纤端面的制作

光纤端面的制作与熔接法类似。所不同的是，不同型号的光纤接续子，光纤的切割长度是不同的。

2）接续操作

（1）设定初始位置。将光纤接续子两端防尘帽取下，并使标有"SIECOR"字样的旋转固定柱的箭头与标有"OPEN"字样的旋转固定柱箭头对准（此位置称为初始位置）。

（2）对待接先进光纤作好预处理。将光纤依次剥除涂覆层，清洁并切割光纤。要求自光纤末端至一次涂覆层的切割距离为 13 mm。说明：若进行 250 μm 和 900 μm 涂覆外径光纤接续，则应以 250 μm 涂覆外径的光纤为先进光纤。

（3）将先进光纤穿入接续子。将处理好的光纤轻轻地由先进光纤引入孔中穿入，直至光纤不能向前推入为止（此时光纤上涂覆层的末端应进入引入孔约 9 mm）。但应注意：① 穿入光纤时应尽量减少光纤端面与穿入孔孔壁和导引管壁的碰撞，以免导致连接损耗的增加。② 为便于将光纤穿入接续子，穿入过程中可轻微地捻动光纤。

（4）将光纤暂时固定。用右手的拇指和食指捏住中心固定座，左手捏住标有"SIECOR"字样的旋转固定柱顺时针方向旋转 90°（由光纤引入方向面对接续子看），暂时将光纤固定。

（5）对后进光纤进行处理。处理程序和要求同步骤（2）的说明。

（6）将后进光纤穿入接续子。将处理好的光纤轻轻地由后进光纤引入孔中穿入，直至碰到已经固定的先进光纤为止（此时可凭光纤接触的手感判断，且后进光纤涂覆层的末端也应进入引入孔约 9 mm）。

（7）将后进光纤固定。用左手的拇指和食指捏住中心固定座，右手捏住标有"OPEN"字样的旋转固定柱顺时针方向旋转 90°（由后进光纤引入方向面对接续子看），使后进光纤在光纤接续子内位置固定。此时标有"SIECOR"字样的旋转固定柱箭头应与标有"CLOSED"字样的旋转固定柱箭头对准，光纤接续工作完成。

【提示】光缆接续完成后，应按前面光缆接头的规定中要求的内容或按设计中确定的方法进行安装固定。一般按照具体的安装示意图进行安装。接头安装必须做到规范化。架空及入孔的接头应注意整齐、美观并有明显标志。

2.6　光纤和光缆的发展现状

在实际选择光纤和敷设光缆的过程中，要了解光纤的国际标准，掌握各种常用光缆的实用特性，对光纤和光缆的发展现状进行调研和考察。

1. 光纤和光缆的国内外标准

1）国际标准

（1）国际电信联盟（ITU－T）标准。

· ITU－T G.650(1997)《单模光纤相关参数的定义和试验方法》

- ITU－T G.651(1993)《50/125 μm 多模渐变型折射率光纤光缆特性》
- ITU－T G.652(1997)《单模光纤光缆特性》
- ITU－T G.653(1997)《色散位移单模光纤光缆特性》
- ITU－T G.654(1997)《截止波长位移型单模光纤光缆特性》
- ITU－T G.655(1996)《非零色散位移单模光纤光缆特性》

（2）国际电工委员会（IEC）标准。

① 光纤标准：

- IEC 60793－1－1(1995，第 1 版)《光纤 第 1 部分 总规范 总则》
- IEC 60793－1－2(1995，第 1 版)《光纤 第 1 部分 总规范 尺寸参数试验方法》
- IEC 60793－1－3(1995，第 1 版)《光纤 第 1 部分 总规范 机械性能试验方法》
- IEC 60793－1－4(1995，第 1 版)《光纤 第 1 部分 总规范 传输特性和光学特性试验方法》
- IEC 60793－1－5(1995，第 1 版)《光纤 第 1 部分 总规范 环境性能试验方法》
- IEC 60793－2(1998，第 4 版)《光纤 第 2 部分 产品规范》

② 光缆标准：

- IEC 60794－1－1(1999，第 1 版)《光缆 第 1 部分 总规范 总则》
- IEC 60794－1－2(1999，第 1 版)《光缆 第 1 部分 总规范 光缆性能基本试验方法》
- IEC 60794－2(1989，第 1 版)《光缆 第 2 部分 产品规范》
- IEC 60794－3(1998，第 2 版)《光缆 第 3 部分 管道、直埋、架空光缆——分规范》
- IEC 60794－4－1(1999，第 1 版)《光缆 第 4 部分 高压电力线架空光缆（OPGW）》

2）国内标准

（1）国家标准。

① 光纤标准：

- GB/T 15972.1－1998(第 1 版)《光纤总规范 第 1 部分 总则》
- GB/T 15972.2－1998(第 1 版)《光纤总规范 第 2 部分 尺寸参数试验方法》
- GB/T 15972.3－1998(第 1 版)《光纤总规范 第 3 部分 机械性能试验方法》
- GB/T 15972.4－1998(第 1 版)《光纤总规范 第 4 部分 传输特性和光学特性试验方法》
- GB/T 15972.5－1998(第 1 版)《光纤总规范 第 5 部分 环境性能试验方法》

② 光缆标准：

- GB/T 7424.1－1998(第 1 版)《光缆 第 1 部分 总规范》

（2）通信行业标准。

① 光纤标准：

- YD/T 1001－1999(第 1 版)《非零色散位移单模光纤特性》

② 光缆标准：

- YD/T 979－1998(第 1 版)《光纤带技术要求和试验方法》
- YD/T 980－1998(第 1 版)《全介质自承式光缆》
- YD/T 981－1998(第 1 版)《接入网用光纤带光缆》
- YD/T 982－1998(第 1 版)《应急光缆》

3）简要说明

（1）ITU - T G.650(1997)《单模光纤相关参数的定义和试验方法》标准中除进一步完善了原有的试验方法外，特别增加了偏振模色散（PMD）的测量方法，在附录中描述了光纤中的非线性效应。

（2）ITU - T G.651(1993)《50/125 μm 多模渐变型折射率光纤光缆特性》标准没有新版本，因为它的技术内容已比较成熟。

（3）ITU - T G.652(1997)《单模光纤光缆特性》和 ITU - T G.653(1997)《色散位移单模光纤光缆特性》这两个标准新版本与 1993 年版本的主要不同点如下：

① G.652 光纤的模场直径改为 8.6～9.5 μm，G.653 光纤的模场直径改为 7.8～8.5 μm。

② 要区分三种截止波长：光缆截止波长、光纤截止波长、跳线光缆截止波长。两个标准中只规定了光缆截止波长和跳线光缆截止波长的指标，对光纤截止波长的指标没有规定。

③ 增加了偏振模色散的指标，规定为小于 0.5 ps/nm·km，还有一些细节上的不同，不再一一叙述。

（4）ITU - T G.654(1997)《截止波长位移型单模光纤光缆特性》标准中规定的光纤类型国内很少使用。

（5）ITU - T G.655(1996)《非零色散位移单模光纤光缆特性》是非零色散位移单模光纤的第一个标准。这里要特别指出以下两点：

① 本标准规定模场直径标称值为 8～11 μm，容许偏差为 ±10%。显然该标准也适用于大有效面积非零色散位移单模光纤（LEAF），LEAF 是 G.655 光纤的一种。

② 对于一根给定光纤，在非零色散波长区，色散系数符号不应变化。

（6）IEC 60793 - 1 - 1、IEC 60793 - 1 - 2. IEC 60793 - 1 - 3、IEC 60793 - 1 - 4、IEC 60793 - 1 - 5(1995，第 1 版)是由原来 IEC 60793 - 1(1992，第 4 版)《光纤 第 1 部分 总规范》分成的 5 个分标准。该系列标准中除进一步完善了光纤性能原有的试验方法外，还增加了一些新的试验方法（增加的项目见下文对国标 GB/T 15972 的说明）。

（7）IEC 60793 - 2(1998，第 4 版)《光纤 第 2 部分 产品规范》替代了 1992 年的第 3 版和 1995 年的修订件 1 及 1997 年的修订件 2。该标准中对各类多模光纤的技术指标规定得比较具体（如 Ala 型 50/125 μm 普通多模光纤、Alb 型 62.5/125 μm 数据多模光纤等），很有参考价值；单模光纤的类别中增加了 B4 型非零色散位移单模光纤，但对一些参数的技术指标尚没有作出规定；对预涂覆光纤的直径及容差有了新的规定，未着色光纤的涂覆直径为 245 μm±10 μm，着色光纤的涂覆直径为 250 μm±15 μm。

（8）IEC 60794 - 1 - 1、IEC 60794 - 1 - 2(1999，第 1 版)是由原来 IEC 60794 - 1(1996，第 4 版)《光缆 第 1 部分 总规范》分成的 2 个分标准。该系列标准中除进一步完善了光缆性能原有的试验方法和增加了一些新的机械性能、环境性能试验方法外，还增加了一大类试验方法，即光缆部件（包括光纤带）的试验方法，包括方法 G1～G7。

（9）IEC 60794 - 2(1989，第 1 版)《光缆 第 2 部分 产品规范》标准是老版本，1998 年发布了修订件 1，标准中规定了单芯光缆和双芯光缆的技术要求。

（10）IEC 60794 - 3(1998，第 2 版)《光缆 第 3 部分 管道、直埋、架空光缆——分规范》标准中除规定了管道、直埋、架空光缆的技术要求外，还规定了光纤带的技术要求，并规定了衰减测量的不确定度应小于 0.05 dB。

（11）IEC 60794 - 4 - 1（1999，第 1 版）《光缆 第 4 部分 高压电力线架空光缆（OPGW）》是光纤复合地线光缆（OPGW）的第一个标准，标准中规定了对 OPGW 光缆的光学、电气及机械性能的要求和试验方法。

（12）国家标准 GB/T 15972.1—1998 至 GB/T 15972.5—1998（第 1 版）是《光纤总规范》系列标准。该系列标准将替代国标 GB 11819—87《光纤的一般要求》、GB 8401 —87《光纤的传输特性和光学特性测试方法》、GB 8402—87《光纤的（几何）尺寸参数测量方法》、GB 8403—87《光纤机械性能试验方法》、GB 8404—87《光纤的环境性能试验方法》和 GB/T15972—1995《光纤总规范》。在第 1 部分总则中，增加了 B4 型非零色散位移单模光纤（即 G.655 光纤）。在其他部分中，除进一步完善了光纤性能原有的试验方法和删除了某些不适用的方法外，还增加了很多新的试验方法。例如：尺寸参数试验方法中，增加了光纤涂覆层尺寸和光纤伸长量测量、机械法测包层直径、脉冲延迟法测光纤长度等方法；机械性能试验方法中，增加了光纤可剥性、应力腐蚀敏感性参数及光纤的翘曲等试验方法；传输特性和光学特性试验方法中，增加了微弯敏感性、光学连续性、光透射率变化、宏弯敏感性、谱衰减模型和光缆截止波长的试验方法；色散测试方法中增加了微分相移法。

（13）国家标准 GB/T 7424.1—1998（第 1 版）《光缆 第 1 部分 总规范》将替代国标 GB 7424—87《通信光缆的一般要求》、GB 7425—87《光缆的机械性能试验方法》和 GB 8405—87《光缆的环境性能试验方法》。

（14）YD/T 979—1998（第 1 版）《光纤带技术要求和试验方法》是国内关于光纤带的第一个标准，标准中规定了光纤带的结构、带的标识方法、尺寸参数、机械性能、环境性能以及检验方法。

（15）YD/T 980—1998（第 1 版）《全介质自承式光缆》是国内 ADSS 光缆的第一个标准，该标准可与 IEEE 的标准结合起来使用。

（16）YD/T 981—1998（第 1 版）《接入网用光纤带光缆》包括三个部分：第 1 部分《骨架式》、第 2 部分《中心管式》、第 3 部分《松套层绞式》。该标准为国内光纤带光缆的制造、质量检验和工程应用提供了统一的依据。

（17）YD/T 1001—1999（第 1 版）《非零色散位移单模光纤特性》标准是参照 ITU - T G.655 制定的，主要技术内容与 G.655 相同，模场直径标称值仍为 8～11 μm，但容许偏差改为±0.5 μm。另外，该标准还规定了光纤的机械性能和环境性能。

2. 实用光缆的特性

光缆的主要特性有传输特性、机械特性和环境特性。光缆的传输特性主要由光纤决定。光缆的环境特性对光纤的传输也产生一定的影响。光缆的机械特性和环境特性决定光缆的使用寿命。下面对光缆的主要特性加以简单介绍。

1）传输特性

光缆的传输特性主要由光纤决定，但光缆传输特性中的损耗特性往往要受外界影响。影响光缆损耗特性的主要原因有：温度特性，即温度变化对传输损耗的影响；侧压力特性，即成缆过程中以及光缆敷设时，侧压力对传输损耗的影响；弯曲特性，即成缆过程中、光缆敷设后以及光缆接续中处理光纤余长时的弯曲对传输损耗的影响；应变特性，即成缆过程中以及光缆敷设后，光纤应变对传输损耗和寿命的影响。

引起光缆损耗增加的主要原因如图 2 - 27 所示。

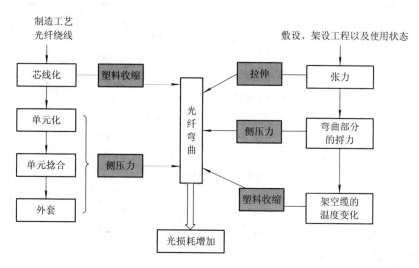

图 2 - 27　引起光缆的损耗增加的主要原因

2）机械特性

光缆在制造、运输、施工和使用过程中都会受到各种外机械力作用。在外机械力作用下，光缆中光纤的传输性能可能发生变化，使用寿命也可能缩短，甚至出现断纤现象。因此，光缆机械性能指标是光缆产品质量的重要技术指标。光缆机械性能指标有拉伸、压扁、冲击、反复弯曲、扭转、曲绕等受力状态。光缆机械性能试验如表 2 - 4 所示。

表 2 - 4　光缆机械性能试验

序号	项目	方法	试 验 条 件	指标要求
1	拉伸	GB 7425.2	试样有效长度 12 m，以 10 mm/min 的拉伸速度，最大拉力至光缆标称张力，维持 1 min，然后逐渐解除拉伸	①光纤不断裂；②光纤损耗监视试验中光功率计变化不大于0.05 dB；试验解除后无变化；③护层无可见裂纹；④导电线应保持导通状态
2	压扁	GB 7425.3	试样取 5 个压点(间隔大于 0.5 m)，每个压点的两个垂直径向各压一次，受压范围为 10 cm，最大压力至光缆标称侧压力	
3	冲击	GB 7425.4	试样取 5 个点(间隔大于 0.5 m)，重垂落高为 1 m，冲击次数不少于 3 次	
4	反复弯曲	GB 7425.5	芯轴直径为 20 倍缆径；张力(由产品指标定)，有效长度 1 m，由中央向左右弯曲 90°，弯曲速率为每秒 1 次循环，应不少于 10 个循环	
5	扭转	GB 7425.6	试样有效长度 1 m，一端悬吊重物，扭转角度为 ±100°，应不少于 10 个循环	

3）环境特性

光缆敷设到实际线路的路由上，将会遇到各种不利的自然环境的作用或人为因素的影响，因此，要研究光缆在温度变化下的衰减、渗水、油膏滴油等问题。对环境性能指标要求如表 2 - 5 所示。

表 2 - 5　环境性能指标要求

序号	项目	方法	试验条件	指标要求
1	温度循环	GB 8405.2	试样为一个制造长度的成品光缆,应在人工气候室内进行高、低温循环监测损耗温度特性(温度范围由光缆适用温度范围定);由正常温度-低(或高)-高(或低)三个阶段应恒温一段时间,试验不少于两个循环	温度附加损耗≤光缆某一级温度范围的附加损耗规定值
2	渗水	GB 8405.4	在温度为15℃~25℃,气压为86 kPa正常大气条件下进行;采用T形或L形水套,水面高度为1 m;光缆试样为1 m,试验24小时	应无水渗出
3	滴油	IEC 标准	光缆试样31 cm,悬吊于烘箱内,温度升至60℃并恒温24小时	应无油滴出

3. 光纤光缆的最新发展

1) 新型光纤不断出现

为了适应市场的需要,光纤的技术指标在不断改进,各种新型光纤在不断涌现,同时各大公司也正加紧开发新品种。

(1) 用于长途通信的新型大容量长距离光纤。这类光纤主要是一些大有效面积、低色散维护的新型 G.655 光纤,其 PMD 值极低,可以使现有传输系统的容量方便地升级至 10~40 Gb/s,并便于在光纤上采用分布式拉曼效应放大,使光信号的传输距离大大延长。如康宁公司推出的 Pure Mode PM 系列新型光纤利用了偏振传输和复合包层,用于 10 Gb/s 以上的 DWDM 系统中,据介绍很适合于拉曼放大器的开发与应用。Alcatel Cable 推出的 Teralight Ultra 光纤,据介绍已有传输100 km长度以上单信道 40 Gb/s、总容量 10.2 Tb/s 的记录。还有一些公司开发负色散大有效面积的光纤,提高了非线性指标的要求,并简化了色散补偿的方案,在长距离无再生的传输中表现出很好的性能,在海底光缆的长距离通信中效果也很好。

(2) 用于城域网通信的新型低水峰光纤。城域网设计中需要考虑简化设备和降低成本,还需要考虑粗波分复用(CWDM)技术应用的可能性。低水峰光纤在 1360~1460 nm 的延伸波段使带宽被大大扩展,使 CWDM 系统被极大地优化,增大了传输信道,延长了传输距离。一些城域网的设计可能不仅要求光纤的水峰低,还要求光纤具有负色散值,一方面可以抵消光源光器件的正色散,另一方面可以组合运用这种负色散光纤与 G.652 光纤或 G.655 标准光纤,利用它来进行色散补偿,从而避免复杂的色散补偿设计,节约成本。如果将来在城域网光纤中采用拉曼放大技术,这种网络也将具有明显的优势。但是毕竟城域网的规范还不是很成熟,所以城域网光纤的规格将会随着城域网模式的变化而不断变化。

(3) 用于局域网的新型多模光纤。随着局域网和用户驻地网的高速发展,大量的综合布线系统也采用了多模光纤来代替数字电缆,因此多模光纤的市场份额会逐渐加大。之所以选用多模光纤,是因为局域网传输距离较短,虽然多模光纤比单模光纤价格贵 50%~100%,但是它所配套的光器件可选用发光二极管,其价格比激光管便宜很多,而且多模光纤有较大的芯径与数值孔径,容易连接与耦合,相应的连接器、耦合器等元器件价格也低得多。ITU - T 至今未接受 62.5/125 μm 型多模光纤标准，但由于局域网发展的需要，它仍然得到了广泛使用。而 ITU - T 推荐的 G.651 光纤，即 50/125 μm 的标准型多模光纤芯径较小，耦合与连接相应困难一些，虽然在部分欧洲国家和日本有一些应用，但在北美及欧洲大多数国家很少采用。针对这些问题，目前有的公司已进行了改进，研制出新型的 50/125 μm 光纤渐变型（G1）光纤，区别于传统的 50/125 μm 光纤纤芯的梯度折射率分布，它将带宽的正态分布进行了调整，以配合 850 nm 和 1300 nm 两个窗口的运用，这种改进可能会为 50/125 μm 光纤在局域网运用找到新的市场。

（4）前途未卜的空芯光纤。据报道，美国一些公司及大学研究所正在开发一种新的空芯光纤，即光是在光纤的空气中传输。从理论上讲，这种光纤没有纤芯，减小了衰耗，延长了通信距离，防止了色散导致的干扰现象，可以支持更多的波段，并且它允许较强的光功率注入，预计其通信能力可达到目前光纤的 100 倍。欧洲和日本的一些业界人士也十分关注这一技术的发展，越来越多的研究证明空芯光纤是有可能的。如果真能实用，就能解决现有光纤系统长距离传输的问题，并大大降低光通信的成本。但是，这种光纤使用起来还会遇到许多棘手的问题，比如光纤的稳定性、侧压性能及弯曲损耗的增大等。因此，对于这种光纤的现场使用还需作进一步的探讨。

2）光缆新结构大量涌现

光缆的结构总是随着光网络的发展、使用环境的要求而发展的。新一代的全光网络要求光缆提供更宽的带宽，容纳更多的波长，传送更高的速率，便于安装维护，使用寿命更长等。近年来，光缆结构的发展可归纳为以下特点：

（1）光缆结构根据使用的网络环境有了明确的光纤类型的选择，如干线网光纤、城域网光纤、接入网光纤、局域网光纤等，这决定了大范围内光缆光纤传输特性的要求，具体运用的条件还有可依据的细分标准及指标；

（2）光缆结构除考虑光缆使用环境条件以外，越来越多的与其施工方法、维护方法有关，必须统一考虑，配套设计；

（3）光缆新材料的出现促进了光缆结构的改进，如干式阻水料、纳米材料、阻燃材料等的采用，使光缆性能有明显改进。

不同的场合和不同的要求造成了光缆的多结构的发展趋势，新的光缆结构以及在现有结构上不断改进的各种结构也在不断涌现，出现了如下一些类型：

· "干缆芯"式光缆。所谓"干缆芯"即区别于常用的填充管型的光缆缆芯。这种光缆的阻水功能主要靠阻水带、阻水纱和涂层组合来完成，其防水性能、渗水性能都与传统的光缆相同，但它具有生产、运输、施工和维护上的一些优点。首先是方便，因为阻水材料不含黏性脂类，因此操作使用比较方便安全；其次，干式光缆重量轻、易接续、易搬运、设备投资小、成本低，生产使用中也显得干净卫生，在长期使用中还可减少缆芯中各种元件之间的相对移动，特别是在接入网室内缆和用户缆中，好处更加明显。

· 生态光缆。一些公司从环境保护及阻燃性能的要求出发，开发了生态光缆，应用于室内、楼房及家庭。现有光缆中使用的一些材料已不符合环保的要求，如 PVC 燃烧时会放出有毒性气体，光缆稳定剂中有时含铅，这些都是对人体及环境有害的。2001 年 ITU - T 已通过了一项 L45 建议——"使电信网外部设备对环境的影响最小化"，通过对光缆、电缆光器件及电杆等进行寿命周期评估（Life Cycle Analysis，LCA）的方法来确定产品对环境的影响。由于环境因素正日益受到重视，对通信外部设备，特别是光缆产品规定这样的指标已提到议事日程上来，如果不在材料和工艺上下工夫就难以达到环保的要求。因此已有不少公司针对此类问题开发了一些新材料，如针对室内用缆，开发了含有阻燃添加剂的聚酰胺化合物以及无卤性阻燃塑料等。

• 海底光缆。海底光缆近年来发展很快。它要求长距离、低衰减的传输，而且要适应海底的环境，对抗水压、抗气损、抗拉伸、抗冲击的要求都特别严格。

• 浅水光缆(Marinized Terrestrail Cable，MTC)。浅水光缆是区别于海底光缆而提出来的另一类结构的水下光缆，适合于在海岸、浅水中安装，适合无需中继、通信距离比较短的水下(如岛屿间、沿海岸边上的城市)敷设使用。这种光缆区别于海底光缆的环境，需要的光纤数不多(中等)，但要求结构简单、成本较低、易于安装和运输、便于修复和维护。ITU－T 在 2001 年提出了 ITU－T G.972 定义下的浅水光缆建议，为建设类似的水下光缆提供了一组规范，随后也有可能形成相应的国际标准。

• 微型光缆。为了配合气压安装(或水压安装)施工系统的运用，各种微型的光缆结构已在设计和使用中。对于气压安装的微型光缆，要求光缆与管道之间有一定的系数，光缆重量要准确，具有一定的硬度等。这种微型光缆和自动安装的方式是未来接入网，特别是用户驻地网络中综合布线系统很有潜力的一种方式，如智能建筑中的智能管道就非常适合这种安装。

• 采用了纳米材料的光缆。近来，一些厂商已开发出纳米光纤涂料、纳米光纤油膏、纳米护套用聚乙烯(PE)及光纤护套管用纳米 PBT 等材料。采用纳米材料的光缆，利用了纳米材料所具有的许多优异性能，对光缆的抗机械冲击性能、阻水性、阻气性都有一定的改善，并可延长光缆的使用寿命。目前此类材料尚处于试用阶段。

• 全介质自承式光缆(ADSS)。全介质光缆具有防止电磁影响及防雷电的优良特性，而且重量轻、外径小，架空使用非常方便，在电力通信网中已得到大量的应用。ADSS 同时也是电信部门在对抗电磁干扰及自然条件恶劣的敷设环境时一种很好的光缆类型的选择。在今后一段时间内，如何在满足要求的前提下，尽量减小 ADSS 光缆的外径，减轻光缆的重量，提高其耐电压性能是 ADSS 光缆的研究课题。

• 架空地线光缆(OPGW)。OPGW 已出现了很长一段时间，近年来一直在改进和提高。OPGW 的光纤单元中采用 PBT，并于套管外面再加上一层不锈钢管，有的还在塑料套管与不锈钢管之间加上一层热塑胶，不锈钢管用激光焊接长度可达数十千米，光纤在这样的多层保护管中得到了充分的机械保护。预计将来，OPGW 光缆的需求将会逐年上升，每年增加约 2500 km。当然 OPGW 光纤的防雷性能一直是业界十分关注的问题，也应配合具体环境和使用条件加以考虑，使之得到充分保护。

本 章 小 结

光纤是光纤通信系统中不可缺少的传输信道，由纤芯、包层和涂覆层构成，纤芯的材料一般是石英玻璃或塑料。按照不同的划分方法，光纤可被分成多种类型。

可以使用波动理论和光射线理论来解释光波在光纤中的传输机理，前者复杂、后者简洁，一般使用光射线理论来解释单模光纤中光波的传输机理。

　　光纤的特性较多，有传输特性（包括损耗特性、色散特性等）、光学特性（包括折射率分布、截止波长等）、机械特性（包括抗拉强度、断裂分析等）、温度特性、几何特性（包括芯径、外径、偏心度等）。重点需要掌握损耗特性、色散特性、温度特性、截止波长、数值孔径等。研究光纤的特性有助于理解光纤通信的原理。

　　制成的光纤虽然具有一定抗拉强度，但若要进行工程应用，必须通过绞合、套塑、金属铠装等措施制成光缆。光缆具有实用条件下的抗拉、抗冲击、抗弯、抗扭曲等机械性能，能够保证光纤原有的传输特性，并且使光纤在各种环境条件下可靠工作。光缆的一般结构包括缆芯、护层和外护层等。

　　在工程应用中，光缆的选型要做到：正确选用光纤的工作波长，根据气候条件选用光缆，根据环境条件选用光缆，根据用户使用要求选用光缆，根据特殊要求选用光缆。

习　　题

一、填空题

　　1. 光纤是由中心的_____和外围的_____同轴组成的圆柱形细丝；为实现光能量在光纤中的传输，要求中心的纤芯的折射率稍高于外围的包层的折射率。

　　2. 渐变型光纤的_____说明：不同入射角的光线虽然经历的路程不同，但最终都会聚在一点上。

　　3. _____的存在，使得在光纤中传输的光纤信号，无论是模拟信号还是数字信号的幅度都要减小；光纤的_____决定了系统的_____。

　　4. 表示光纤捕捉光射线能力的物理量被定义为光纤的_____，用 N_A 表示。

　　5. 光纤按模式可以分为_____和_____。

　　6. 光纤固定接续是光缆线路施工中最常用的方法，一般采用_____。

二、选择题

　　1. 光纤中传送的电磁场模式为（　　　　）。

　　A. TM 波　　　　　B. EM 波　　　　　C. TEM 波　　　　　D. TM、EM 及其混合波

　　2. 光缆线路按建筑形式分为（　　　　）等几种敷设方法，光缆敷设要做到精心施工、确保质量。（多选题）

　　A. 直埋　　　　　B. 架空　　　　　C. 管道　　　　　D. 水下或海底

　　3. 一条光缆线路上吊线不超过（　　　　）条。

　　A. 2　　　　　B. 1　　　　　C. 6　　　　　D. 4

三、判断题

　　1. 通信用的光纤绝大多数是用石英材料做成的横截面很小的双层同心圆柱体，外层的折射率比内层稍低。（　　　　）

　　2. 实用的光纤并不是裸露的玻璃丝，而是在它外面附加几层塑料涂层，以保护光纤，增加光纤的强度。经过涂塑的光纤叫做光纤芯线。涂塑有一次涂塑和二次涂塑。（　　　　）

　　3. 紧套光纤是二次涂塑光纤，目的是为了减小外界应力对光纤的作用。优点是结构相对简单，无论测量还是使用都比较方便。紧套光纤一般制成一管多芯的结构。（　　　　）

4. 光具有两重性，既可以被看成光波，也可以看成由光子组成的粒子流。（　　　　）

5. 光波在光纤中传输时，随着传输距离的增加而光功率逐渐下降，这就是光纤的传输损耗。（　　　　）

6. 直埋光缆均应设置标石。标石是表明光缆走向和特殊位置的钢筋水泥或石质标志。光缆标石主要分为接头标石、转角标石、路由标石和检测标石四类。（　　　　）

7. 敷设管道光缆前，首先应将管孔内的淤泥杂物清除干净。（　　　　）

8. 光波在光纤中传输时存在多种传播模式，不同的模式有不同的电磁场分布形式。（　　）

实 验 与 实 训

实验一　光纤参数的测量

光纤特性的测量分为传输特性测量和基本参数测量。本实验介绍光纤传输特性测量，即光纤损耗测量、光纤带宽测量和光纤色散测量。

预备知识详见本章 2.3 节内容。

（一）实验目的

（1）掌握光纤损耗的测量方法。

（2）掌握多模光纤带宽的测量方法。

（3）掌握单模光纤色散的测量方法。

（二）工具与器材

光纤通信实验箱、光功率计、扰模器、待测光纤（单模和多模）、数字示波器（60 MHz以上）。

（三）实验步骤

1. 光纤损耗系数的测量

（1）按照图 2 - 28、图 2 - 29 连接好光纤跳线，并测出光功率 $P_1(\lambda)$。

（2）按照图 2 - 28、图 2 - 29 连接好待测光纤，需经扰模器测出光功率 $P_2(\lambda)$。

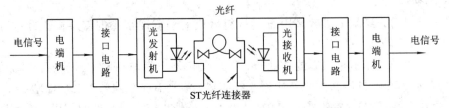

图 2 - 28　光纤传输系统方框图

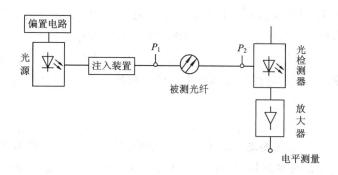

图 2 - 29　剪断法测量光纤损耗系数框图

（3）根据公式（2 - 11）计算出光纤的损耗系数 α，并计算光纤的总损耗 $A = \alpha \times L$。

（4）设计方案：根据剪断法测量光纤的损耗性能。

2. 多模光纤带宽的测量

（1）按照图 2 - 30 连接好被测光纤和相应的测量仪器。将正弦波作为注入信号，测量并记录幅频函数 $P_2(f_n)$。

（2）在距注入端 2 m 处剪断光纤，在保持注入条件不变的情况下，测量并记录短光纤（参考信号）的输出幅度 $P_1(f_n)$。

（3）观察记录仪给出的基带频率特性曲线，曲线上 -6 dB 电功率处对应的频率即为光纤的带宽。

（4）设计方案：根据频域法测量多模光纤的带宽性能。

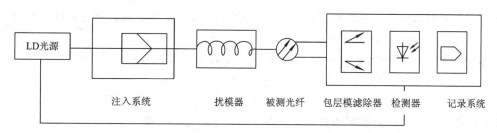

图 2 - 30　多模光纤带宽测量框图

3. 单模光纤色散参数的测量

（1）按照图 2 - 31 连接好被测光纤和相应的测量仪器。

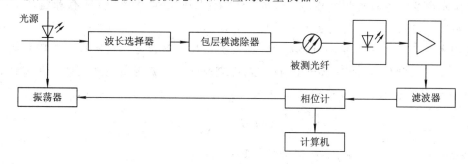

图 2 - 31　相移法测量单模光纤色散参数框图

（2）使波长为 λ_1 的正弦信号调制光波通过被测光纤，用相位计测出其相位 φ_1；使波长为 λ_2 的正弦信号调制光波通过被测光纤，用相位计测出其相位 φ_2。

（3）得到 $\Delta\varphi$，根据式(2-13)、式(2-14)计算出光纤总色散和色散系数。

（4）设计方案：利用相移法测量单模光纤的色散性能。

【知识扩展】

1. 光纤损耗的测量方法

光纤损耗的测量方法主要有剪断法、插入法和后向散射法。这里进行简要介绍。

（1）剪断法是直接利用损耗系数的定义来测量光纤的损耗。由式(2-11)可知，先测量长度为 L_2 的长光纤的输出光功率 P_2；然后保持注入条件不变，在注入装置附近剪断光纤，测出长度 L_1（一般保证为 2~3 m）；再测量其输出光功率 P_1（于是得到了长度为 $L=L_2-L_1$ 的光纤的输入和输出光功率），根据式(2-11)就可以计算得到损耗系数 α 的值。其系统框图如图 2-29 所示。

剪断法是根据损耗系数的定义，通过直接测量传输的光功率而实现的。其特点是测量仪器简单，测量结果准确，因而被确定为基准测量方法。但这种方法具有破坏性，不利于多次重复测量。在实际应用中可以采用插入法。

（2）插入法是将注入装置的输出端和光检测器的输入端直接连接起来，测出光功率 P_1，然后在两者之间插入长度为 L 的待测光纤，测出光功率 P_2，据此计算出 α 值。这种方法可根据工作的具体环境灵活运用。

（3）后向散射法是通过光纤中的后向散射光信号来提取诸如光纤损耗、光纤光缆的光学连续性、物理缺陷、接头损耗和光纤长度等方面信息的一种方法，它是一种间接测量均匀样品衰减的方法。其测量原理如下：

假定光纤结构参数沿轴向均匀，则 $0 \sim L$ 之间的平均损耗系数为

$$\alpha = \frac{5}{L}\lg\frac{P_{bs}(0)}{P_{bs}(L)} \tag{2-12}$$

由式(2-12)可得到后向散射曲线，并求得实际的平均损耗系数。

2. 单模光纤色散的测量方法

主要包括相移法、干涉法和脉冲时延法，这里只介绍相移法。

不同波长的光信号通过一根已知长度的光纤时，所经历的时间会稍有差别，由于时延不同，因此会呈现不同的相位移动。相移法就是通过测量不同波长的光信号通过光纤传输后产生相移的差别来计算时延差的一种巧妙的方法。

角频率为 ω 的正弦信号调制的光波，经长度为 L 的单模光纤传输后，不同光波长 λ 的时延产生不同的相位 φ。用波长为 λ_1 和 λ_2 的受调制光波分别通过被测光纤，由 $\Delta\lambda=\lambda_1-\lambda_2$ 产生的时间延迟为 $\Delta\tau$，相位移为 $\Delta\varphi$，由此可得长度为 L 的光纤总色散为

$$C(\lambda)L = \frac{\Delta\tau}{\Delta\lambda} \tag{2-13}$$

将 $\Delta\tau=\Delta\varphi/\omega$ 代入式(2-13)，得到光纤色散系数：

$$C(\lambda) = \frac{\Delta\varphi}{L\omega\Delta\lambda} \tag{2-14}$$

相移法测量单模光纤色散特性的框图如图 2 - 31 所示。用高稳定度振荡器构成的正弦信号调制光源，输出的光信号经过光纤传输和光检测器放大后，由相位计测出其相位。可变波长的光源可以由发光二极管(LED)和波长选择器组成，也可以由不同中心波长的激光器(LD)组成。其中波长选择器可以是光开关、单色仪、滤光片或别的色散器件等。

3. 多模光纤带宽的测量方法

多模光纤的基带响应在时域内用它的脉冲响应 $g(t)$ 描述，在频域内则用它的频率响应 $G(f)$ 描述。由此可见，基带响应测量既可采用频域的方法，也可采用时域的方法。但 ITU - T G.651 规定，最终测量结果必须以频率形式给出，因此这里只介绍频域法。

频域法是通过测量光纤的频率响应来测量光纤带宽的方法，又称扫频法。测量时，可以利用频率连续可变的正弦波调制光源作为注入信号，通过注入系统耦合到被测光纤中，测量并记录幅频函数 $P_2(f_n)$；然后在距注入端 2 m 处剪断光纤，在保持注入条件不变的情况下，测量短光纤(参考信号)的输出功率 $P_1(f_n)$ 并送到寄存器中。寄存器输出 $P_2(f_n)$ 与 $P_1(f_n)$ 之差，由记录仪给出基带频率特性曲线，曲线上 -6 dB 电功率处对应的频率即为光纤的带宽。

实验二　光缆的识别与测量

光缆由缆芯和护套两部分组成。缆芯一般包括被覆光纤(芯线)和加强件，有时加强件分布在护套中，这时缆芯主要就是芯线。芯线是光缆的核心，决定着光缆的传输特性。加强件承受光缆的张力，通常采用杨氏模量大的钢丝或者非金属的芳纶纤维(Kevlar)。护套一般由聚乙烯(或聚氯乙烯)和钢带或铝带组成，对缆芯起机械保护和环境保护作用。

对光缆的基本要求是保护光纤固有的机械特性和光学特性，防止施工过程和使用期间光纤断裂，保持传输特性稳定。为此，必须根据使用环境设计各种结构的光缆，以免光纤受应力的作用和有害物质的侵蚀。

光缆的敷设质量、接续质量主要通过观察被测光纤的后向散射曲线，并结合光时域反射计(OTDR)完成光缆损耗、衰减系数、长度等的测量来判断。

预备知识详见本章 2.3、2.4 节内容。

(一) 实验目的

(1) 熟悉光缆的型号和规格。
(2) 掌握光缆的色谱认识和线序排列。
(3) 掌握利用 OTDR 测量链路中断裂处的位置。
(4) 掌握利用 OTDR 测量链路中的衰减系数、累计损耗。

(二) 工具与器材

本实验的器材包括光缆、活动连接器及光时域反射计(OTDR)等。OTDR 以安捷伦公司产品为例，各部分组成如图 2 - 32 所示。

图 2 - 32　OTDR E6000 产品图

（三）实验步骤

1. 光缆识别

（1）依据光缆厂家说明书、光缆盘标记或光缆外护层上的白色印
记识别光缆型号。

OTDR 操作

（2）正确识别套管顺序，芯线色谱及线序，达到熟练的程度。

2. 光缆测量

（1）熟悉设备。需要熟悉 OTDR E6000 产品的基本功能和操作按键：【运行/停止】键、
【光标】键、【选定】键、【帮助】键等，这些键的当前功能说明显示在屏幕右侧。

（2）连接待测光缆。将待测光缆连接到光输出连接器接口。在实际工程测试中为了排
除盲区对测试的影响，待测光缆应通过一段假纤连接到 OTDR。

（3）接通电源，设置参数。OTDR 电源可以使用充电电池和外接 220 V 市电。接通电
以后，仪表进行自检，然后出现应用界面。

本实验主要使用"OTDR 模式"和"光纤断裂定位器"两个应用程序。在应用界面上通过
【光标】键选择"OTDR 模式"，按【选定】键进入测量设置界面设置测量参数。

（4）测量。设置好参数后，按【运行/停止】键发射光脉冲，开始进行取样，空白主窗口
显示一条后向散射曲线。再按一次【运行/停止】键或等待右下角指示的测量时间结束，则
不再进行取样。OTDR 将进行自动扫描，生成一个事件表，在参数窗中显示两点距离、损
耗、衰减等数值。

读取测量结果有两种方法：从事件表中读取测量结果（自动测量）；从参数窗读取测量
结果（手动测量）。

（5）设计方案：测量实用光缆的损耗、衰减系数和断裂点定位。

【知识扩展】

1. 后向散射法的测量系统

利用后向散射法原理设计的测量仪器称为光时域反射计（OTDR）。光时域反射计是通

过被测光纤中产生的背向散射光信号来进行分析的，所以又叫背向散射仪。OTDR 不仅可以测量光纤损耗系数和光纤长度，还可以测量光纤连接器和接头的损耗，观察光纤沿线的均匀性和确定光纤故障点的位置，它是光纤通信系统工程现场测量不可缺少的工具。

由于光纤本身的结构缺陷和掺杂成分的非均匀性，在光子的作用下，光纤会发生散射现象。因此，当光脉冲通过光纤传输时，沿光纤长度上的各点均会引起散射(如果光纤有几何缺陷或断裂面，还会产生菲涅尔反射)，其强弱与通过该处的光功率成正比。由于光功率与光纤的损耗有直接关系，因此，散射的强弱反映了光纤各点的损耗大小。散射和反射光总有一部分能够进入光纤的孔径角而反向传输到输入端。如果传输通道完全中断，则从此点以后的背向散射光功率也降到零，根据反向传输回来的散射光的情况就可以判断光纤断点的位置和光纤的长度，光时域反射计正是利用这一方法来测量光纤损耗的。

2. 光时域反射计(OTDR)的正确使用方法

光时域反射计只需在一端即可测量光纤的全程损耗和任意两点间的损耗，还可以观察光纤波导结构的均匀性，无需进行端匹配，也无需剪断被测光纤，无破坏性，因此特别适合现场施工和维护测量。另外，它可以测量光纤长度、接头的位置和接头的损耗，这是剪断法和插入法测损耗所不能达到的。因此，尽管光时域反射计技术较复杂，造价较贵，但仍然受到广大用户的欢迎。要正确使用光时域反射计，必须注意以下几点：

(1) 应根据被测光纤的模式及欲测的波长窗口，选择合适的插件，使光信号的模式及波长与被测光纤保持一致。一般光时域反射计主机均带有多个光信号插件，有长波长($1.31~\mu m$、$1.55~\mu m$)和短波长($0.85~\mu m$)、单模和多模之分，使用者可以根据需要进行选择。

(2) 应根据被测光纤的长度及损耗大小，合理选择量程和光脉冲的宽度。

(3) 应设置精确的折射率(n 值)。

(4) 在一般测量时，为了消除前端面反射脉冲所产生的盲区，以及因饱和、耦合对开始光纤测量造成的影响，应该在仪器的输出端口先接一段 $0.5\sim2$ km 的"过渡光纤"，测试仪器通过此"过渡光纤"再和被测光纤耦合。为了减小测量误差，"过渡光纤"的特性应该与被测光纤一致。

3. 光缆线路故障测试方案

OTDR 是维护中测试光缆障碍的主要工具，它是根据瑞利散射的原理工作的，通过采集后向散射信号曲线来分析各点的情况。菲涅尔反射在光纤的折射率突变时出现了特殊现象。在光缆障碍的测试中，菲涅尔反射峰的高低对障碍点的判定起着不可低估的作用。

另外建立健全的维护资料也是快速处理光缆障碍的基础，如标石距离对照表、接头纤长记录、维护图等。目前，国内一、二级线路的维护等级要求高，资料一般较全。本地网以下光缆线路维护资料较少，一旦发生复杂的隐蔽性障碍，处理较为困难，但它的影响面较小。

如果障碍是某一系统障碍，在排除设备故障的前提下，应精确调整 OTDR 的折射率、脉宽和波长，使之与被测纤芯的参数相同，尽可能减少测试误差。将测出的距离信息与维护资料核对，看障碍点是否在接头处。若通过 OTDR 曲线观察障碍点有明显的菲涅尔反射峰，与资料核对和某一接头距离相近，可初步判断为盒内光纤障碍(光纤盒内断裂多为镜面性断裂，有较大的菲涅尔反射峰)。修复人员到现场后可先与机房人员配合进一步进行判断，然后进行处理。若障碍点与接头距离相差较大，则为缆内障碍。这类障碍隐蔽性较强，如果定位不准，盲目查找就可能造成不必要的人力和物力的浪费，如直埋光缆大量土方开挖，架空光缆摘挂大量的挂钩等，从而延长障碍时间。

实验三　光纤接续与光缆接头盒制作

光缆的接续操作包括开剥光缆护套、光纤接续、收容余纤、接头盒封装这几道工序。操作时采用的操作方法、操作步骤的先后安排应充分考虑光纤容易折断这一特点。

光缆接头盒应选用密封、防水性能好的结构，并具有防腐蚀和一定的抗压力、张力和冲击力的能力。

预备知识详见本章 2.5 节内容。

（一）实验目的

（1）掌握利用光纤熔接机进行光纤熔接的操作。

（2）掌握使用光缆接头盒进行光缆接续的过程。

（二）工具与器材

熔接机、光纤切割刀、剥线钳、热缩管、酒精棉球、剪刀、钢丝钳、光缆野外接头盒、螺丝刀、扳手等。

（三）实验步骤

1. 光纤接续

（1）开剥光缆。注意不要伤到束管，开剥长度取 0.5 m 左右，用卫生纸将油膏擦拭干净。将不同束管、不同颜色的光纤分开，穿过热缩管（剥去涂覆层的光纤很脆弱，使用热缩管可以保护光纤熔接头），如图 2-33 所示。

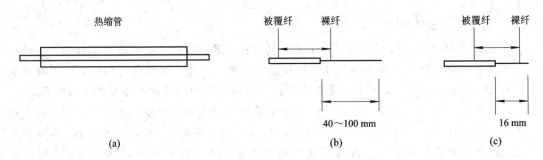

图 2-33　利用热缩管分解光纤

（2）制作光纤端面。光纤端面制作的好坏将直接影响接续质量，所以在熔接前一定要做好合格的端面，具体如图 2-34 所示。用专用的剥线钳剥去涂覆层，再用蘸酒精的清洁棉在裸纤上擦拭几次，用力要适度，然后用精密光纤切割刀切割光纤，对 0.25 mm（外涂层）光纤，切割长度为 8~16 mm，对 0.9 mm（外涂层）光纤，切割长度只能是 16 mm。

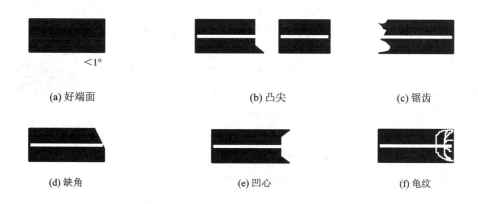

图 2 - 34　光纤端面示意图

（3）打开熔接机电源，如没有特殊情况，一般都选用自动熔接程序。将光纤放在熔接机的 V 形槽中，小心压上光纤压板和光纤夹具，要根据光纤切割长度设置光纤在压板中的位置。正确的放置位置如图 2 - 35 所示。

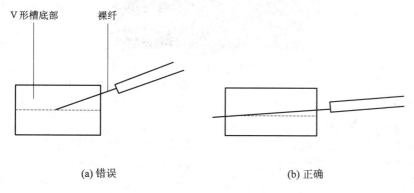

图 2 - 35　光纤在压板中的位置

（4）自动熔接。关上防风罩，此时显示屏上应显示对接图像，要求两光纤径向距离小于光纤半径 R，以便于左右两光纤调整对齐。熔接机自动计算熔接损耗，该值一般有误差，比较精确的测量结果可以用 OTDR 测量。

（5）移出光纤用加热炉加热热缩管。打开防风罩，把光纤从熔接机上取出，再将热缩管放在裸纤中心，放到加热炉中加热，加热需 30～60 s。

（6）设计方案：完成光纤接续的完整操作过程。

2. 光缆接头盒制作

（1）开剥光缆，将光纤束套上松套管，并用胶带将松套管和光缆外护套缠牢在一起（松套管的长度根据需要选取 30 cm 左右）。将要对接的两段光缆分别固定到接续盒内。注意不要伤到束管，开剥长度取 1 m 左右，用卫生纸将油膏擦拭干净，将光缆穿入接续盒，固定钢丝时一定要压紧，不能有松动。否则，有可能造成光缆打滚折断纤芯。

光缆接头盒制作

（2）将不同束管、不同颜色的光纤分开，穿过热缩管。按照光纤的色谱顺序熔接，注意 A、B 端面的辨别。

（3）盘纤固定。将接续好的光纤盘到光纤收容盘上，在盘纤时，盘圈的半径越大，弧度越大，整个线路的损耗越小。所以一定要保持一定的半径，避免光在纤芯内传输时产生不必要的损耗。

（4）密封和挂起。野外接头盒一定要密封好，防止进水。熔接盒进水后，由于光纤及光纤熔接点长期浸泡在水中，可能会出现部分光纤衰减增加。将接头盒套上不锈钢挂钩并挂在吊线上。至此，光纤熔接完成。

光缆接头盒和 ODF

（5）设计方案：完成光缆接头盒的制作过程。

光缆接头盒的外形和内部结构如图 2 - 36 所示。

图 2 - 36　光缆接头盒的外形和结构示意图

【知识扩展】

1. 光纤接续注意原则

光纤接续应遵循的原则是：芯数相等时，要同束管内的对应色光纤对接；芯数不同时，按顺序先接芯数大的，再接芯数小的。

光纤接续的方法有熔接、活动连接、机械连接三种。在工程中大都采用熔接法。采用熔接方法时接点损耗小，反射损耗大，可靠性高。

光缆接续是光缆线路施工中的重要组成部分，光缆接续的质量好坏直接影响到施工质量，影响光通信质量。提高光缆接续质量在线路施工中十分重要。

2. 光缆的接续操作

光缆的接续可分为光纤的接续和光缆护套的接续两部分。

光纤接续一般分为端面处理、接续安装、熔接、接头的保护、余纤的收容五个步骤。

光缆护套的接续分为热接法和冷接法两大类。热接法采用热源来完成护套的密封连接，热接法中使用较普遍的是热缩套管法。冷接法不需要热源来完成护套的密封连接，冷接法中使用较普遍的是机械连接法。

冷接法常采用光缆接头盒。光缆接头盒有多种结构，如一进一出、二进二出、三进三出等。但其结构具有共同性，都有光纤接续槽放置熔接好的光纤，都有固定加强芯的夹具，都有用于密封的密封带。

实验四　FTTH 工程技术——皮线光缆

FTTH（光纤到户）是光纤接入网发展的最终形式，是指将光网络单元（ONU）安装在住家用户或企业用户处。FTTH 应用方案如图 2-37 所示。

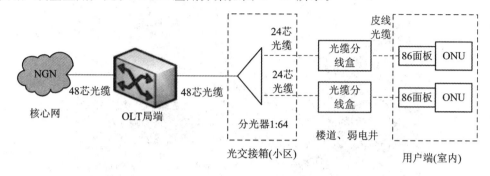

图 2-37　FTTH 应用方案

皮线光缆是专门针对 FTTH 开发的室内光缆，光纤纤芯位于缆体中心，两侧放置两根加强芯，外层加封护套成缆。皮线光缆的结构如图 2-38 所示。

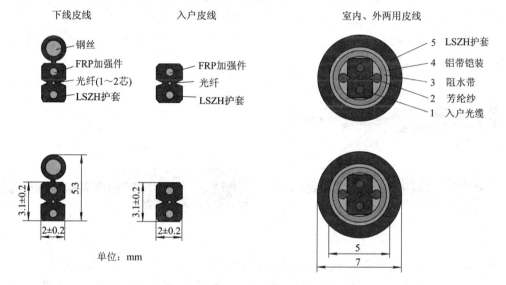

图 2-38　皮线光缆的结构

（一）实验目的

（1）掌握 FTTH 中 SC 冷接头的制作。

（2）了解 FTTH 技术。

（二）工具与器材

皮线光缆开剥器、光纤切割刀、定长开剥器、导轨条、酒精瓶。

（三）实验步骤

图 2-39 为预埋式光纤快速连接器实物图，分为光纤冷接体、光缆压盖和外壳。

皮线光缆快速连接器制作步骤详解：

（1）将皮线光缆从拧帽穿入。

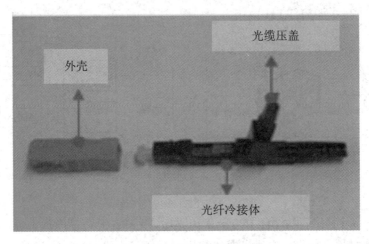

图 2-39 连接器实物图

（2）用皮线光缆开剥器剥去光缆外皮护套，如图 2-40 所示。

（3）将光纤插入定长开剥器剥去光纤涂覆层；并用酒精将杂物清洗干净，如图 2-41 所示。

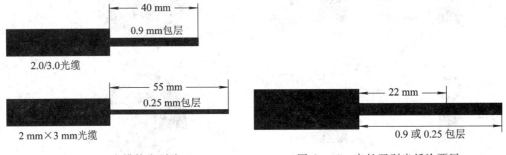

图 2-40 光缆外皮剥除　　　　　　　　　图 2-41 定长开剥光纤涂覆层

（4）将光纤插入导轨条，并平放至光纤切割刀端面，将多余光纤切除，如图 2-42 所示。此处导轨条的选择一定要正确，目前市面上常用的导轨条分为预埋式和直埋式两种，选择的时候一定要与快速连接器的型号对应起来，否则会导致光纤切割后长度过长。

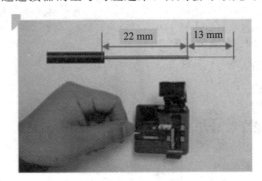

图 2-42 光纤插入导轨条

（5）把光纤从快速连接器尾部的光纤导入孔穿入光纤冷接体直至光缆产生微弯，如图 2-43 所示。注意不要弯曲过大，超出皮线光缆的弯曲半径将导致光纤断开并留在冷接主体内。

（6）右手捏住光缆和快速连接器保持光缆微弯，左手向前推进光纤锁扣至顶端，夹紧裸光纤，如图 2-44 所示。

（7）用压盖盖上光缆并用手压紧压盖和冷接体，拧上拧帽，如图 2-45 所示。

（8）套上外壳，制作完成。如图 2-46 所示。

图 2-43　光纤穿入光纤冷接体

图 2-44　推进光纤锁扣

图 2-45　安装光缆压盖

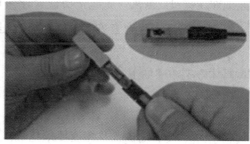

图 2-46　安装外壳

实验五　光缆架空工程敷设

架空杆路工程施工是通信专业的学生在毕业后从事通信建设工程勘察设计、工程施工及工程管理、工程质量监督管理和工程造价控制与审核等相关工作时，应该切实掌握的一项重要的专业技能，对学生毕业后从事相关工作具有极强的实际指导意义。

（一）实验目的

通过架空杆路工程施工的室外实验，让学生深入工程实际，将理论与实践有机结合。使学生熟悉通信线路工程中架空杆路工程施工的流程，基本掌握施工质量控制、施工安全控制、施工进度和成本控制以及工程项目管理和施工现场管理技术。为今后从事通信光缆线路工程的管理和施工奠定良好的专业基础，培养良好的从业素质。

通过室外实验着重培养学生以下几方面的能力和素质：

（1）应用已学知识解决工程实际问题的能力；

（2）捕捉新信息、获取专业新知识的能力；

（3）融入社会以及与他人交流沟通、协调协作的能力；

（4）吃苦耐劳、敬业爱岗、踏实肯干、敢于创新等方面的素质。

（二）工具与器材

（1）材料：电杆、钢绞线、地锚、挂钩、抱箍、夹板、光缆。

（2）工具：剥线钳、50 m 皮尺、1.5 T 手扳葫芦、紧线钳、老虎钳、扳手、卡钳、直铲、打洞勺、铁锹、钢钎、脚扣及脚扣皮带、保安带、8 磅榔头、坐板、工具包、滑车。

（3）仪器：接地电阻测试仪、数字万用表、电笔。

（三）实验步骤

每班分成 6 个小组，每组 4～6 人，组长协调分工，老师集中讲解和演示，而后同学们分组练习和操作。

1. 架空光缆布放的全套施工流程

施工测量→器材检验→单盘检验→光缆配盘→选择布放方法→光缆布放→光缆的防护→光缆芯线接续、测试→光缆接头盒封合→光缆接头盒的安装固定

2. 架空杆路工程全套施工流程（学院线务实训基地）

复标→施工测量→打洞立杆→电杆加固→拉线安装→吊线安装→地线安装→电杆标号

具体施工步骤如下：

（1）位置测量：确定树立电杆的位置。

（2）树立电杆。

① 挖坑：按灰线位置及深度要求挖坑。坑的一面应挖出坡道以便人员操作，核实杆位及坑深达到要求后，平整坑底并夯实。电杆埋设深度应符合设计规定，设计未作规定时，应符合表 2-6 所列数值。

表 2-6　电杆杆长与埋深的数值要求

杆长/m	8.0	9.0	10.0	11.0	12.0	13.0	15.0
埋深/m	1.5	1.6	1.7	1.8	1.9	2.0	2.3

② 底盘就位。用大绳拴好底盘，立好滑板，将底盘滑入坑内。用线坠找出杆位中心，将底盘放平、找正，然后用墨斗在底盘弹出杆位线。

③ 人力立杆及加固电杆：绞磨就位。根据需要打好地锚钎子，用钢丝绳将地锚钎子与绞磨连接好。然后装滑轮组，穿钢丝绳，立人字抱杆（抱杆角度要适当）。在电杆的适当部位挂上钢丝绳（吊牵），拴好缆风绳及前后横绳，挂好吊钩，在专人指挥下起吊就位。

（3）安装吊线：基于实训的安全考虑，在 3 m 高处安装拉线，紧拉线时杆上不准有人，待拉紧后再上杆工作。

（4）安装地线，测量接地电阻。

（5）脚扣登高练习，应注意如下安全事项：

① 保安带（绳）使用前必须经过严格检查，确保坚固可靠才能使用。

② 切勿使用一般绳索或各种绝缘皮带代替保安带。

③ 脚扣应常检查是否完好，勿过于滑钝和锋利，脚扣带必须坚韧耐用；脚扣登板与钩处必须铆固；脚扣的大小要适合电杆的粗细，切勿因不适合用而把脚扣扩大缩小，以防折断；水泥杆脚扣上的胶管和胶垫根应保持完整，破裂露出胶里线时应予更换。

④ 搭脚板的勾绳、板必须确保完好方可使用。

⑤ 上杆前必须认真检查杆根有无折断危险，如发现不牢固的电杆，在未加固前切勿攀登。还应观察周围附近地区有无电力线或其他障碍物等情况。

⑥ 杆上有人工作时，杆下一定范围内不许有人，高空作业所用材料应放置稳妥，所用工具应随手装入工具袋内，防止坠落伤人。

（6）光缆挂钩练习。学员使用滑车挂缆，送缆 1~2 人，滑车 1 人，拉滑车 1~2 人，协调 1 人。光缆敷设应注意光缆弯曲的曲率半径必须大于光缆外径的 15 倍。光缆架设后，两端应留 1.5~2 m 的重叠长度，以便接续。挂光缆挂钩时，要求距离均匀整齐，挂钩的间隔距离为 60 cm，电杆两旁的挂钩应距吊线夹板中心各 30 cm，挂钩必须卡紧在吊线上，托板不得脱落。

（7）上杆。注意事项如下：

① 保安带系在腰下臀部位置，戴安全帽。

② 上杆时不能携带笨重料具，上下杆时不能丢下器材和工具。

③ 上杆时脚尖向上勾起往杆子方向微侧，脚扣套入杆子，脚向下蹬。

④ 上杆时人不得贴住杆子，离杆子 20~30 cm，人的腰杆挺直不得左右摇晃，目视水平前方，双手抱住杆子。

⑤ 手和脚协调配合交叉上杆。

⑥ 到达杆上操作位置时，系好安全带，并锁好安全带的保险环。保安带系在距杆梢 50 cm 以上位置处。

⑦ 用电笔检测杆上金属是否带电。使用电笔时不得戴手套（遇强光用手遮挡观测）。

⑧ 上下杆动作一致。

⑨ 下杆后整理好器材和工具。

（8）电杆标号。电杆是架空杆路的主要材料。电杆分为木杆和钢筋混凝土电杆。为了节约木材，我国主要使用钢筋混凝土电杆。电杆外形分为锥形杆和等径杆两种；电杆断面分为离心式环形、工字形和双肢形等多种。

电杆的编号表示方法为：YD-杆长-梢径-容许弯矩。杆长的单位为米；梢径的单位为厘米；容许弯矩的单位为吨/米。

实验六　光缆管道工程敷设

管道工程施工是通信专业的学生在毕业后从事通信建设工程勘察设计、工程施工及工程管理、工程质量监督管理和工程造价控制与审核等相关工作时，应该切实掌握的一项重要的核心专业技能，对学生毕业后从事相关工作具有极强的实际指导意义。

（一）实验目的

通过管道工程施工的室外实验，让学生深入工程实际，将理论与实践有机结合。使学生熟悉通信线路工程中管道工程施工的流程，基本掌握施工质量控制、施工安全控制、施工进度和成本控制以及工程项目管理和施工现场管理技术。为今后从事通信电缆线路工程的管理和施工奠定良好的专业基础，培养良好的从业素质。通过"室外实验"着重培养学生以下几方面的能力和素质：

（1）应用已学知识解决工程实际问题的能力；

（2）捕捉新信息、获取专业新知识的能力；

（3）融入社会以及与他人交流沟通、协调协作的能力；

（4）吃苦耐劳、敬业爱岗、踏实肯干、敢于创新等方面的素质。

（二）工具与仪器

光缆、穿缆器、老虎钳、开缆刀、剪刀、撬杆等。

（三）实验步骤

1. 通信管道工程全套施工流程

复标→施工测量→开挖路面→开挖土方→做基础→加筋→敷设管道→填砂浆→管道包封→砌砖→抹面→开天窗→做人（手）孔上覆→铁盖安装。

2. 管道光缆布放的全套施工流程

施工测量→器材检验→单盘检验→光缆配盘→选择布放方法→人孔抽积水→检查管孔→光缆布放→光缆的防护→光缆芯线接续、测试→光缆接头盒封合→光缆接头盒的安装固定。

3. 管道施工

（1）清洗管道。

（2）布放穿缆器。布放速度要均匀。

（3）固定接头（注意：加强件固定牢固，否则影响通信质量）。

（4）收穿缆器。

（四）实验任务

在室外实训基地完成2～3段光缆管道工程敷设。

第 3 章　光纤通信的基本器件

★ **本章目的**

　掌握光与物质的作用过程

　掌握半导体激光器(LD)的发光机理及其特性

　掌握半导体二极管(LED)的发光机理及其特性

　了解光纤通信系统的实用光源

　掌握光电二极管和雪崩光电二极管的结构及原理

　了解各种光无源器件的类型及其作用

　掌握常用光纤连接器的特点

☆ **知识点**

　粒子数反转

　自发辐射、受激辐射、受激吸收

　激光器的谐振条件

　半导体激光器的工作特性

　光电二极管

　雪崩光电二极管

　光纤连接器

　光波分复用器

　光隔离器

　光开关

3.1　光　　　源

　　在光纤通信系统中,光纤是传输光信号的介质,而这些光信号来自于光源器件。光源器件是光纤通信系统中必不可少的设备,在光纤通信中占有重要的地位,其作用是将电信号转换成光信号送入光纤。性能好、寿命长、使用方便的光源是保证光纤通信可靠工作的关键。

　　为满足光纤通信的需要,光源器件必须符合以下要求:

　　(1) 发射光波长必须在光纤的低损耗窗口内,即波长分别在 $0.85~\mu m$、$1.31~\mu m$、$1.55~\mu m$ 附近,且材料色散小。

（2）光源的输出功率要足够大。一般要求入纤光功率至少在 10 μW 到数毫瓦之间。由于光纤本身芯径的尺寸很小，因此光源器件与光纤的耦合效率很高。

（3）温度特性优良。温度对光源器件的发射光波长、光功率等特性参数有影响，因此光源器件要具有良好的温度控制性能。

（4）光源的发光谱宽度要窄。光源的输出光谱太宽会增大光纤色散，不利于传输高速脉冲，因此其谱线宽度应控制在 2 nm 以下。

（5）光源应具有高度的可靠性。光纤通信要求光源器件能够长时间连续工作，所以光源器件的可靠性及是否能长期工作很重要。一般要求工作寿命至少在 10 万小时以上，才能满足光纤通信工程的需要。目前工作寿命达百万小时的光源器件已经进入实用化阶段。

（6）省电，且体积小、重量轻（一般半导体激光器可以做到像纽扣那么大）。

（7）光源器件应便于调制，调制速率能适应系统要求。

本章主要介绍光纤通信中常用的两种光源器件，即半导体激光器和半导体发光二极管。

1. 光子的概念

已经证明光具有波粒二象性。在传播特性方面，表现出波动性，如反射、偏振等现象；在与物质相互作用时，又表现出粒子性，如黑体辐射、光电效应证明了光具有粒子所具有的动量和能量。在光量子学说中，光波看作是由量子化的微粒组成的电磁场，这些量子化的微粒称为光量子，即光子。

一个光子能量为

$$E = hf \tag{3-1}$$

式（3-1）中，h 为普朗克常数（$h = 6.628 \times 10^{-34}$ J·s（焦耳·秒）），f 为光波频率。

处于同一几何空间内，并且具有相同频率、相同运动方向和相同偏振态的光视之为处于同一状态。处于同一状态的光子数不受限制，并且彼此不可区分。不同状态（如频率）的光子，能量不同。

2. 电注入半导体发光

1）原子能级

物质由原子组成，而原子由原子核和核外电子构成。原子有不同稳定状态的能级。最低的能级 E_1 称为基态，能量比基态大的所有其他能级 $E_i (i = 2, 3, 4, \cdots)$ 都称为激发态。当电子从较高能级 E_2 跃迁至较低能级 E_1 时，其能级间的能量差为

晶体中电子

$$\Delta E = E_2 - E_1 \tag{3-2}$$

跃迁的结果是释放出光子，这个能量差与辐射光的频率 f_{21} 之间有以下关系式：

$$\Delta E = E_2 - E_1 = hf_{21} \tag{3-3}$$

利用光子的概念和原子能级的理论，就可以解释为什么可以利用半导体材料发光。

2）电注入半导体发光

半导体是由大量原子周期有序的排列构成的共价晶体，相邻原子之间的相互作用使得电子在整个半导体中进行共有化运动，所处的离

电子分布

散能态扩展成连续分布的能态。

在半导体的 PN 结中，其中心区域是空间电荷区。当 PN 结加上正向电压时，多数载流子(P 型半导体的多数载流子是空穴，而 N 型半导体的多数载流子是电子)向空间电荷区运动，产生电子和空穴的复合现象。复合时，电子从高能级的导带跃迁到低能级的价带，并发射一定频率的光子。这就是电注入半导体发光。

PN 半导体

3. 光的发射与吸收过程

光的发射和吸收是光与物质(原子)作用的结果，光与物质的相互作用，使得组成物质的原子可以从一个能级跃迁到另一个能级。

光的发射和吸收行为包括三种基本过程，即自发辐射、受激辐射和受激吸收。

1) 自发辐射

处于高能级(E_2)的原子，在不受外界作用的情况下，自发地向低能级(E_1)跃迁，并发射一个能量为 hf_{21} 的光子，这个过程称为自发辐射，如图 3-1 所示。

$$hf_{21} = E_2 - E_1 \qquad\qquad (3-4)$$

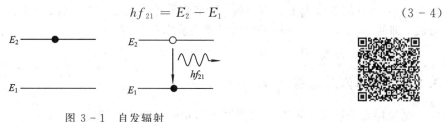

图 3-1　自发辐射

自发辐射

自发辐射的特点：因为每个原子的自发辐射过程都是独立进行的，所以新发射的光子虽然频率相同，但其运动方向和初相位是无序的。自发辐射产生的光是非相干光。

自发辐射是发光二极管的理论基础。

2) 受激辐射

在高能级(E_2)上的电子，受到能量为 hf_{21} 的外来光子激励(满足式(3-4))，使电子被迫跃迁到低能级(E_1)上与空穴复合，同时释放出一个光子。由于这个过程是在外来光子的激励下产生的，因此这种跃迁称为受激辐射，如图 3-2 所示。

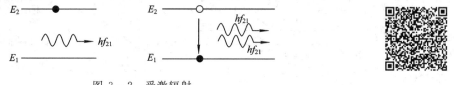

图 3-2　受激辐射

受激辐射

受激辐射的特点：受激辐射产生的光子与外来激励光子的状态完全相同，即两者不但同频率，而且同相位、同偏振、同传播方向，是相干光。当有大量原子处于 E_2 能级时，就会发生雪崩式的连锁反应，从而产生大量的受激辐射光子，这些光子是相干的。

受激辐射是半导体激光器的理论基础。

3) 受激吸收

在正常状态下，电子通常处于低能级 E_1。在入射光的作用下，电子吸收光子的能量后

（满足式(3-4)）跃迁到高能级 E_2，产生光电流，这种跃迁称为受激吸收，如图3-3所示。

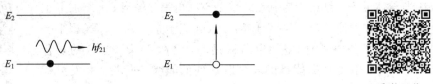

图3-3　受激吸收

受激吸收

受激吸收的特点：受激吸收过程只要求外来光子的频率满足式(3-4)，而对其偏振和运动方向没有特殊要求。受激吸收也称共振吸收，可使光衰减。

受激吸收是光电检测器的理论基础。

4. 粒子数反转

受激辐射是半导体激光器发光的基础。而要在此基础上实现光放大，则必须实现粒子数反转。

设低能级上的粒子数密度为 N_1，高能级上的粒子数密度为 N_2。在正常状态下，$N_1 > N_2$，即受激吸收大于受激辐射。若要物质产生光的放大，就必须使受激辐射大于受激吸收，即使 $N_2 > N_1$，这种粒子数的反常态分布称为粒子(电子)数反转分布。

粒子数反转分布是使物质产生光放大而发光的必要条件。

3.1.1　半导体激光器(LD)

激光器是利用受激辐射过程产生光和光放大的一种器件，它发出的光具有极好的相干性、单色性、方向性和极高的亮度，且便于控制利用。因而这种光源被用作光纤通信系统的光源。

1. 激光器的基本结构

激光器的基本结构如图3-4所示，它是由三部分组成的，即工作物质、泵浦源(激励源——电源)和谐振腔(半反镜和全反镜)。

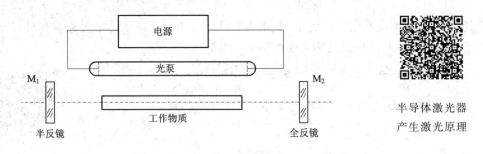

半导体激光器
产生激光原理

图3-4　半导体激光器结构

1）工作物质

要使受激辐射过程成为主导过程，必要条件是在介质中造成粒子数反转分布，即使介质激活。各种各样的物质在一定的外界激励条件下，都有可能成为激活介质，因而可能产生光及光放大。这些物质包括固体、气体、液体和半导体。这样的一些能产生激光的物质就是工作物质。如红宝石激光器的工作物质是掺铬离子的氧化铝晶体。

2) 泵浦源

要使工作物质成为激活介质，需要有外界的激励。激励方法有光激励、电激励和化学激励等，而每种激励都需要有外加的激励源，即泵浦源。它的作用就是使介质中处于基态能级的粒子不断地被提升到较高的一些激发态能级上，实现粒子数反转分布（$N_2 > N_1$）。

光纤通信使用的半导体激光器一般为电激励。

3) 谐振腔

对大多数激活介质来说，由于受激辐射的放大作用还不够强，光波被受激辐射放大的部分往往被介质中的其他损耗因素（如介质的杂质吸收、散射等）所抵消，因而受激辐射不能成为介质中占优势的一种辐射。而谐振腔（如图 3－5 所示）的作用正是加强介质中的受激放大作用。光学谐振腔由两个反射镜组成，其一是全反射的（M_1），另一个是部分透过的（M_2）。

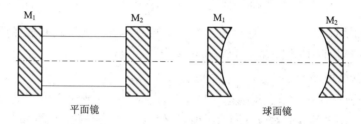

图 3－5　谐振腔

谐振腔的光轴与工作物质的长轴相重合。这样沿谐振腔轴方向传播的光波将在腔的两个反射镜之间来回反射，多次反复地通过激活介质，使光不断地被放大，而沿其他方向传播的光波很快地逸出腔外。这就使得只有沿腔轴传播的光波在腔内择优放大，因而谐振腔的作用可使输出光具有良好的方向性。

2. 激光器的振荡条件

激活介质的粒子数反转分布状态是产生光辐射增益的必要条件，但要使激光器输出稳定的激光，必须使光波在谐振腔内往返传播一次的总增益大于总损耗，因此，需要满足激光器的振荡条件。

1) 激光器起振的阈值条件

考虑谐振腔是平行平面腔，谐振腔反射镜的反射率分别为 R_1 和 R_2，两镜间距为 L，其间充满激活介质。按照激光原理的理论，其起振的阈值条件是

$$G_{th} = \alpha - \frac{1}{2L} \ln(R_1 \cdot R_2) \tag{3-5}$$

式中，G_{th} 表示激光器的阈值增益系数，α 表示激活介质（工作物质）的损耗系数。

当 M_1 是全反镜时，其 $R_1 = 1$，则阈值增益系数 G_{th} 为

$$G_{th} = \alpha - \frac{1}{2L} \ln R_2 \tag{3-6}$$

很明显，激光谐振腔的腔长越长（激活物质长度越长）或损耗越低，越容易起振。

2) 谐振条件与谐振频率

满足起振条件后，在激光器内建立激光振荡是非常迅速的。由于光速 $c = 3 \times 10^{10}$ cm/s，若腔长 $L = 1$ m，则光辐射在谐振腔内往返反射三百次的时间也只有 10^{-6} s。因此在极短的

时间间隔内，光辐射的强度即可增到相当大。

当光辐射强度到某一值时，激光介质上下能级的粒子数变化达到动态平衡。这时激活介质的增益系数恒等于阈值，而激光器内受激辐射的光强也趋于一个定值。这种现象称为增益饱和。

若使激光器能够在起振后达到稳定振荡，需要满足的条件是：将腔长 L 设计成等于光辐射的半波长的整数倍，即

$$\lambda = \frac{2nL}{q} \tag{3-7}$$

式（3-7）中，n 为激活介质的折射率，$q(=1,2,3,\cdots)$ 为纵模模数，λ 为激光波长。利用波长和频率的关系式，则式（3-7）可改写为

$$f_q = \frac{c}{\lambda} = \frac{cq}{2nL} \tag{3-8}$$

式（3-7）和式（3-8）表明，谐振腔只对特定频率（f_q）的光波具有选择放大作用，这样的一些频率称为谐振腔的共振频率或纵模频率。

3）纵模与纵模间隔

谐振腔内只允许存在的谐振频率是一些分离的值，每一个谐振频率对应腔中的一个振荡模式，称为纵模。不同的 q 值对应不同的纵模，q 值越大，纵模模次越高。q 值约为 $10^4 \sim 10^6$。

相邻两纵模频率之差为纵模间隔 Δf，即

$$\Delta f = \frac{c}{2nL} \tag{3-9}$$

对于一个确定的谐振腔（L、n 一定），Δf 是常数，即各纵模等间隔分布。

3. 半导体激光器

用半导体材料作为工作物质的激光器称为半导体激光器（LD），常用的有 F-P 腔（法不里-泊罗腔）激光器和分布反馈型激光器（DFB）。

半导体激光器输出激光的必要条件与一般激光器的相同，即粒子数的反转分布以及满足谐振条件和阈值条件。与一般激光器不同的是，半导体激光器的能级跃迁发生在导带中的电子和价带中的空穴之间。下面介绍 F-P 腔激光器中的同质结和双异质结半导体激光器。

半导体激光器
（LD）的结构

1）同质结砷化镓半导体激光器

在光纤通信中，F-P 腔激光器采用的工作物质（半导体材料）一般是砷化镓（GaAs）或铟镓砷磷（InGaAsP）。图 3-6 所示为同质结砷化镓半导体激光器的结构。

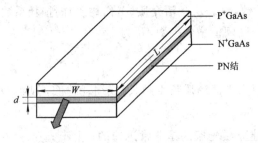

图 3-6　同质结砷化镓半导体激光器

半导体激光器

基本结构参数：长度 L 的范围为 $250\sim500~\mu m$，宽度 W 的范围为 $55\sim100~\mu m$，有源层厚度 d 的范围为 $0.1\sim0.2~\mu m$。

发光区域：同质结砷化镓半导体激光器的发光区域是作为其核心部分的 PN 结。发光原理参见本章 3.1 节中的"电注入半导体发光"部分。

特点：同质结砷化镓半导体激光器结构简单，由 PN 结发光；其阈值电流（激光器开始产生激光时的注入电流）较大；在室温下工作发热严重，无法做到连续的激光输出；室温下只能工作在脉冲状态，且脉冲的重复频率不高，约为几十千赫兹，脉冲的宽度很窄，约为 100 ns；适合在小容量、低速率光纤通信系统中使用。

2) 双异质结半导体激光器

双异质结半导体激光器结构如图 3-7 所示，$(N)InGaAsP$ 是发光的作用区（有源区），其上、下两层称为限制层，它们和作用区构成光学谐振腔。限制层和作用层之间形成异质结。最下面一层 N 型 InP 是衬底，顶层 $(P^+)InGaAsP$ 是接触层，其作用是为了改善和金属电极的接触。

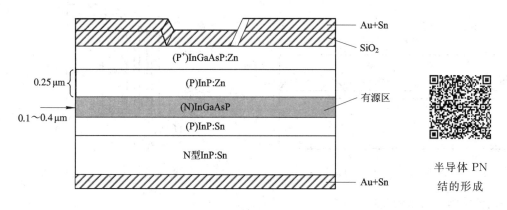

图 3-7　双异质结半导体激光器结构

基本结构参数：长度 L 约为 $400~\mu m$，宽度 W 约为 $200~\mu m$，有源层的厚度 d 约为 $0.1\sim0.4~\mu m$。

发光区域：双异质结。

基本原理：当施加正向激励后，P 层的空穴和 N 层的电子注入有源层。P 层带隙宽，导带的能态比有源层高，对注入电子形成了势垒，注入有源层的电子不可能扩散到 P 层。同理，注入有源层的空穴也不可能扩散到 N 层。这样，注入有源层的电子和空穴被限制在厚 $0.1\sim0.4~\mu m$ 的有源层内，形成粒子数反转分布。这时只要很小的外加电流，就可以使电子和空穴浓度增大而提高增益，从而产生辐射光，并在光学谐振腔中产生选频和放大。另外，有源层的折射率比限制层高，产生的激光被限制在有源区内，因而电/光转换效率很高，输出激光的阈值电流很低，只要很小的散热体就可以在室温下连续工作。

双异质结半导体激光器克服了同质结半导体激光器的缺点，有源区厚度加大，阈值电流降低（$30\sim80$ mA），波长范围为 $1.27\sim1.33~\mu m$。

3) 其他半导体激光器简述

(1) 磷砷镓铟激光器（$In_xGa_{1-x}As_{1-y}P_y/InP$）发射光波长范围为 $0.92\sim1.7~\mu m$，具体的波长值由 x 和 y 的值决定，属于长波长激光器。

（2）砷镓铟激光器（$In_xGa_{1-x}As$）发射光波长范围为 $0.8\sim1.7$ μm，具体的波长值由 x 的值决定，属于长波长激光器。

（3）锑砷镓激光器（$GaAs_{1-x}Sb_x$）发射光波长范围为 $0.4\sim1.4$ μm，具体的波长值由 x 的值决定，属于长波长激光器。

（4）分布反馈半导体激光器（DFB–LD）是一种可以产生动态控制的单纵模激光器，结构如图 3–8 所示。其激光振荡不是由反射镜提供，而是由折射率周期性变化的波纹结构（波纹光栅）提供的，即在有源区一侧生长波纹光栅。这种激光器具有单纵模振荡、波长稳定性好等特点，在高速数字光纤通信系统和有线电视光纤传输系统中应用广泛。

（5）量子阱半导体激光器（QW–LD）结构如图 3–9 所示。它是由两种不同成分的半导体材料在一个维度上以薄层的形式交替排列构成的，从而将窄带隙的很薄的有源层夹在宽带隙的半导体材料之间，形成势能阱。这种激光器具有有源层很薄（$10\sim100$ 埃（Å）），阈值电流很低（可低至 0.55 mA），输出功率高，谱线宽度窄等特点。

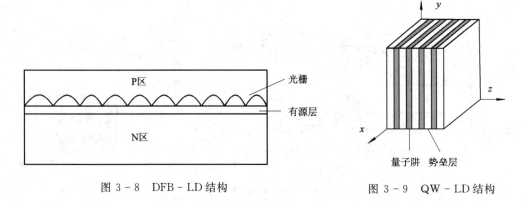

图 3–8　DFB–LD 结构　　　　　　图 3–9　QW–LD 结构

4. 半导体激光器的工作特性

1）阈值特性

阈值电流（I_{th}）是指使 LD 输出光功率急剧增加，产生激光振荡的激励电流。某半导体激光器 P-I 曲线如图 3–10 所示。当激励电流 $I<I_{th}$ 时，有源区无法达到粒子数反转，也

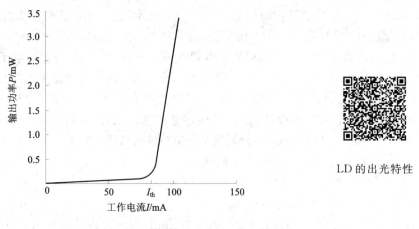

LD 的出光特性

图 3–10　P-I 曲线

无法达到谐振条件，自发辐射为主，输出功率很小，发出的是荧光；当激励电流 $I > I_{th}$ 时，有源区不仅有粒子数反转，而且达到了谐振条件，受激辐射为主，输出功率急剧增加，发出的是激光，此时 P - I 曲线是线性变化的。

对于激光器来说，要求阈值电流越小越好。

2) 发射波长

半导体激光器的发射波长是由导带的电子跃迁到价带时所释放出的能量决定的，这个能量近似等于禁带宽度 $E_g(eV)$，即

$$E_g(eV) = hf \tag{3-10}$$

式中，$f = c/\lambda$，是发射光的频率，eV 为电子伏特（$1\ eV = 1.60 \times 10^{-19}\ J$），$h$ 为普朗克常数。

由式(3-10)可得发射光波长为

$$\lambda = \frac{1.24}{E_g(eV)}\ (\mu m) \tag{3-11}$$

3) 光谱特性

半导体激光器输出光光谱特性曲线如图 3-11 所示，从光谱特性曲线可以发现半导体激光器的光谱随着激励电流的变化而变化。

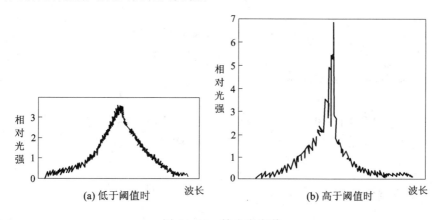

图 3-11　输出光光谱

当激励电流 $I < I_{th}$ 时，说明发出的是荧光，光谱很宽（几十纳米）；当激励电流 $I > I_{th}$ 时，光谱突然变窄（几纳米），谱线中心强度也急剧增加，说明发出的是激光。

对于半导体激光器来说，要求其输出光谱越窄越好。

4) 转换效率

半导体激光器是一种电/光转换器件，是将激励的电功率转换成为光功率发射出去。其转换效率常用微分量子效率 η_d（也称外微分量子效率）来衡量。η_d 的定义是激光器达到阈值后，输出光子数的增量与注入电子数的增量之比，即

$$\eta_d = \frac{(P - P_{th})/hf}{(I - I_{th})/e} = \frac{P - P_{th}}{I - I_{th}} \cdot \frac{e}{hf} = \frac{e}{hf} \cdot \frac{\Delta P}{\Delta I} \tag{3-12}$$

由式(3-12)可得到激光器的输出光功率为

$$P = P_{th} + \frac{\eta_d hf}{e}(I - I_{th}) = P_{th} + \frac{\eta_d hf}{e}\Delta I \tag{3-13}$$

式中，I 为激光器的输出驱动电流，P_{th} 为激光器的阈值功率，e 为电子电荷。

由于与 P 相比，P_{th} 很小，因此式(3-12)和式(3-13)可分别改写为

$$\eta_d \approx \frac{e}{hf} \cdot \frac{P}{\Delta I} \qquad (3-14)$$

$$P \approx \frac{\eta_d hf}{e} \Delta I \qquad (3-15)$$

5）温度特性

半导体激光器对于温度很敏感，其输出功率随温度变化而变化，产生这种变化的主要原因是半导体激光器外微分量子效率和阈值电流受到温度的影响。外微分量子效率随温度升高而下降，如 GaAs 激光器，绝对温度为 77° 时，η_d 约为 50%，当绝对温度升高到 300° 时，η_d 只有约 30%。阈值电流随温度升高而增加，如图 3-12 所示。

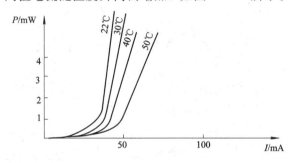

图 3-12　温度对阈值电流的影响

温度对阈值电流的影响可用下式描述

$$I_{th} = I_0 e^{T/T_0} \qquad (3-16)$$

式中，I_0 表示室温下的阈值电流，T 表示温度，T_0 称为特征温度(表示激光器对温度的敏感程度)，一般 InGaAsP 的激光器 $T_0 = 50℃ \sim 80℃$，AlGaAs/GaAs 的激光器 $T_0 = 100℃ \sim 150℃$。

3.1.2　半导体发光二极管(LED)

光纤通信用光源除了前述的半导体激光器(LD)外，还有半导体发光二极管(LED)。半导体发光二极管是利用半导体 PN 结进行自发辐射发光的器件的统称。如电子仪表等产品的指示灯使用的就是一般的半导体发光二极管。一般的半导体发光二极管与光纤通信专用的半导体发光二极管的异同如下：

· 共同点——都是使用 PN 结，利用自发辐射的原理发光，属于无阈值器件，体积小巧、重量轻。

· 不同点——主要是制造工艺和价格有区别，另外光纤通信专用的发光二极管亮度更高、响应速度更快。

半导体发光二极管与半导体激光器的区别是：发光二极管没有光学谐振腔，采用自发辐射，发出的是荧光(非相干光)，不是激光，光谱的谱线宽，发散角大。而半导体激光器有光学谐振腔，采用受激辐射，发出的是激光(相干光)，光谱的谱线窄，发散角很小。虽然发光二极管无法发出激光，但它还是有很多优点，如：使用寿命长，

发光二极管

理论推算可达 $10^8 \sim 10^{10}$ 小时；受温度影响小；输出光功率与激励电流线性关系好；驱动电路简单；价格低等。这些优点使发光二极管在中短距离、中小容量的光纤通信系统中得到广泛应用。

1. LED 的结构

为了获得高辐射度，LED 常采用双异质结芯片（但没有解理面，即没有光学谐振腔），构成材料主要有 GaAs 、InGaAsP、AlGaAs 等。

发光二极管的结构

1）面发光型 LED 结构

图 3 - 13 所示是采用双异质结 GaAs 的面发光型 LED 结构。发光区是呈圆柱形的有源层，其直径约为 50 μm，厚度约为 2.5 μm，能够发出波长为 0.8 ～ 0.9 μm 的辐射光，圆形光束反散角为 120°。

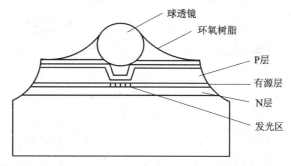

图 3 - 13　面发光型 LED 结构

2）边发光型 LED 结构

图 3 - 14 所示是采用双异质结 InGaAsP/InP 的边发光型 LED 结构。波长范围为 1.3 μm 左右，光束的水平反散角为 120°，垂直反散角为 25°～35°。该型 LED 的方向性好，亮度高，耦合效率高，但发光面积小。

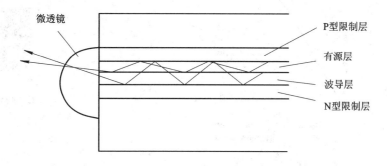

图 3 - 14　边发光型 LED 结构

2. 发光原理

当激励电流注入时，注入的载流子在扩散过程中进行复合，发生自发辐射，产生具有一定波长的自发辐射光，发射光经透镜构成的聚焦系统发射出去，直接射入光纤的端面，然后在光纤中传输，这就是发光二极管的基本工作原理。

3. LED 的工作特性

1）光谱特性

LED 的谱线如图 3-15 所示，由于 LED 没有谐振腔，不具有选频特性，因此谱线宽度 $\Delta\lambda$ 比激光器的要宽得多。

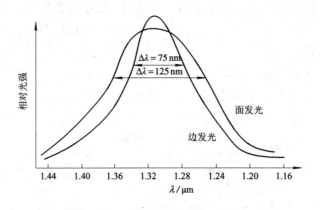

图 3-15　LED 的谱线

2）输出光功率特性

LED 输出光功率特性曲线如图 3-16 所示。LED 不存在阈值电流，线性比 LD 好。驱动电流 I 较小时，$P-I$ 曲线的线性较好；当 I 过大时，由于 PN 结发热而产生饱和现象，使 $P-I$ 曲线的斜率减小。一般情况下，LED 工作电流为 $50\sim100$ mA，输出光功率为几毫瓦，由于反散角大，出纤功率（耦合到光纤中的功率）只有数百微瓦。

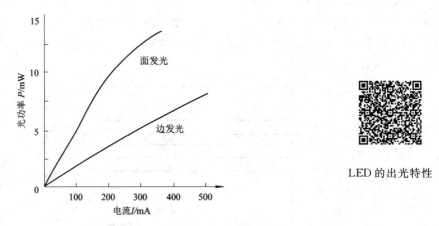

LED 的出光特性

图 3-16　LED 输出光功率

3）温度特性

LED 的输出光功率也会随温度升高而减小，然而 LED 是无阈值器件，因此温度特性比 LD 要好（如短波长的 GaAlAs LED，其输出光功率随温度的变化率约为 0.01/1K）。一般使用时不需要温度控制电路。

4）耦合效率

由于 LED 反散角大，因此其耦合效率低。所以 LED 适用于中短距离、中小容量的光纤通信系统。

4. 半导体激光器(LD)与发光二极管(LED)的比较

在光纤通信系统中,最常用的光源器件便是半导体激光器(LD)和发光二极管(LED),二者均是用半导体材料构成的,能发出光波,能通过调制技术携带数据信息,实现光传输。这两种光源器件的比较见表 3-1。通过比较,读者会进一步掌握这两种光源的异同及其应用。

表 3-1 LD 与 LED 的比较

	激光器(LD)	发光二极管(LED)
调制频带	≤数吉赫兹	≤数百赫兹
光输出功率	≤数十毫瓦	≤数毫瓦
耦合效率	大	小
频谱宽度	窄(<数十埃)	宽(数百~数千埃)
线性	差	较好
受温度影响	大	小
发散角	小	大
发光原理	受激辐射	自发辐射
适用系统	中远距离、大容量	中近距离、中小容量

3.2 光 检 测 器

在光纤通信系统中,光器件可分为有源光器件和无源光器件两类,其中有源光器件包括前一章中介绍的光源器件,还有本章要介绍的光检测器等器件。

光检测器又称光探测器或光检波器,有热器件和光子器件两大类。前者是吸收光子使器件升温,达到探知入射光能的大小;后者是将入射光转化为电流或电压,是以光子—电子的量子转换形式实现光的检测目的,如 PIN 光电二极管和雪崩光电二极管(APD)。

光电检测器

由于光纤具有三个低损耗窗口,即 850 nm、1310 nm 和 1550 nm。相应的,用于 850 nm 波长的称为短波长光检测器,用于 1310 nm 和 1550 nm 波长的则称为长波长光检测器。

在光纤通信系统中,一般使用的都是光子类型的光检测器。光检测器位于光接收机中。

一个完整的光纤通信系统除光纤、光源和光检测器外,还需要许多其他光器件,特别是无源器件。这些不用电源的无源光器件(即无光/电能量转换的能量消耗型光学器件)对光纤通信系统的构成、功能的扩展或性能的提高,都是不可缺少的,是构成光纤传输系统的重要部分。无源光器件种类繁多,功能各异,是一类实用性很强的器件。无源光器件的主要产品有光纤连接器、光纤耦合器、光衰减器、光隔离器、光环形器、光调制器、光开关、光波分复用器、光纤放大器等。无源光器件的作用是连接光路,控制光的传输方向,控制光功率的分配,实现器件与器件之间、器件与光纤之间的光耦合、合波及分波。

1. 光检测器的作用及要求

在光纤通信系统中,光检测器的作用是将光纤输出的光信号变换为电信号,其性能的好坏将对光接收机的灵敏度产生重要影响。

由于从光纤中传过来的光信号一般是非常微弱的,因此对光检测器提出了非常高的要求。对光检测器的基本要求如下:

(1) 在系统的工作波长上具有足够高的响应度,即对一定的入射光功率能够输出尽可能大的光电流;

(2) 具有足够快的响应速度,能够适用于高速或宽带系统;

(3) 具有尽可能低的噪声,以降低器件本身对信号的影响;

(4) 具有良好的线性关系,以保证信号转换过程中的不失真;

(5) 具有较小的体积、较长的工作寿命;

(6) 工作电压尽量低,使用简便。

2. 半导体 PN 结的光电效应

图 3 – 17 所示是一个未加电压的半导体 PN 结。在半导体材料的 PN 结区,发生载流子相互扩散的运动,即 P 型半导体中的空穴远比 N 型半导体的多,空穴将从 P 区扩散到 N 区;同样 N 型半导体中的电子远比 P 型半导体的多,也要扩散到 P 区。这种扩散运动的结果是在 PN 结内形成了一个内电场,在内电场的作用下,使电子和空穴产生了与扩散运动方向相反的漂移运动。当扩散与漂移达到动态平衡时,便在 PN 结中形成了一个空间电荷区,即耗尽层。

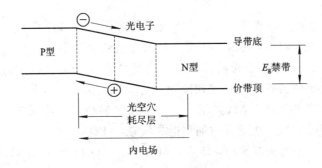

图 3 – 17　光电效应

如果 PN 结接收到相当能量的光照射,进入耗尽层的光子就会产生电子 – 空穴对,在内电场的加速下,空穴向 P 区漂移,电子则向 N 区漂移。很显然,光照的结果打破了原有结区的平衡状态。这种光生载流子的运动,在一定条件下就会产生光电流。这就是半导体 PN 结的光电效应。

当入射光子能量 hf 小于禁带宽度 E_g 时,不论入射光有多强,光电效应也不会发生,因此产生光电效应的条件是

$$hf \geqslant E_g \qquad\qquad (3-17)$$

式(3 – 17)表明,只有波长 $\lambda \leqslant \lambda_c$ 的入射光,才能产生光生载流子,这里的 λ_c 就是截止波长,相应的 f_c 就是截止频率。

3. PIN 光电二极管

1）PIN 的结构及其原理

PIN 的结构如图 3−18 所示，是在掺杂浓度很高的 P 型、N 型半导体之间，加一层轻掺杂的 N 型材料，称为 I 层（本征层）。I 层很厚，吸收系数很小，入射光很容易进入材料内部被充分吸收而产生大量电子－空穴对，因而大幅度提高了光/电转换效率。两侧的 P 型和 N 型半导体很薄，吸收入射光的比例很小，I 层几乎占据了整个耗尽层，因而光生电流中漂移分量占支配地位，从而大大提高了响应速度。另外，可通过控制耗尽层的宽度，来改变器件的响应速度。

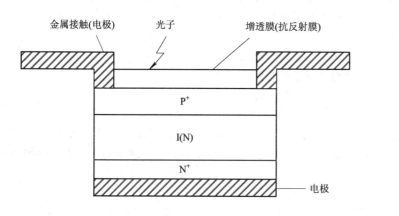

PIN 光电二极管结构及
场强分布

图 3−18　PIN 结构

PIN 的工作原理：当 PN 结加上反向电压后（如图 3−19 所示），入射光主要在耗尽区被吸收，在耗尽区产生光生载流子（电子－空穴对）。在耗尽区电场作用下，电子向 N 区漂移，空穴向 P 区漂移，产生光生电动势。在远离 PN 结的地方，因没有电场的作用，电子空穴作扩散运动，产生扩散电流。因 I 层宽，又加了反偏压，空间电荷区（耗尽层）加宽，绝大多数光生载流子在耗尽层内进行高效、高速漂移，产生漂移电流。这个漂移电流远远大于扩散电流，所以 PIN 光电二极管的灵敏度高。在回路的负载上出现电流，就将光信号转变为了电信号。

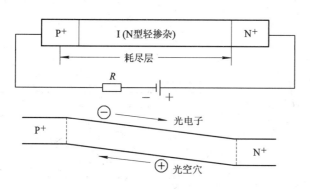

PIN 光电二极管的
工作原理

图 3−19　PIN 的工作原理

2）PIN 的特性参数

（1）截止波长 λ_c——截止波长与材料的禁带宽度 E_g 有关，它决定了 PIN 工作波长的上限。截止波长 λ_c 可用下式计算：

$$\lambda_c = \frac{1.24}{E_g} \quad （\mu m） \tag{3-18}$$

（2）量子效率 η——量子效率 η 是指单位时间内输出电子数与输入光子数之比，即

$$\eta = \frac{生成光电流的电子-空穴对数}{输入的光子数} = \frac{输出的电子数}{输入的光子数} \tag{3-19}$$

量子效率 η 越大，转换效率越高。要提高量子效率，则需要加大耗尽层的厚度（I 层的厚度），但 I 层加厚后，会使光生载流子的漂移时间变长，使响应速度降低。

（3）响应度 R_{PIN}——响应度被定义为单位光功率所产生的电流，即

$$R_{PIN} = \frac{电流}{平均光功率} \tag{3-20}$$

可推导出量子效率与响应度的关系，即

$$R_{PIN} = \frac{e}{hf}\eta = \frac{e\lambda}{hc}\eta \approx \frac{\lambda\eta}{1.24} \tag{3-21}$$

式（3-21）表明，响应度和量子效率与光功率无关，与负载也无关，但与光波长（频率）有关。响应度的典型值为：Si 在 $\lambda = 800$ nm 处，$R_{PIN} \approx 0.65$ $\mu A/\mu W$；Ge 在 $\lambda = 1300$ nm 处，$R_{PIN} \approx 0.45$ $\mu A/\mu W$。

3）PIN 存在的问题

PIN 仅能将光信号转化成电信号，但不能对电信号产生增益；PIN 转换后的电流信号很微弱，这种微弱信号经放大器放大后，淹没在放大器自身产生的噪声中，以致难以辨认。

4. 雪崩光电二极管（APD）

1）APD 的结构

对于 PIN 光电二极管，其输出电流 I 和反向偏压 U 的关系如图 3-20 所示。随着反向偏压的增加，光电流基本保持不变，但当反向偏压增加到一定数值时，光电流急剧增加，最后器件被击穿，这个电压称为击穿电压 U_B。APD 就是根据这种特性设计的器件，其结构如图 3-21 所示。

APD

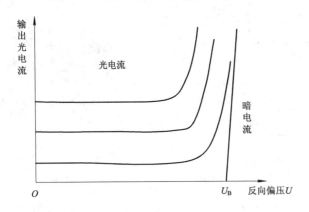

图 3-20　输出电流 I 和反向偏压 U 的关系

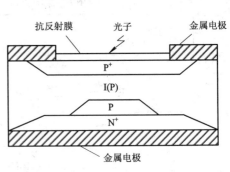

图 3-21　APD 结构

2) APD 工作原理

根据光电效应，雪崩光电二极管的光敏面被光子照射之后，光子被吸收而产生电子 - 空穴对。这些电子-空穴对经过高速电场(可达 200 kV/cm)之后被加速，初始电子(一次电子)在高电场区获得足够能量而加速运动。高速运动的电子和晶体原子相碰撞，使晶体原子电离，产生新的电子 - 空穴对，这个过程称为碰撞电离。碰撞电离所产生的电子称为二次电子，这些电子 - 空穴对在高速场以相反的方向运动时又被加速，又可能碰撞电离其他原子，如此多次碰撞，产生连锁反应，使载流子数量迅速增加，反向电流迅速增大，形成雪崩倍增效应，所以这种器件就称为雪崩光电二极管(APD)，其原理如图 3 - 22 所示。APD 中电场强度随位置变化，如图 3 - 23 所示。

APD 的雪崩
倍增效应

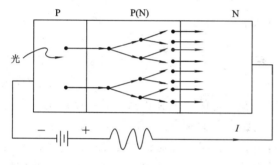

图 3 - 22　APD 雪崩示意图

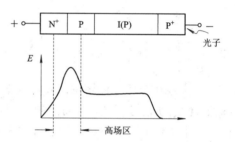

图 3 - 23　电场强度分布

3) APD 主要特性参数

(1) APD 的倍增系数。APD 的倍增系数 M 定义为

$$M = \frac{I_M}{I_P} \qquad (3-22)$$

式中，I_M 为倍增后的总输出电流的平均值，I_P 为初始光电流(没有倍增时的光电流)。APD 的倍增与雪崩有关，即与外加的电压有关，因此 M 是外加电压的函数，如图 3 - 24 所示。另外，APD 的温度特性表明，APD 的倍增系数受温度影响较大，温度升高，则倍增系数下降。

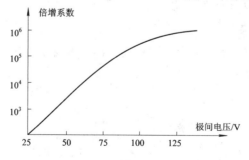

图 3 - 24　反向偏压与倍增系数的关系

(2) APD 的响应度。APD 的响应度 R_{APD} 定义为

$$R_{APD} = R_0 M \qquad (3-23)$$

式中，R_0 为 $M=1$ 时的响应度，即没有倍增时的响应度（与 PIN 的响应度一样）。

　　（3）APD 的量子效率与 PIN 的量子效率定义相同。量子效率与入射的光波长（频率）有关。图 3-25 所示为硅 APD 量子效率与波长的关系。

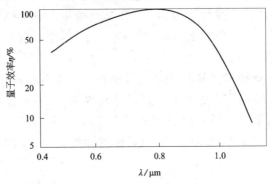

图 3-25　量子效率与波长的关系

3.3　光　纤　放　大　器

　　光信号在光纤中传输时，不可避免会存在着一定的损耗和色散，损耗导致光信号能量降低，色散使信号展宽，从而限制了通信传输距离与码速的提高。因此，隔一定的距离应设立一个中继站，以便对信号进行放大和再生。为实现全光通信，放大器也成为光通信研究中的热门课题，光放大器是将光信号进行直接放大的一种设备。近年来，光纤通信技术取得了许多新的突破，其中尤以光放大器特别是掺铒光纤放大器（EDFA）的研制成功最为激动人心。它使光纤通信技术产生了革命性的变化：用廉价的光放大器代替长距离光纤通信系统中传统使用的复杂昂贵的光—电—光混合式中继器，从而可实现比特率及调制格式的透明传输，升级换代也变得十分容易，从而节约成本、提高可靠性、缩小体积；尤其是性能十分优越的 EDFA 与 WDM 技术的结合，奠定了高速大容量 WDM 光纤通信系统大规模实用化、并向未来的全光通信发展的基础。

　　本节首先概述光纤放大器的一般特点，然后详细介绍半导体光放大器、掺铒光纤放大器及光纤拉曼放大器等的性能及应用。

1. 光纤放大器的分类

　　光纤放大器的类型有三种：半导体激光放大器、非线性光学放大器和掺稀土金属光纤放大器。如图 3-26 所示。

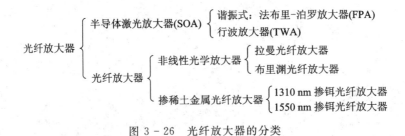

图 3-26　光纤放大器的分类

1) 半导体激光放大器

半导体激光放大器又有两种:一种叫法布里-泊罗半导体激光放大器(FPA),另一种是在 F-P 激光器的两个端面上涂有防反射膜,用来获得宽频带、高输出、低噪声,后者也叫行波放大器,因为放大作用是在光波的行进过程中获得的。半导体激光放大器的原理与半导体激光器的工作原理相同,是利用能级间跃迁的受激现象进行放大的。但是半导体激光放大器没有谐振腔,目的是为了提高单位长度的增益。

2) 非线性光学放大器

非线性光学放大器是利用光纤中的非线性现象进行放大的,即利用受激拉曼散射和布里渊散射现象进行放大。其原理是:当单色光射入物质时,入射光与该物质的光学声子相互作用,就在散射光中产生一定波长的斯托克斯光。当把泵浦光与信号光一起注入单模光纤时,就会产生从泵浦光功率向信号光功率转换的过程,使光信号获得放大。

3) 掺稀土金属光纤放大器

掺杂光纤放大器就是利用稀土金属离子作为激光工作物质的一种放大器。本节重点介绍掺铒光纤放大器的工作原理与应用场合。

2. 掺铒光纤放大器的组成及工作原理

掺铒光纤放大器主要由掺铒光纤(EDF)、泵浦光源、耦合器、隔离器等组成,如图 3-27 所示。

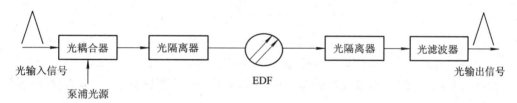

图 3-27 掺铒光纤放大器的基本组成

掺铒光纤是一段长度约为 $10\sim100$ m 的石英光纤,纤芯中注入稀土元素铒离子,浓度为 25 mg/kg。

泵浦光源为半导体激光器,输出功率约为 $10\sim100$ mW,工作波长为 0.98 μm。

光耦合器将信号光和泵浦光合在一起通过掺铒光纤实现光放大。

光滤波器滤除光放大器的噪声,降低噪声对系统的影响,提高系统的的信噪比。

光隔离器的作用是抑制光反射,以确保光放大器工作稳定,保证光信号只能正向传输。对它的要求是插入损耗低、与偏振无关、隔离度优于 40 dB。

掺铒光纤放大器的工作原理是受激辐射使光信号放大。在光纤中掺入微量的铒元素,当只有泵浦光而没有信号光加入掺铒光纤时,高能级的电子经过各种碰撞后,发射出波长为 $1.53\sim1.56$ μm 的荧光,这些荧光在没有信号射入时处于非相干状态。当泵浦光与信号光一起射入掺铒光纤时,信号光就可以接收泵浦光的能量,沿着光纤逐步加强,输出一个频率相同、传输模式相同的较强的光,使光信号获得放大。在铒粒子受激辐射过程中,有少部分粒子以自发辐射形式自己跃迁到基态,产生带宽极宽而且杂乱无章的光子,并在传播中不断扩大,从而形成了自发辐射噪声,并消耗了部分泵浦功率。因此,需设光滤波器,以降低噪声对系统的影响。

3. 光纤放大器的结构

EDFA 的内部按泵浦方式分，有同向泵浦、反向泵浦和双向泵浦三种基本结构，如图 3-28 所示。

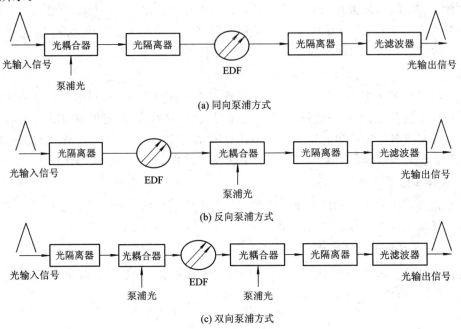

图 3-28　光放大器泵浦方式

在同向泵浦结构中，泵浦光与信号光从同一端注入掺铒光纤。

在反向泵浦结构中，泵浦光与信号光从不同的方向输入掺杂光纤，两者在掺铒光纤中反向传输。

为了使掺铒光纤中的铒离子能够得到充分的激励，必须提高泵浦功率。在双向泵浦结构中，既有和信号光传输方向相同的泵浦光，也有和信号光传输方向相反的泵浦光。

4. 光纤放大器的应用

在长距离、大容量、高速率光纤通信系统中，EDFA 有多种应用形式：

（1）延长中继距离，使无中继传输达数百公里；

（2）与波分复用技术结合，可迅速简便地实现扩容；

（3）与光孤子技术结合，可实现超大容量、超长距离光纤通信；

（4）与 CATV 等技术结合，对视频传播和 ISDN 具有积极作用。

光纤放大器可以应用于干线通信。主要应用形式有三种：中继放大、功率放大、前置放大和 LAN 放大。

中继放大是指将 EDFA 直接插入到光纤传输链路中对信号进行中继放大的应用形式，如图 3-29（a）所示，广泛用于长途通信、越洋通信等领域。

功率放大是指将 EDFA 放在发射光源之后对信号进行放大的应用形式，EDFA 增加了注入光纤的光功率，从而可以延长中继距离，如图 3-29（b）所示。

EDFA 的低噪声特性使它很适于作为接收机的前置放大器，可以大大提高接收机的接收灵敏度，如图 3-29(c)所示。

　　LAN 放大是指将 EDFA 放在光纤局域网中用作分配补偿放大器，以增加光节点的数目。EDFA 可在宽带本地网特别是在电视分配网中得到应用，如图 3-29(d)所示。

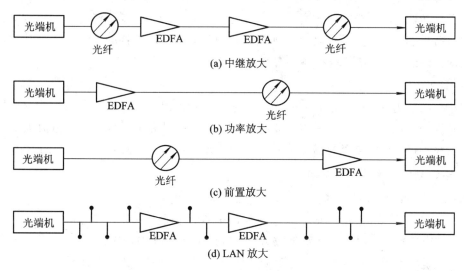

图 3-29　EDFA 的应用

5. 掺铒光纤放大器的特性

1）增益特性

　　增益定义为输出信号光功率与输入信号光功率之比，一般以分贝（dB）来表示。增益反映掺铒光纤放大器的放大能力，功率增益的大小与铒离子浓度、掺铒光纤长度和泵浦功率等有关，如图 3-30 所示。掺铒光纤放大器的增益通常为 15～40 dB。

$$G = 10 \lg \frac{P_{\text{out}}}{P_{\text{in}}} \ (\text{dB}) \tag{3-24}$$

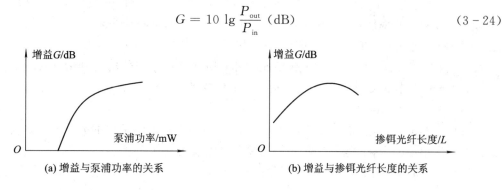

图 3-30　增益与泵浦功率、掺铒光纤长度的关系

　　由图 3-30(a)可见，放大器的功率增益随泵浦功率的增加而增加，但当泵浦功率达到一定值时，放大器增益出现饱和，即泵浦功率再增加，增益也基本保持不变。

　　由图 3-30(b)可见，对于给定的泵浦功率，放大器的功率增益开始时随掺铒光纤长度的增加而上升，当光纤长度达到一定值后，增益反而逐渐下降。可见，当光纤为某一长度时，可获得最大增益，这个长度称为最佳光纤长度。这一长度只能是最大增益长度，而不是掺铒光纤的最大长度，因为还牵涉到噪声等其他特性。

　　因此，在给定掺铒光纤的情况下，应选择合适的泵浦功率和光纤长度，以达到最大增益。

2）输出功率特性

理想的光放大器，无论输入功率多高，光信号都能按同一比例被放大，但实际的 EDFA 却并非如此。光纤长度固定不变时，当输入功率增加时，受激辐射加快，以至于减少了粒子反转数，使受激辐射光减弱，输出功率趋于平稳。随着泵浦功率的增加，光纤放大器的增益迅速增加，但泵浦功率增加到一定值后，光纤放大器的增益随泵浦功率的增加变得缓慢，甚至不变，这种现象称为增益饱和。

3）噪声特性

EDFA 的输出光中，除了有信号光外，还有自发辐射光，它们一起被放大，形成了影响信号光的噪声源，EDPA 的噪声主要有以下四种：信号光的散粒噪声、被放大的自发辐射光的散粒噪声、自发辐射光谱与信号光之间的差拍噪声、自发辐射光谱间的差拍噪声。

6. 掺铒光纤放大器的优缺点

EDFA 之所以得到迅速的发展，源于它的一系列优点：

（1）工作波长与光纤最小损耗窗口一致，可在光纤通信中获得广泛应用。

（2）耦合效率高。由于是光纤型放大器，因此易于光纤耦合连接。

（3）能量转换效率高。激光工作物质集中在光纤芯子中，且集中在光纤芯子中的近轴部分，而信号光和泵浦光也是在近轴部分最强，这使得光与物质作用很充分。

（4）增益高，噪声低，输出功率大。增益可达 40 dB，输出功率在单向泵浦时可达 14 dBm，双向泵浦时可达 17 dBm 甚至 20 dBm，充分泵浦时，噪声系数可低至 3～4 dB，串话也很小。

（5）增益特性不敏感。首先是 EDFA 增益对温度不敏感，在 100℃ 内增益特性保持稳定，另外，增益也与偏振无关。

（6）可实现信号的透明传输，即在波分复用系统中可同时传输模拟信号和数字信号、高速率信号和低速率信号，系统扩容时，可只改动端机而不改动线路。

（7）隔离度大，无串扰，适用于波分复用系统。

（8）连接损耗低。EDFA 为光纤型放大器，用熔接技术与传输光纤熔接在一起，损耗低至 0.1 dB，这样的熔接反射损耗也很小，不易自激。

EDFA 的固有缺点如下：

（1）波长固定，只能放大 1.55 μm 左右的光波，换用不同基质的光纤时，铒离子能级也只能发生很小的变化，可调节的波长有限，只能换用其他元素。

（2）增益带宽不平坦，在 WDM 系统中需要采用特殊的手段来进行增益谱补偿。

3.4　光无源器件

光无源器件是指除光源器件、光检测器件之外，不需要电源的光通路部件。光无源器件可分为连接用的部件和功能性部件两大类。

连接用的部件是指各种光连接器，用作光纤与光纤之间、光纤与光器件（或设备）之间、部件（设备）和部件（设备）之间的连接。

功能性部件有光波分波器、光衰减器、光隔离器等，用于光的分路、耦合、复用、衰减等方面。

3.4.1 光纤连接器

光纤连接器又称为光纤活动连接器，俗称活接头。其被定义为"用以稳定地、但并不是永久地连接两根或多根光纤的无源组件"。可见光纤连接器是一种可拆卸使用的连接部件。

光纤连接器主要用于光端机、光测仪表等设备与光纤之间的连接以及光纤之间的相互连接，它是组成光纤通信线路不可缺少的重要器件之一。

光纤连接器的主要作用是将需要连接起来的单根或多根光纤纤芯端面相互对准、贴紧，并能够多次使用。

光纤连接器需要满足下列要求：

- 连接损耗小；
- 连接损耗的稳定性好，温度在 −20℃～60℃ 之间变化时不应该有附加的损耗产生；
- 具有足够的机械强度和使用寿命；
- 接头体积小，密封性好；
- 便于操作，易于放置和保护。

1. 光纤连接器的结构及原理

光线路的活动连接必须使被接光纤的纤芯严格对准并接触良好，为满足这一基本要求，有多种对准方式得到采用，如套筒式、圆锥式、V 形槽式等。目前，工程上广泛应用的是套筒式对准结构。光纤连接器结构如图 3 − 31 所示。

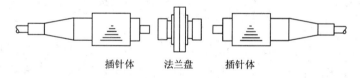

插针体　　法兰盘　　插针体

图 3 − 31　光纤连接器结构

光纤连接器是由三个部分组成的，包括两个配合插头（插针体）和一个耦合管（法兰盘）。两个插头装进两根光纤尾端，耦合管起对准套管的作用。

光纤连接原理：通过光纤连接器，将光纤穿入并固定在插针中，在耦合管中实现对准。插针的外组件采用金属或非金属的材料制作。插针的对接端必须进行研磨处理，另一端通常采用弯曲限制构件来支撑光纤或光纤软缆以释放应力。耦合管一般是由陶瓷或青铜等材料制成的两半合成、紧固的圆筒形构件做成的，多配有金属或塑料的法兰盘，以便于连接器的安装固定。为尽量精确地对准光纤，对插针和耦合管的加工精度要求很高。

2. 光纤连接器的类型

按照不同的分类方法，光纤连接器可以分为不同的种类。按传输媒介的不同可分为单模光纤连接器和多模光纤连接器；按结构的不同可分为 FC、SC、ST、MU、LC、MT 等各种形式；按连接器的插针端面形式可分为 FC、PC(UPC) 和 APC；按光纤芯数可分为单芯、多芯。

表 3 − 2 所示是 ITU − T 建议的光纤连接器分类，分类依据是光纤数量、光耦合系统、机械耦合系统、套管结构、紧固方式。

表 3 - 2 光纤连接器类型

光纤数量	光耦合系统	机械耦合系统	套管结构	紧固方式
单通道	对接	套筒/V 形槽	直套管	螺丝
多通道	透镜	锥形	锥形套管	销钉
单/多通道	其他	其他	其他	弹簧销

3. 光纤连接器的特性

光纤连接器的特性首先是光学特性，此外还有互换性与重复性、抗拉强度、温度和插拔次数等。

（1）光学特性。光学特性主要包括插入损耗和回波损耗这两个最基本的参数。插入损耗即连接损耗，是指因连接器的导入而引起的线路有效光功率的损耗。插入损耗越小越好，一般要求应不大于 0.5 dB；回波损耗是指连接器对线路光功率反射的抑制能力，其典型值应不小于 25 dB。实际应用的连接器，插针表面经过了专门的抛光处理，可以使回波损耗更大，一般不低于 45 dB。

（2）互换性与重复性。光纤连接器是通用的无源光器件，对于同一类型的光纤连接器，一般都可以任意组合使用，并可以重复多次使用，由此而导入的附加损耗一般都在小于 0.2 dB 的范围内。

（3）抗拉强度。对于光纤连接器，一般要求其抗拉强度应不低于 90 N。

（4）温度。一般要求光纤连接器必须在 -40℃～+70℃ 温度范围内才能够正常使用。

（5）插拔次数。目前使用的光纤连接器一般都可以插拔 1000 次以上。

4. 常见的光纤连接器

（1）FC 型光纤连接器（如图 3 - 32 所示）。FC 型连接器为圆形带螺纹的结构。FC 连接器外部加强方式是采用金属套，紧固方式为螺丝扣。最早，FC 型连接器采用的陶瓷插针的对接端面是平面接触方式（FC）。此类连接器结构简单，操作方便，制作容易，但光纤端面对微尘较为敏感，且容易产生菲涅尔反射，提高回波损耗性能较为困难。后来，对该类型连接器做了改进，采用对接端面呈球面的插针（PC），而外部结构没有改变，使得插入损耗和回波损耗性能有了较大幅度的提高。

（2）SC 型光纤连接器为卡接式方形，如图 3 - 33 所示。其外壳呈矩形，所采用的插针与耦合套筒的结构尺寸与 FC 型完全相同，其中插针的端面多采用 PC 型或 APC 型研磨方式，紧固方式采用插拔销闩式，不需旋转。此类连接器价格低廉，插拔操作方便，介入损耗波动小，抗压强度较高，安装密度高。

图 3 - 32 FC 型连接器

图 3 - 33 SC 型连接器

（3）LC 型连接器采用操作方便的模块化插孔（RJ）闩锁机理制成，如图 3 - 34 所示。其所采用的插针和套筒的尺寸是普通 SC、FC 等所用尺寸的一半，为 1.25 mm，这样可以提高光纤配线架中光纤连接器的密度。目前，在单模 SFF 方面，LC 类型的连接器实际已经占据了主导地位，在多模方面的应用也增长迅速。

（4）ST 型光纤连接器外壳呈圆形，如图 3 - 35 所示。其所采用的插针与耦合套筒的结构尺寸与 FC 型完全相同，其中插针的端面多采用 PC 型或 APC 型研磨方式，紧固方式为螺丝扣。此类连接器适用于各种光纤网络，操作简便且具有良好的互换性。

图 3 - 34　LC 型连接器

图 3 - 35　ST 型连接器

（5）DIN47256 型光纤连接器（如图 3 - 36 所示）。这种连接器采用的插针和耦合套筒的结构尺寸与 FC 型相同，端面处理采用 PC 研磨方式。与 FC 型连接器相比，其结构要复杂一些，内部金属结构中有控制压力的弹簧，可以避免因插接压力过大而损伤端面。另外，这种连接器的机械精度较高，因而插入损耗较小。

（6）MT - RJ 型连接器（如图 3 - 37 所示）。MT - RJ 型连接器起步于 MT 连接器，带有与 RJ - 45 型 LAN 电连接器相同的闩锁机构，通过安装于小型套管两侧的导向销对准光纤。为便于与光收发信机相连，连接器端面光纤为双芯（间隔 0.75 mm）排列设计，是主要用于数据传输的下一代高密度光连接器。

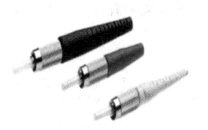

图 3 - 36　DIN47256 型连接器

图 3 - 37　MT - RJ 型连接器

5. 光纤连接器的插针端面

光纤连接器的关键元件是插针与套筒，曾经采用多种材料制作，如塑料、铜、不锈钢等，但均因易变形、不耐磨损与光纤材料膨胀系数相差太大导致了光纤断裂等一系列问题不能解决而被放弃。

目前，实用的插针与套筒材料采用氧化锆陶瓷，陶瓷所具有的性能可以克服上述材料的不足。装有光纤的陶瓷插针，其端面的形状与连接器件性能优劣密切相关。

陶瓷插针端面如图 3-38 所示。光纤连接器的插针体端面在 PC 型球面研磨的基础上，根据球面研磨的不同，又产生了超级 PC(SPC)型球面研磨和角度 PC(APC)型球面研磨。在 PC、SPC 和 APC 端面连接器的插入损耗值都小于 0.4 dB 的情况下，回波损耗值分别小于-40 dB、-50 dB 和-60 dB。

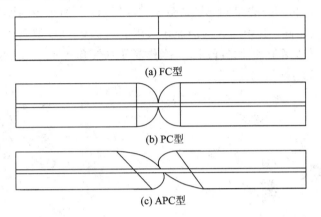

(a) FC型

(b) PC型

(c) APC型

图 3-38　陶瓷插针端面图

在光纤通信系统中，光端机所要求的光纤连接器的型号不尽相同，各种光纤测试仪器仪表(如 OTDR、光功率计、光衰耗器)所要求的光纤连接器的型号也不尽相同。因此，工程建设中需要考虑兼容性和统一型号的标准化问题。要根据光路系统损耗的要求、光端机光接头的要求及光路维护、测试仪表光接头的要求，综合考虑、合理选择光纤连接器的型号。

3.4.2　光衰减器

光衰减器是用来稳定、准确地减小信号光功率的无源光器件。光衰减器的作用是当光通过该器件时，使光强达到一定程度的衰减。它主要用于调整光中继段的线路损耗、评价光系统的灵敏度和校正光功率计等。光衰减器通常通过金属蒸发膜使光衰减。考虑到实际使用时要尽量减少从衰减器来的反射光，因此衰减膜和衰减器的透镜一般与光轴呈倾斜状。

1. 衰减器分类

按照光信号的衰减方式，衰减器可分为固定衰减器和可变衰减器两种；按照光信号的传输方式，衰减器可分为单模光衰减器和多模光衰减器。

固定光衰减器通过吸收一部分光信号产生衰减作用。它在光线轴线上设置半透明的掺杂化合物即衰减膜，在一定的光带内，光在吸收带内被吸收，产生衰减。固定光衰减器造成的功率衰减值是固定不变的，一般用于调节传输线路中某一区间的损耗。可变光衰减器带有光纤连接器，通常是分挡进行衰减的，改变金属蒸发膜的厚度也可以让衰减量连续变化，它的衰减范围可达 60 dB 以上，精度达 0.1 dB。

2. 可变光衰减器的结构及原理

当接收机输入光功率超过某一范围或在测量光纤接收机灵敏度时都要用到光衰减器，其结构如图 3-39 所示。

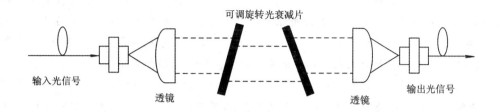

图 3 - 39　光衰减器的结构

光衰减器由透镜、步进衰减圆盘、连续可调衰减片组成。其中光衰减片可调整旋转角度，通过改变反射光与透射光比例来改变光衰减的大小。

光纤输入的光经自聚焦透镜变成平行光束，平行光束经过衰减片再送到自聚焦透镜耦合到输出光纤中去。衰减片通常是表面蒸镀了金属吸收膜的玻璃基片，为减小反射光，衰减片与光轴可以倾斜放置。

3. 对光衰减器的要求

光纤通信系统对光衰减器的主要要求如下：

- 插入损耗小、反射耦合低；
- 符合使用的工作波长区域；
- 体积小、重量轻。

4. 光衰减器 SGT - 9A

SGT-9A 是一种数字可调光衰减器，主要用于连续光信号功率的衰减。其具有快速调节衰减值、线性度好、精度高、低插入损耗、高分辨率、衰减定位等特点，可用于光缆施工与维护、光纤通信、光纤传感器、光纤 CATV 等领域。该衰减器技术指标如表 3 - 3 所示。

表 3 - 3　光衰减器技术指标

参　　数	技术指标	参　　数	技术指标
波长范围/nm	400~1625	分辨率/dB	0.05
校准波长/nm	1310、1550	测量精度/dB	0~30(±0.1) 30~50(±0.3) 50~60(±1.0)
测量范围/dB	0~60	插入损耗/dB	<2.5
最大输入光功率/dB	40	回波损耗/dB	≥45
光接口	FC、ST、SC	功耗/mW	70

【知识扩展】

为了实现 DWDM 系统的长距离高速无误码传输，必须使各通道信号光功率一致，即需要对多通道光功率进行监控和均衡。因此出现了动态信道均衡器(DCE)、可调功率光复用器(VMUX)、光分插复用器(OADM)等光器件，这些器件的核心部件都是阵列可变光衰减器(VOA)。VOA 的分类有以下几种。

（1）高分子可调衍射光栅 VOA。高分子可调衍射光栅 VOA 的工作机制是：通过调制表面一层薄的聚合物，使其表面近似为正弦形状，形成正弦光栅。利用这种技术，可以制作出一种周期为 10 μm，表面高度 h 随施加的电信号变化，并且最高可达到 300 nm 的正弦光栅。当光入射到被调制的表面上时，形成衍射。施加不同的电信号改变正弦光栅的振幅，即改变 h 时，可以得到不同的相位调制度，而不同相位调制度下的衍射光强的分布是不同的。当相位调制度由零逐渐变大时，衍射光强度从零级向更高衍射级的光转移。这种调制可以使零级光的光强从 100％ 连续地改变到 0％，从而实现对衰减量的控制。

（2）磁光 VOA。磁光 VOA 是利用一些物质在磁场作用下所表现出的光学性质的变化，例如利用磁致旋光效应（法拉第效应）实现光能量的衰减，从而达到调节光信号的目的。

（3）高光电系数材料 VOA。高光电系数材料 VOA 采用的是特殊的陶瓷光电材料，有较大的光电系数。利用这种光电系数足够大的材料制作 VOA，不需要做成波导，可以做成自由空间结构，就像隔离器那样。光经由输入准直器端导入，通过由特殊光电材料做成的一块组件，然后从输出准直器输出。调节加在光电材料元件上的电压，使得它的折射率发生改变，从而实现衰减。

3.4.3　光波分复用器

1. 光波分复用器的定义及分类

光波分复用器按用途分为光分波器和光合波器两种，分别如图 3 - 40(a)、(b)所示。它们是波分复用(WDM)传输系统的关键器件。光合波器是将多个光源不同波长的信号结合在一起，经一根传输光纤输出的光器件。反之，将同一根传输光纤送来的多个不同波长的信号分解为个别波长分别输出的光器件称为光分波器。有时同一器件既可以作为光分波器，又可以作光合波器使用。

光波分复用器主要有熔锥光纤型、介质膜干涉型、光栅型和波导型四种。

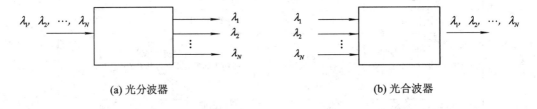

(a) 光分波器　　　　　　　　　　　　　　(b) 光合波器

图 3 - 40　光波分复用器

2. 光波分复用器(光分波器和光合波器)原理

在模拟载波通信系统中，通常采用频分复用方法提高系统的传输容量，充分利用电缆的带宽资源，即在同一根电缆中同时传输若干个信道的信号，接收端根据各载波频率的不同，利用带通滤波器就可滤出每一个信道的信号。同样，在光纤通信系统中也可以采用光的频分复用的方法来提高系统的传输容量，在接收端采用解复用器(等效于带通滤波器)将各信号光载波分开。由于在光的频域上信号频率差别比较大，因此一般采用波长来定义频率上的差别，该复用方法称为波分复用。

在 WDM 系统中，充分利用了单模光纤低损耗区带来的巨大带宽资源，根据每一信道光波的频率(或波长)不同，可以将光纤的低损耗窗口划分成若干个信道。把光波作为信号的载波，在发送端采用波分复用器(合波器)将不同规定波长的信号光载波合并起来，送入一根光纤进行传输；在接收端，再由一个波分复用器(分波器)将这些不同波长、承载不同信号的光载波分开。

由于不同波长的光载波信号可以看作互相独立(不考虑光纤非线性时)，因此在一根光纤中可实现多路光信号的复用传输。将两个方向的信号分别安排在不同波长传输即可实现双向传输。根据波分复用器的不同，可以复用的波长数也不同，从两个至几十个不等，一般商用化是 8 波长和 16 波长系统，这取决于所允许的光载波波长的间隔大小。

3. 光波分复用器的要求及参数

对光分波器和光合波器的主要要求是：复用信道多、插入损耗小、隔离度大、通带宽、带内平坦、带外插入损耗变化陡峭及体积小、工作稳定和价格便宜等。

光分波器和光合波器的主要特性参数有：中心波长、中心波长工作范围、与中心波长对应的插入损耗、隔离度、回波损耗、反射系数、偏振相关损耗、偏振模色散等。

• 插入损耗通常指光信号穿过 WDM 器件的某一特定光通道所引入的功率损耗，插入损耗与中心波长相对应，插入损耗越小越好。

• 隔离度也称为波长隔离度或通带间隔离度，是由某一规定波长输出端口所测得的另一不想要波长的光功率与该不想要波长输入光功率之比的对数，单位为 dB。影响波长隔离度的主要因素有不理想的滤波特性、光源光谱的重叠、杂散光以及高功率应用时的光纤非线性效应。

• 回波损耗是从输入端口返回的光功率与同一个端口输入光功率之比的对数，单位为 dB。

• 反射系数是对于给定条件的光谱组成、偏振和几何分布在给定端口的反射光功率与输入光功率之比的对数，单位为 dB。

• 偏振相关损耗是指在所有的偏振态范围内，由于偏振态的变化造成的插入损耗的最大变化值，单位为 dB。

3.4.4　光耦合器

在光纤通信系统或光纤测试中，经常会遇到从光纤的主传信道中取出一部分光用于检测、控制等，有时将两个方向的光信号合起来送入一根光纤中传输，会使用光耦合器。

光耦合器又称光定向耦合器，是对光信号实现分路、合路、插入和分配的无源光器件。它们是依靠光波导间电磁场的相互耦合来工作的。

广义而言，光分波器和光合波器具有波长选择功能，也属于光耦合器。

1. 光耦合器的分类

光耦合器的分类如表 3 - 4 所示。

表 3 - 4　光耦合器的分类

光耦合器	按用途分类	定向耦合器	光分波器、光合波器
			光分支器
		星形耦合器	透射星形耦合器
			反射星形耦合器
		T 形耦合器	
	按结构分类	分立元件型	
		熔融拉锥型	
		平面波导型	
		拼接型	
		激光器件型	
	按光纤分类	多模光纤耦合器	
		单模光纤耦合器	

常见的几种光耦合器如图 3 - 41 所示。

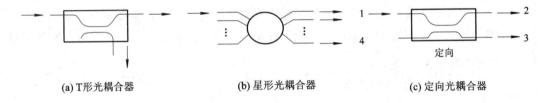

(a) T形光耦合器　　　　　(b) 星形光耦合器　　　　　(c) 定向光耦合器

图 3 - 41　常见的光耦合器

2. 光耦合器的特性

表示光纤耦合器性能指标的参数有隔离度、插入损耗和分光比等。下面以 2×2（四端口）定向耦合器为例来说明。

(1) 隔离度 A。如图 3 - 41(c)所示，由端 1 输入的光功率 P_1 应从端 2 和端 3 输出，端 4 理论上应无光功率输出。但实际上端 4 还是有少量光功率 P_4 输出，其大小就表示了 1、4 两个端口的隔离程度。隔离度 A 表示为

$$A_{1,4} = -10 \lg \frac{P_4}{P_1} \quad (\text{dB}) \tag{3-25}$$

一般要求 $A > 20$ dB。

(2) 插入损耗 L_{CO}。插入损耗表示定向耦合器损耗的大小。插入损耗等于输出光功率之和与输入光功率之比的分贝值，即

$$L_{CO} = -10 \lg \frac{P_2 + P_3}{P_1} \quad (\text{dB}) \tag{3-26}$$

一般要求 $L_{CO} \leqslant 0.5$ dB。

（3）分光比 T_{CO}。分光比等于两个输出端口的光功率之比。如从端 1 输入光功率，则端 2 和端 3 分光比 T_{CO} 为

$$T_{CO} = \frac{P_3}{P_2} \tag{3-27}$$

一般情况下，定向耦合器的分光比为 1∶1～1∶10。

3.4.5 光隔离器

光隔离器是保证光信号只能正向传输的无源光器件，用以避免光通路中由于种种原因而产生的反射光再次进入光源，而使光源工作不稳定，影响其性能。

光纤通信系统中的很多光器件如激光器和光放大器等，对来自连接器、熔接点、滤波器的反射光非常敏感，反射光将导致它们的性能恶化，例如半导体激光器的线宽受反射光的影响会展宽或压缩。因此要在靠近这种光器件的输出端放置隔离器。

1. 光隔离器的组成

光隔离器主要由起偏器、法拉第旋转器（旋光器）和检偏器三部分组成，如图 3-42 所示。起偏器的特点是当入射光进入起偏器时，输出光束变成某一形式的偏振光。起偏器有一个透光轴，当光的偏正方向与透光轴完全一致时，则光全部通过。法拉第旋转器（旋光器）由旋光材料和套在外面的线圈组成，其作用是借助磁光效应，使通过它的光的偏振状态发生一定程度的旋转。

2. 磁光效应（法拉第磁致旋光效应）

磁光效应是指在外加磁场作用下，某些原本各向同性的介质变成旋光性物质（旋光材料），偏振光通过该物质时，其偏振面会发生旋转。光振动面旋转的角度 θ 与光在该物质中通过的距离 L 和磁感应强度 B 成正比，即

$$\theta = VLB \tag{3-28}$$

式中，V 为旋光材料的特性常数，称为韦尔代常数（单位：角分/特斯拉·米）。

磁光效应的特性为磁致旋光不可逆性。当光传播方向平行于磁场时，若法拉第效应表现为左旋，则当光线逆反时，法拉第效应表现为右旋。

3. 光隔离器的基本原理

如图 3-42 所示，在光隔离器中，起偏器和检偏器的透光轴成 45°。当垂直偏振光入射时，由于该光与起偏器透光轴方向一致，因此全部通过，经旋光器后其光轴被旋转 45°，恰

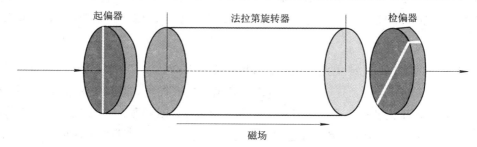

图 3-42 光隔离器

好与检偏器的透光轴一致而获得低损耗传输。如果有反射光出现，能反向进入光隔离器的只有与检偏器透光轴一致的那部分光。这部分光经旋光器后，其光轴被旋转45°（旋光器使通过它的光发生45°的旋转），恰好与起偏器的透光轴垂直，而不能反射回光源处，所以光隔离器能够阻止反射光通过。

可见光隔离器是一种非互易的光器件，它允许正方向传播的光通过，却不允许反方向传播的光通过。

4. 光隔离器的性能指标

光隔离器的主要性能指标有插入损耗、反向隔离度、偏振相关损耗及回波损耗。

（1）插入损耗 IL。插入损耗定义为输出光功率 P_o 与输入光功率 P_i 之比的分贝值，即

$$IL = -10 \lg \frac{P_o}{P_i} \qquad (3-29)$$

插入损耗的值一般小于 1.0 dB。

（2）反向隔离度 IL_R。它用来表征光隔离器对反向传输光的衰减能力。

$$IL_R = -10 \lg \frac{P_{Ro}}{P_{Ri}} \qquad (3-30)$$

式中，P_{Ri} 表示反射到起偏器的反射光功率，P_{Ro} 表示透过起偏器的反射光功率。

反向隔离度的值一般不小于 35 dB。

（3）回波损耗 RL。回波损耗是在隔离器输入端测得的返回光功率与输入光功率的比值，即

$$RL = -10 \lg \frac{P_{Ri}}{P_i} \qquad (3-31)$$

回波损耗的值一般不小于 50 dB。

对于光隔离器来说，插入损耗的值越小越好，反向隔离度的值应越大越好，偏振相关损耗及回波反射也应小。

3.4.6　光开关

光开关是使光纤中传播的光信号断、通，或者进行路由转换的一种光器件，它具有调制、多分路和转换功能，在系统保护、系统监测及全光交换技术中具有重要的应用价值。

1. 光开关的分类

光开关有两类，即机械式光开关和非机械式光开关，见表 3-5。从转换速度来讲，机械式光开关达到了 ms 级，其串音小、插入损耗低、技术成熟，但开关速度低、不易集成。而电光效应式光开关已实现了 18 GHz 的调制，超过 LD 直接调制的极限，可以实现超高速转换（约 60 ps）。非机械式光开关的开关速度快、易于集成、可靠性高，但串音和插入损耗相对较大。

表 3－5　光开关的类型与原理

	形　式	优　点	缺　点
机械式	光纤型	插入损耗低，串扰小，适合各种光纤	开关速度较慢
	反射镜型		
	棱镜型		
非机械式	全反射型	开关速度快	插入损耗大
	隔离器型		
	方向耦合器型		
	双折射相位调制型		
	超声波偏转器型		
	光透过率控制型		
	光电二极管型		

机械式光开关的结构如图 3－43 所示。在机械式光开关中，驱动机构带动移动臂运动，使活动光纤(输入光纤)根据要求与光纤 $n(n=1,2,3,\cdots,N)$ 连接，从而实现光路的切换。

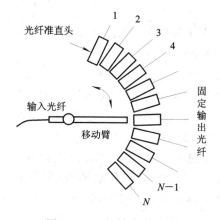

图 3－43　机械式光开关

非机械式光开关的结构如图 3－44 所示。非机械式光开关是由光纤、自聚焦透镜、起偏器、极化旋转器和检偏器组成的。当在极化旋转器上加偏压后，经起偏器而来的偏振光产生极化旋转，实现通光状态；如极化旋转器不工作，则起偏器和检偏器的极化方向彼此垂直，处于断光状态。

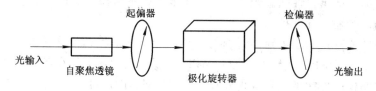

图 3－44　非机械式光开关

2. 光开关的性能参数

按照输入/输出端口数量，光开关通常是 $1 \times N$ 型或 $N \times 1$ 型，也可以是 $M \times N$ 阵列型。目前在光纤通信系统中，光开关主要用于主备用系统之间的光路倒换保护，通常是 $1 \times N$ 型或 $N \times 1$ 型。

光开关的主要性能参数有插入损耗、串扰和消光比等。

（1）插入损耗：光开关的插入所引起的原始光功率的损耗，由输出光功率与平均输入光功率之比来表示。

（2）串扰：输入光功率与从非导通端口输出的光功率的比值。

（3）消光比：两个端口处于导通和非导通状态的插入损耗之差。

（4）开关时间：开关端口从某一初状态转为通或者断所需的时间。开关时间从在开关上施加或撤去能量的时刻算起。

（5）回波损耗：反射回的光功率与输入光功率的比值。

本 章 小 结

光源器件是光纤通信系统的核心部件之一。作为光源器件，必须具备：发射光波长在光纤的低损耗窗口内、输出功率足够大、温度特性优良、发光谱宽度窄、可靠性强、便于调制、省电、体积小、重量轻等。

光纤通信使用的光源器件有半导体激光器（LD）和半导体发光二极管（LED）两种。

一个光子的能量可以由下式计算：

$$E = hf$$

构成半导体材料的原子有不同稳定状态的能级。当电子从较高能级跃迁至较低能级时，释放出光子，其能量差与辐射光的频率 f_{21} 之间有以下关系式：

$$\Delta E = E_2 - E_1 = hf_{21}$$

光与物质的作用包括三个过程，即受激吸收、自发辐射和受激辐射。

半导体激光器是由工作物质、谐振腔和泵浦源（激励源）三部分组成的。常用的有 F－P 腔（法不里-泊罗腔）激光器和分布反馈型（DFB）激光器，其中 F－P 腔激光器有同质结和双异质结半导体激光器等。

一般的半导体发光二极管与光纤通信专用的半导体发光二极管是不同的，主要区别在制造工艺和价格等方面。另外光纤通信专用的发光二极管亮度更高、响应速度更快。

半导体发光二极管有面发光型 LED 结构和边发光型 LED 结构两种。半导体发光二极管适合于中短距离、中小容量的光纤通信系统使用。

通信用光器件的重要性随着光纤通信应用范围的不断扩大而日益显著，它们的性能也直接影响到信号传输的各种指标。

光检测器的原理是基于半导体材料对光的吸收。它是将光信号转换成电信号的器件，分为 PIN 光电二极管和雪崩光电二极管（APD）两类，它们均工作在反向偏置条件下。

评价光检测器的性能指标有截止波长、量子效率和响应度等。

光无源器件的种类很多，有光纤连接器、光波分复用器、光耦合器、光隔离器等。

光检测器与光无源器件都是光纤通信系统中的重要组成部分。

习　　题

一、填空题

1. PIN 光电二极管的工作原理是 PN 结上有_____建电场；当 PN 结加上_____向电压后，入射光主要在耗尽区被吸收，在耗尽区产生光生载流子(电子-空穴对)；在耗尽区电场作用下，电子向 N 区漂移，空穴向 P 区漂移，产生_____。

2. 在远离 PN 结的地方，因没有电场的作用，电子和空穴作扩散运动，产生_____。

3. 在 PIN 光电二极管的 PN 结加反向电压后，因 I 层宽，又加了反偏压，空间电荷区加宽，绝大多数光生载流子都落在耗尽区进行高效、高速漂移，产生_____，_____远远大于_____。PIN 光电二极管的灵敏度高，接通回路，负载上有电流，将光信号转变为_____。

4. LED 通常和多模光纤耦合，用于 1.31 μm 或 0.85 μm 波长的_____的光通信系统。

5. LD 通常和单模光纤耦合，用于 1.31 μm 或 1.55 μm 波长的_____的光通信系统。

6. LD 的光功率随着激励电流的变化而变化。当 $I < I_{th}$ 时，发出的是_____，光谱很宽；当 $I > I_{th}$ 后，发射光谱突然变窄，谱线中心强度急剧增加，表明发出_____。

7. 发光二极管的发光机理与激光器相同；LED 没有_____，只能产生自发辐射，发出的是非相干的荧光，不是激光。

8. 产生激光有两个条件：一是_____，它要求电子数反转分布，同时具有正反馈的谐振腔；二是要满足_____，即光功率增益大于光功率衰减。

二、选择题

1. 下列哪项不属于光无源器件(　　　　)。

A. 连接器　　　B. 光耦合器　　　C. 光隔离器　　　D. 光检测器

2. EDFA 工作的窗口是(　　　　)。

A. 1310 nm　　　B. 1550 nm　　　C. 980 nm　　　D. 1480 nm

3. 目前应用的(　　　　)型活动连接器采用陶瓷插针端面。(多选题)

A. PC　　　B. SPC　　　C. APC

4. (　　　　)连接器外部加强方式是采用金属套，紧固方式为螺丝扣。

A. SC 型　　　B. ST 型　　　C. FC 型　　　D. D 型

5. 在正常状态下，电子处于低能级 E1，在入射光作用下，它会吸收光子的能量跃迁到高能级 E2 上，这种跃迁称为(　　　　)。

A. 受激吸收　　　B. 受激辐射　　　C. 自发辐射

6. 能把光信号变为电信号的器件是(　　　　)。

A. 激光器　　　B. 发光二极管　　　C. 光源　　　D. 光检测器

7. (　　　　)是对光的频率和方向进行选择的器件。

A. 激光器　　　B. 泵浦源　　　C. 耦合器　　　D. 光学谐振腔

8. 光的连接分为（　　　　）。

A. 固定连接和永久连接　　　　　　B. 固定连接和熔连接

C. 固定连接和活动连接　　　　　　D. 粘连接和熔连接

三、判断题

1. 光电检测器的作用是把光信号转换为电信号。（　　　　）

2. 光电检测器可以分为两类，一类是按外光电效应工作的，入射光的能量很大，能将光敏材料的内部电子激发出来，如光电倍增管；另一类是按内光电效应工作的，入射光子并不直接轰击出光电子来，仅是将内部电子从较低能级提升到较高的能级，如半导体光电二极管。（　　　　）

3. 光纤活动连接器又称为光纤连接器，俗称活接头，是一种可拆卸使用的连接部件。（　　　　）

4. 衰减器按照光信号的衰减方式分为固定衰减器和可变衰减器两种。（　　　　）

5. 光隔离器是保证光信号只能正向传输的无源光器件，以避免光通路中由于种种原因而产生的反射光再次进入光源，而使光源工作不稳定，影响其特性。（　　　　）

实 验 与 实 训

实验一　光无源器件的认识

近年来，光纤通信发展非常迅速，应用日渐广泛。作为光纤通信设备重要组成部分的光无源器件，也取得了长足的进步，并逐步形成了规模产业。光纤通信的发展呼唤着功能更全、指标更先进的光无源器件不断涌现。一种新型器件的出现往往会有力地促进光纤通信的进步，有时甚至使其跃上一个新的台阶。光纤通信系统对光无源器件的期望越来越高，器件的发展对系统的影响越来越深。除此之外，光无源器件在光纤传感和其他光纤应用领域也大有用武之地。由此可见，在信息技术大发展的今天，无论是光无源器件的使用者、生产者和研制者都需要增加对器件的认识。

（一）实验目的

（1）了解光无源器件的发展。

（2）熟练掌握常用光无源器件的原理、结构及应用。

（二）工具与器材

各种光无源器件（连接器、光衰减器、光波分复用器、光隔离器、光开关等）。

（三）课程设计

（1）将各种常见的光纤连接器（FC、SC 和 ST）放置在实验桌上，由学生结合理论知识，区分出各种光纤连接器，并能说明各种光纤连接器的结构、特点及应用场合。

（2）说出常用的光衰减器的原理、特点及应用，并测量光衰减器的衰减量，如图 3 - 45 所示，计算其衰减值。

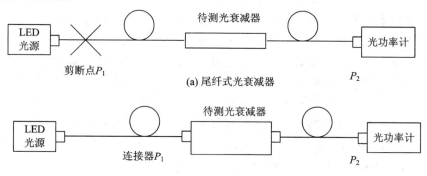

(a) 尾纤式光衰减器

(b) 连接器端口式光衰减器

图 3 - 45　光衰减器衰减量测试框图

（3）说明实验中所用耦合器的原理、特点及应用。

（4）测量实验室波分复用器的插入损耗和隔离度，说出常用波分复用器的特点及应用。画出主要的几种应用（系统应用：单向传输、双向传输、图像和数字传输、移动通信和数字通信传输、光纤光缆监控系统；其他应用：双光源、EDFA）。

（5）设计方案，测量光隔离器的插入损耗和隔离度。

【知识扩展】

光纤终端盒：适用于收集光缆、尾纤接续、尾纤跳线等，以收容盘方式收容多余线长。光纤盒为层叠式结构，可方便增减，最多可收容 48 芯（常用 24 芯），并随带装配附件，使用方便。

光纤接续盒：适用于光缆在野外或地埋的中途连接。外壳采用坚固的 FRP 料压制，适合在恶劣的环境下使用，耐压在 200 kPa 以上，容许温度为 -40℃～+60℃，最多可进入 4 根光缆，8 个纤盒共 96 个接头（一般为 36 个）。

光分路器：光功率分配器件，具有低插入损耗、高隔离度的特点，性能稳定，可根据用户要求做成焊接式、带接头式、机架式（带接头法兰盘）。接头形式、波长、光分比由用户指定，也可由公司代为设计光分比。

光纤防水缆：主要为野外型光接收机光纤输入使用，损耗小，抗损力强，防水性能好，有单芯和二芯之分（二芯时其中一芯供反传光信号用），连接头有单边及两边之分，型号为客户指定（常用为 FC/APC）。

光纤跳线：主要用于光发射机、光接收机或带法兰盘的光分路器与光纤的连接，损耗小，性能稳定。常用品种有单边接头及双边接头，连接头有 FC/APC、FC/PC、SC/PC、SC/APC 等几种，长度为 3～10 m 或由用户指定。

法兰盘：即光转接器，内芯均为进口名牌产品，插入损耗小，性能稳定，使用简便。主要品种有 FC/PC、FC/APC、FC/SC。

光纤（缆）连接器：在光纤通信线路中具有连接功能的器件。除光缆之间的固定接头外，大多是单芯或多芯的活动连接器，用于光缆与光纤配线架（ODF）的连接、光纤配线架与光端机的连接。

光纤耦合器：在光纤通信线路中有分路或耦合功能的器件。按其端口配置的形式，又可分为树形耦合器和星形耦合器，一般由单个的 1×2（Y 型）耦合器和 2×2（X 型）耦合器级联而成，用于各种光纤网络，如光纤有线电视、局域网（LAN）等。

波分复用器：在光纤通信线路中可以对波长进行分割复用/解复用的器件。按复用波长的数量，可分为二波长复用器和多波长复用器；根据复用波长之间的间隔，又可分为粗波分复用器（CWDM）和密集波分复用器（DWDM），用于各种波分复用系统、光纤放大器等。

光开关：在光纤通信线路中具有光路转换功能的器件。按其端口的配置，又可以分为多路光开关（$1 \times N$）和矩阵光开关（$N \times N$），一般由单个的 1×2 或 2×2 光开关级联而成，用于备用线路、测试系统和全光网络等。

光衰减器：在光纤通信线路中可以按要求衰减一部分光信号能量的器件。按衰减量的可调性，又可以分为固定衰减器和可调衰减器。

光隔离器：在光纤通信线路中使光信号只能单向传输的器件。

光环行器：使光信号只能沿固定途径进行环行传输的器件。

实验二　光信号传输系统课程设计

光无源器件在光纤传输系统中应用非常广泛，对系统的性能指标和传输质量有很大的影响。研究所、实验室对光无源器件的需求不断增加，如何很好地利用光无源器件也成为一个难题。为了更好地让学生掌握其原理及应用，能够结合企业运行环境设计各种光传输系统，所以设置了该实验。

（一）实验目的

（1）掌握常用光无源器件的应用。

（2）熟悉企业光传输系统，能够进行简单设计。

（二）工具与器材

各种光无源器件（连接器、光衰减器、光波分复用器、光隔离器、光开关）、光缆、光纤、熔接机、光源、光功率计、OTDR、工具箱等。

（三）课程设计

（1）熟悉实验室运营传输系统或运营商的某传输系统；说出各种无源器件及其作用；画出光信号传输系统框图。

（2）设计 1310 nm 和 1550 nm 信号，采用波分复用器进行语音和数据的单向传输，并设计框图。

（3）光信号功率过强时可能会造成设备损坏，为了保护测试中的光仪器，应选用哪种光无源器件？

第 4 章　光发射机与光接收机

★ **本章目的**

掌握光发射机工作原理
理解光纤通信系统的线路码型
掌握光接收机的组成和重要指标
掌握光—电—光中继器的工作原理
掌握两种传输体制的特点
理解数字光纤通信系统的组成

☆ **知识点**

光发射机工作原理
光纤通信系统的线路码型
光接收机的组成和重要指标
光—电—光中继器的工作原理
两种传输体制比较
数字光纤通信系统的组成
PDH 和 SDH 各自的特点

4.1　光发射机原理

　　光纤通信系统主要由光发送设备、光接收设备、光传输设备组成。其中的光发送设备和光接收设备又常称为光发射机和光接收机。光发射机的组成框图如图 4 - 1 所示。

　　光发射机的作用是将从复用设备送来的 HDB3 码变换成 NRZ 码，接着将 NRZ 码编为适合在光缆线路上传输的码型，最后再进行电/光转换，将电信号转换成光信号并耦合进光纤。因此，要了解光发射机应先了解数字光纤通信系统中的线路码型。

　　光发射机各部分的功能如下：① 均衡放大：补偿由电缆传输所产生的衰减和畸变；② 码型变换：将 HDB3 码或 CMI 码变化为 NRZ 码；③ 复用：用一个大传输信道同时传送多个低速信号；④ 扰码：使信号达到"0"、"1"等概出现，利于时钟提取；⑤ 时钟提取：提取 PCM 时钟信号，供给其他电路使用；⑥ 调制（驱动）电路：完成电/光转变换任务；⑦ 光源：产生作为光载波的光信号；⑧ 温度控制和功率控制：稳定工作温度和输出平均光功率；⑨ 其他保护、监测电路：如光源过流保护电路、无光告警电路、LD 偏流（寿命）告警等。

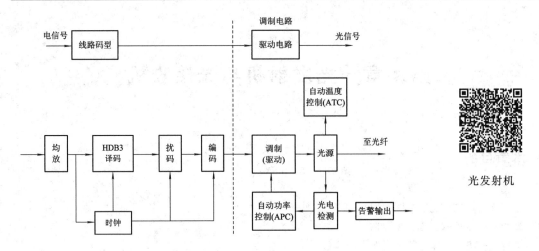

图 4-1　光发射机的组成框图

4.2　线路码型

1. 数字光纤通信系统中对码型的要求

(1) 避免信码流中出现长连"0"或长连"1"，以利于接收端时钟的提取。

(2) 能进行不中断业务的误码监测。

(3) 尽量减少信码流中直流分量的起伏。

2. 数字光纤系统中的常用码型

(1) HDB3 码(三阶高密度双极性码，用于 PCM 电端机二次群、三次群中)。

HDB3 码是一种归零码，用 B＋和 B－交替表示"1"，但仍用 0 表示"0"。HDB3 码的长连 0 数不能超过三个，如长连 0 数超过三个，需用 000V 或 B00V 取代节来取代这些长连 0。具体方法是：如相邻前一个取代节中的"V"脉冲至下一个取代节"V"脉冲之间已有的脉冲个数为奇数，则用 000V 取代节取代；如为偶数，则用 B00V 取代节来取代，而且，取代节中的"V"脉冲与其前一个"1"脉冲的极性相同。

举例：NRZ：　0　1　0　0　0　0　1　1　0　0　0　0　1　0　0　1　1
　　　　　HDB3：0　B＋0　0　0　B＋B－B＋B－0　0　B－B＋0　0　B－B＋

(2) CMI 码(信号反转码，用于四次群中)。

举例：NRZ：　　0
　　　　　CMI：　01
　　　　　NRZ：　0　0　1　0　1　1　0　1
　　　　　CMI：　01 01 00 01 11 00 01 11

(3) 分组码(mBnB 码)。

将码流中 m 个码元分为一组，用与之对应的 n 个码元代替，此处 $n>m$，n 与 m 皆为整数，如 1B2B，3B4B，5B6B，…，6B8B，5B7B 等。

(4) 插入比特码：在 mB 的基础上加上一个插入码，即"mB＋插入码"。

① mB1P 码：插入码为 P 码(即奇偶校验码)。

举例：8B1P 码偶校验码（使"1"的个数为偶数）。

　1 1 0 1 1 1 1 0 0　　0 0 1 0 1 0 1 1 0 1

　1 1 0 1 1 1 0 0 1 0 0 1 0 1 0 1 1 0 1 0

　　　　　　　　　　↑　　　　　　　　　　　↑

　　　　　　　　　P 码　　　　　　　　　　　P 码

② mB1C 码：插入码为 C 码（即 mB 码中末位的反码）。

举例：6B1C 码。

　1 0 0 1 0 1　　0 0 1 1 0 1　　0 0 1 0 1 0

　1 0 0 1 0 1 0 0 0 0 1 1 0 1 0 0 0 1 0 1 0

　　　　　↑　　　　　　　　↑

　　　　C 码　　　　　　C 码

③ mB1H 码：插入码为 H 码（即由 C 码和 G 码组成的混合码）。其中，C 码为末位反码，用于不中断业务的误码检测；G 码则包含了 4 个帧同步码（F_1、F_2、F_3、F_4）、8 个区间通信码（S_1、S_3、S_4、S_6、S_7、S_9、S_{10}、S_{12}，即一帧中有 8 个 bit 用于区间通信）、2 个数据码（S_2、S_8）、1 个检测码（S_5）、1 个公务码（S_{11}）。一个完整的 4B1H 编码为：$F_1$4BC4B $S_1$4BC4B $S_2$4BC4B $S_3$4BC4B $F_2$4BC4B $S_4$4BC4B $S_5$4BC…

4B1H 码一帧的帧长为 16×10＝160 bit（而 8B1H 则为 32×18＝576 bit），即 4B1H 码一帧中应包含如下码元：

- 帧同步码（F_1、F_2、F_3、F_4）：4 个；
- 30 路区间通信码（S_1、S_3、S_4、S_6、S_7、S_9、S_{10}、S_{12}）：8 个；
- 数据码（S_2、S_8）：2 个；
- 检测码（S_5）、公务码（S_{11}）：各 1 个；
- B 码（即原始数据流）：16×8＝128 bit；
- C 码（末位反码）：16×1＝16 bit。

4B1H 码的码速为输入码速的 5/4 倍。其示意图如图 4－2 所示。

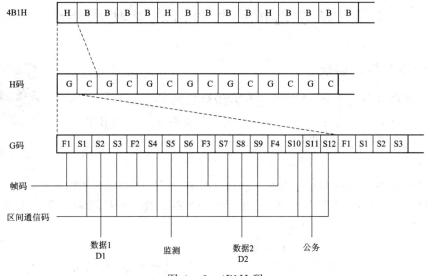

图 4－2　4B1H 码

（5）加扰 NRZ 码：该码是 ITU‑T 正式推荐的 SDH 统一线路码型。

4.3　光发射机的主要指标

1. 平均输出光功率

平均输出光功率衡量光发射机的输出能力。测量平均输出光功率的仪表是光功率计。光功率的单位是 dBm，其计算公式为

$$P_t = 10 \lg[P(\text{mW})/1 \text{ mW}] \tag{4-1}$$

2. 消光比 EXT

消光比是光发射机发全"0"码时的输出光功率和发全"1"码时的输出光功率之比，即

$$\text{EXT} = \frac{P_0}{P_1} \tag{4-2}$$

消光比的大小有两种意义：

（1）反映光发射机的调制状态。消光比太大，表明光发射机调制不完善，光电转换效率低。

（2）影响接收机的灵敏度。消光比过大，接收机的灵敏度就下降很大。

LD模拟调制原理图

上述两种情况是由于在数字光纤通信中，光发射机发送的是"0"和"1"的光脉冲，调制完善的光发射机，在发"0"码时应无光功率输出。实际上由于光发射机自身的缺陷，在发"0"码时会有残留矮尖脉冲，或者由于直流偏置选择不当，光发射机会有多余的光功率输出。这两种现象都称为光发射机调制的不完善。

数字调制原理图

这两种现象都要产生额外的噪声，使系统的信噪比恶化，从而影响光接收机的灵敏度。因此，为保证光接收机有足够的灵敏度，光发射机的消光比应小于 0.1。

4.4　数字光接收机的组成及技术指标

4.4.1　光接收机的组成

光接收机的功能是把经过光纤远距离传输后的微弱信号检测出来，然后放大再生成电信号。光接收机也可分为模拟光接收机和数字光接收机两类。模拟光接收机比较简单，在此我们主要讨论数字光接收机。

光接收机

数字光接收机主要由光电检测器、前置放大器、主放大器、均衡电路、时钟提取电路、定时判决电路、自动增益控制（AGC）电路、解码解扰电路、编码电路等部分组成。其结构如图 4‑3 所示。

数字光接收机各组成单元的作用如下：

（1）光电检测器：将光信号检测成电信号，所用器件为 APD、PIN 或光电晶体管。

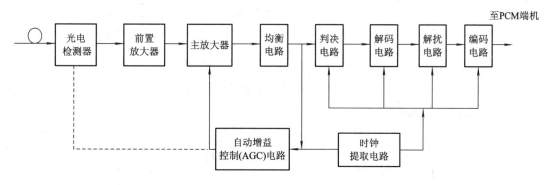

图 4-3　数字光接收机结构框图

（2）前置放大器：转换后的电信号非常弱，因此需要进行两级放大，即先进行前置放大，再进行主放大。前置放大器属于低噪声、宽频带放大器，对接收机的灵敏度有十分重要的影响，其输出的信号为 mV 量级。

（3）主放大器：用来提供高的增益，将前置放大器的输出信号放大到适于判决电路所需的电平，其输出信号一般为 1～3 V。

（4）均衡电路：对主放大器输出的失真的数字脉冲信号进行整形，使之成为最有利于判决、码间干扰最小的升余弦波形，即图 4-4 中将波形由(a)变为(b)，使得判决更加正确。

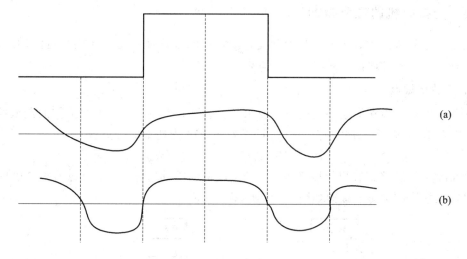

图 4-4　均衡作用示意图

（5）时钟提取电路：用来恢复采样所用的时钟，其结构如图 4-5 所示。

图 4-5　时钟提取电路示意图

调谐放大、限幅整形、相移等功能模块较为常见，因此不作介绍，在这里只简单介绍一下钳位和非线性处理的功能。

钳位是以一定的电压或电流幅度为参考值，对输入的电信号进行整形，即大于参考值的所有幅度归于一个幅度值，小于参考值的幅度归于另一个幅度值。钳位前的波形如图 4-6 所示。

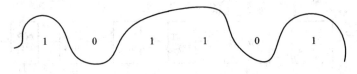

图 4 - 6　钳位前的波形

钳位后的波形如图 4 - 7 所示。

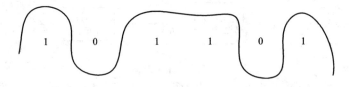

图 4 - 7　钳位后的波形

非线性处理是将部分 NRZ 码变为 RZ 码。

(6) 判决电路：将升余弦信号恢复为"0"或"1"的数字信号。

(7) 自动增益控制（AGC）电路：控制接收机的动态范围及 APD 的倍数因子 G。

(8) 解码和解扰电路：实现发送端的扰码的解扰。

(9) 编码电路：将解扰后的信码编成适合电缆传输的码型（HDB3）。

4.4.2　光接收机的主要指标

衡量光接收机性能的两个主要指标是光接收机的接收灵敏度和光接收机的动态范围。这两项指标也是光纤通信产品出产时的重要测量指标之一。

1. 接收灵敏度

接收灵敏度是指在保证一定误码率要求的前提下，光接收机能正常工作的最低接收光功率，通常用 P_r 表示，其单位是 dBm，即相对 1 mW 光功率的分贝数。

$$P_r = 10 \lg[P_{min}(mW)/1mW] \qquad (4 - 3)$$

P_r 值越小，则光接收机灵敏度越高，光接收机的质量越好，其中继通信距离也越长。

接收灵敏度的测量连接图如图 4 - 8 所示。

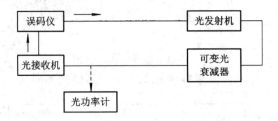

图 4 - 8　接收灵敏度的测试连接图

测试线缆连接方式为：将误码仪的"发"用测试电缆接到光发射机的某个 E_1 电接口的"收"，将光发射机光接口的"发"用尾纤连接到可变光衰减器的"入"，用另一根尾纤从可变光衰减器的"出"连接到光接收机光接口"收"，将光接收机对应光发射机的 E_1 电接口的"发"，用测试电缆连接到误码仪的"收"。

测试过程如下：① 首先接通光发射机、光接收机的电源；② 系统稳定后，打开误码仪电源，伪随机码序列由误码仪的"发"送出；③ 逐渐增大可变光衰减器的衰减量，直到误码仪上指示的误码率为 E—10，这时用光功率计测试光接收机的收光功率就是 $P_{\min}$，将其代入式(4-3)就可以得到接收机的 dBm 值。

注意：实际工作中测试光接收机的灵敏度时，由于光发射机、光接收机都配有活动连接器，因此需要考虑活动连接器的损耗。

另外，在对光纤通信系统进行接收机灵敏度测量时，由于系统的两端都有光接收机，所以测试可在本端环路进行，也可以在两端对通测试。

2. 光接收机的动态范围

在保证系统一定误码率的前提下，光接收机能够接收的最小功率 $P_{\min}$ 和最大光功率 $P_{\max}$ 的能力便是光接收机的动态范围。动态范围的单位是 dB，其计算公式为

$$D = 10\ \lg \frac{P_{\max}}{P_{\min}} \tag{4-4}$$

光接收机的动态范围和接收灵敏度一样，是衡量光接收质量好坏的重要技术指标。高质量的光接收机不仅要有较高的接收灵敏度，还应有较大的动态范围。

测量动态范围时测试线缆的连接方式可参照灵敏度测试。

进行测试时，除按照测量灵敏度的方法测得最小接收光功率 $P_{\min}$ 外，还要逐渐减小光衰减器的衰减量，以增加入射到光接收机的光功率，直到误码仪上指示的误码率为 E—10，这时，用光功率计测得的数值就是最大接收光功率 $P_{\max}$。如果继续减小光衰减器的衰减量，误码仪的指示就会增大，光接收机就会过载，不能正常工作。

将测得的 $P_{\min}$ 和 $P_{\max}$ 的值代入动态范围的计算式，就可得到该光接收机的动态范围的分贝值。在实际操作中，用 $P_{\max}$ 的相对值即 dBm 值减去灵敏度就可得动态范围值。

4.5　光—电—光中继器的原理

在远距离光纤通信系统中，每隔一定距离需设置一个光中继器，以补偿光信号的衰减和对畸变信号进行整形，然后继续向终端传送。光中继器除了没有接口设备和码型变换以外，就相当于光接收机和发射机的组合。

一般情况下，光—电—光中继器由光电检测器、电信号放大器、判决再生电路、驱动电路和光源五部分组成。光中继器组成框图如图 4-9 所示。

图 4-9　光中继器组成框图

对光中继器要求箱体密封性好，防水、防腐蚀，性能稳定，可靠性高，工作寿命长，维护方便等。

光中继器是在超长距离的光纤通信系统中补偿光缆线路光信号的损耗和消除信号畸变及噪声影响的设备。光中继器是一种光纤通信设备，其作用是延长通信距离。光中继器通常由光接收机、定时判决电路和光发送机三部分及远供电源接收、遥控、遥测等辅助设备组成。光中继器将从光纤中接收到弱光信号经光检测器转换成电信号，再生或放大后，再

次激励光源,转换成较强的光信号,送入光纤继续传输。光中继器主要分为两大类:光电转换型中继器(O/E Repeater)和全光型中继器(AO Repeater)。

具有再放大(re-amplifying)、再整形(re-shaping)和再定时(re-timing)这三种功能的中继器称为3R中继器;而仅具有前两种功能的中继器称为2R中继器。经再生后的输出脉冲完全消除了附加的噪声和畸变,即使在由多个中继站组成的系统中,噪声和畸变也不会积累,这就是数字通信作长距离通信时最突出的优点。光放大器已趋于成熟,它可作为1R(re-amplifying)中继器(仅仅放大)代替3R或2R中继器,构成全光光纤通信系统,或与3R中继器构成混合中继方式,可大大简化系统的结构,是未来的发展方向。

光中继器设备结构视安装地点而不同。机架式的光中继器安装于中间局机房内,其结构应与机房中的光端机、数字复接设备及其机架结构相一致。每个子架的光中继器都应包括两个接收单元和两个发送单元,以构成一个双向中继器。电源由所在局站供给。箱式或罐式的光中继器可直接埋设于地下、人孔中,或架空于线路电杆上。箱体须有良好的密封、防腐蚀等性能。电源由本地供电或采用经铜线对端远程供电。

4.6 PDH 与 SDH 传输体制

数字通信系统是数字通信与光纤通信系统的优化组合。数字通信具有抗干扰能力强、易于集成、转接交换方便等优点,而光纤通信所具有的频带宽特点,又弥补了数字通信占有频带较大的缺陷。因此,在现代通信网中,数字通信是光纤通信的主要方式。图4-10所示为数字光纤通信系统的构成框图。

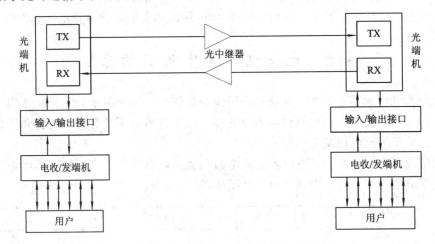

图 4 - 10 数字光纤通信系统的构成框图

数字光纤通信系统由电收/发端机、输入/输出接口、光端机、光缆、光中继器(光—电—光中继器或光放大器)等部分组成。

数字光纤通信系统各组成部分功能如下:

(1)电收/发端机:完成模拟信号与数字信号的相互转换。

(2)输入/输出接口:对电收/发端机和光端机的数字信号起连接作用。

(3)光端机:光端机主要由复分接电路和光收发模块组成,用于完成数字电信号与数字光信号的互相转换和数字光信号的收发。

（4）光缆与光中继器：形成数字光信号的传输通道，光中继器还有延伸传输距离的作用。

4.6.1　PDH 体制

为了在同一信道中增加通信容量（即在同一信道中容纳更多的用户数量和信号类型），必须采用多路复接（复用）的方法，提高传输效率。目前，大容量的数字光纤通信系统均采用同步时分复用（TDM）技术，并且存在着两种传输体制：准同步数字通信系统（PDH）和同步数字通信系统（SDH）。

PDH 的概念：在进行复接时，如传输设备的各支路码位不同步，在复接前必须调整各支路码率，使之严格相等，这样的复接系列就称为准同步数字复接系列，即 PDH。

SDH 的概念：在进行复接时，如传输设备的各支路码位是同步的，只要将各支路码元直接在时间压缩、移相后进行复接就行了，这样的复接系列就称为同步数字复接系列，即 SDH。

1. PDH 的复接系列

国际上主要有两大 PDH 复接系列：日本/北美的 PCM 基群 24 路/1.5M 系列，中国/西欧的 PCM 基群 30/32/2M 系列。下面对后一系列作详细说明。

（1）基群（一次群）：30 个中继话路，速率为 2 Mb/s 即 2.048 Mb/s。

（2）二次群：120 个中继话路，速率为 8 Mb/s 即 8.448 Mb/s。

（3）三次群：480 个中继话路，速率为 34 Mb/s 即 34.368 Mb/s。

（4）四次群：1920 个中继话路，速率为 140 Mb/s 即 139.264 Mb/s。

（5）五次群：7680 个中继话路，速率为 565 Mb/s 即 564.992 Mb/s。

（6）六次群：30 720 个中继话路，速率为 2.4 Gb/s。

2. PDH 长途光缆通信系统的构成

PDH 长途光缆通信系统由 PCM 基群复用设备、高次群数字复接设备、光端机、光中继器和光缆等部分组成。一个完整的四次群光纤通信系统如图 4-11 所示。

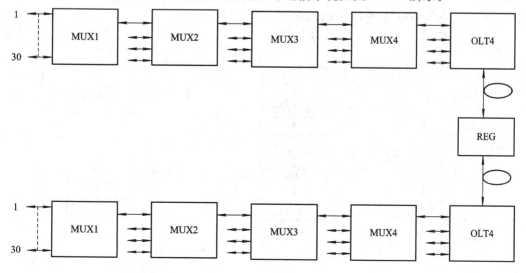

图 4-11　四次群光纤通信系统的结构

PCM 基群复用设备的主要作用是在发射端对语音信号进行取样、量化、编码，然后将 30 个速率为 64 kb/s 的话路复接成一个 2048 kb/s 的数字电信号，在接收端，则将一个 2048 kb/s 的数字电信号分接为 30 个速率为 64 kb/s 的话路。

高次群数字复用设备包括二次群复用设备、三次群复用设备、四次群复用设备等，其主要作用是将低次群信号复接成高次群信号和将高次群信号分接成低次群信号。如将 4 个标称速率为 2048 kb/s 的数字电信号进行正码速调整后，再复接组成一个 8448 kb/s 的二次群信号；将一个 8448 kb/s 的二次群信号分接恢复为 4 个 2048 kb/s 的数字电信号。

在高次群复用设备中，还有一种跳群复用设备。跳群复用设备是将相隔一个群次的群信号直接进行复接和分接的复用设备，跳过了中间的一个群次。如直接将 16 个 2 M 信号与一个三次群信号(34 M)进行分接和复接，跳过了二次群(8.448 Mb/s)。跳群复用设备既可以作为光端机的一个组成部分，也可以作为一台独立的设备，对高次群光端机的电接口进行复接和分接。如 2 M 到 34 M 的跳群设备，就可以对四次群光端机的 34 M 电接口进行复接和分接。

PDH 光端机主要完成数字电信号与数字光信号的互相转换和数字信号的收发。它主要由复分接电路 MUXn 和光收发模块 OLTn 组成，例如：二次群光端机由二次群复用设备 MUXn 和光收发模块 OLT2 组成。

光缆和光中继器形成数字光信号的传输通道，光中继器还对所接收的光信号进行均衡、判决、再生，以延伸传输距离。

3. PDH 的缺陷

传统的 PDH 传输体制的缺陷主要体现在以下几个方面。

1) 接口

PDH 只有地区性的电接口规范，没有统一的世界性标准。现有的 PDH 制式共有三种不同的信号速率等级：欧洲系列、北美系列和日本系列。它们的电接口速率等级以及信号的帧结构、复用方式均不相同，这种局面造成了国际互通的困难，不适应当前通信的发展趋势。这三个系列的电接口速率等级如图 4 - 12 所示。

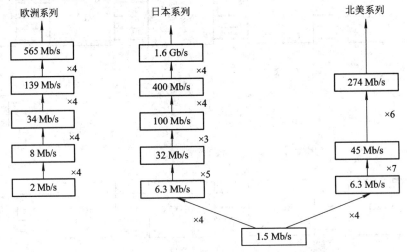

图 4 - 12　PDH 的速率等级

PDH 没有世界性统一的光接口规范。为了完成设备对光路上传输性能的监控，各厂家采用自行开发的线路码型。典型的例子是 $mBnB$ 码，其中 mB 为信息码，nB 是冗余码，冗余码的作用是实现设备对线路传输性能的监控。这使同一等级上光接口的信号速率大于电接口的标准信号速率，不仅增加了光通道的传输带宽要求，而且由于各厂家的设备在进行线路编码时，在信息码后加上不同的冗余码，导致了不同厂家同一速率等级的光接口码型和速率也不一样，致使不同厂家的设备无法实现横向兼容。这样在同一传输线路两端必须采用同一厂家的设备，给组网应用、网络管理及互通带来困难。

2）复用方式

在 PDH 体制中，只有 PCM 设备从 64 kbit 至基群速率的复用采用了同步复用方式，而其他各次群信号都采用"准同步复接"方式。因为各级 PDH 速率的信号都是异步的，需要通过正码速调整来适配容纳各级支路信号的速度差异。由于 PDH 采用异步复用方式，那么就导致当低速信号复用到高速信号时，其在高速信号帧结构中的位置规律性差，也就是说在高速信号中不能便捷地确认低速信号的位置，而这一点正是能否从高速信号中直接分支出低速信号的关键所在。

PDH 采用异步复用方式，从 PDH 的高速信号中就不能直接地分支/插入低速信号，例如：不能从 140 Mb/s 的信号中直接分支/插入 2 Mb/s 低速信号。因此引起以下两个问题。

（1）从高速信号中分支/插入低信号要逐步地进行。例如从 140 Mb/s 的信号中分支/插入 2 Mb/s 低速信号经过的过程如图 4-13 所示。

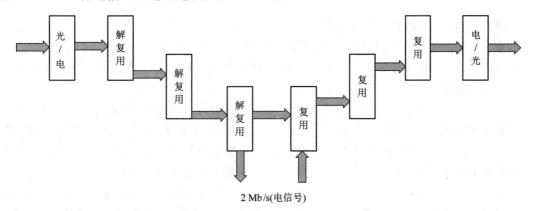

2 Mb/s(电信号)

图 4-13　从 140 Mb/s 信号中分支/插入 2 Mb/s 信号示意图

图 4-13 说明，在从 140 Mb/s 信号中分支/插入 2 Mb/s 信号过程中，使用了大量的"背靠背"设备。通过三级解复用设备才从 140 Mb/s 的信号中分出 2 Mb/s 低速信号；再通过三级复用设备，将 2 Mb/s 的低速信号复用到 140 Mb/s 信号中。一个 140 Mb/s 信号可复用进 64 个 2 Mb/s 信号，若在此处仅仅从 140 Mb/s 信号中分支/插入一个 2 Mb/s 的信号，也需要全套的三级复用和解复用设备。这样不仅增加了设备的体积、成本和功耗，还降低了设备的可靠性。

（2）由于低速信号分支/插入到高速信号要通过层层的复用和解复用过程，这样就会使信号在复用和解复用过程中带来损伤，使传输性能劣化。在大容量长距离传输时，此种缺陷是不能容忍的。

3）运行维护

PDH 信号的帧结构里用于运行管理维护（OAM）的开销字节不多，这也就是为什么在设备进行光路上的线路编码时，要通过增加冗余编码来完成线路性能监控功能。PDH 信号管理运行维护工作的开销字节少，这对完成传输网的分层管理、性能监控、业务的实时调度、传输带宽的控制、告警的分析和故障定位是很不利的。

4）没有统一的网管接口

由于 PDH 没有网管功能，更没有统一的网管接口，因此就不利于形成统一的电信管理网。

以上种种缺陷，使 PDH 传输体制越来越不适应传输网的发展。于是美国贝尔通信研究所首先提出了由一整套分等级的标准数字传输结构组成的光同步网络（SONET）体制。CCITT 于 1988 年接受了 SONET 概念，并重新命名为同步数字体系（SDH），使其成为不仅适用于光纤传输，也适用于微波和卫星传输的通用技术体制。本课程主要讲述 SDH 体系在光纤传输网上的应用。

4.6.2　SDH 体制

1. SDH 的基本概念

SDH（Synchronous Digital Hierarchy）全称叫做同步数字体系，是世界公认的新一代宽带传输体制，SDH 体制规范了数字信号的传输速率等级、帧结构、复用方式和光接口特性等。

那么 SDH 产生的背景是什么呢？

当今，高度发达的信息社会要求通信网能提供多种多样的电信业务，经电信网传输、交换、处理的信息量将不断增大，这就要求现代化的通信网向数字化、综合化、智能化和个人化方向发展。

传输系统是通信网的重要组成部分，传输系统的好坏直接制约着通信网的发展。当前世界各国大力发展的信息高速公路，其重点之一就是组建大容量的光纤传输网络，以 SDH/WDM 为主的光纤传输网络就是高速公路最基础的物理平台。传输网应具有全世界统一的接口标准，以便全球的每一个用户都能实现随时随地便捷地通信。

由 PDH 传输体制组建的传输网，其复用的方式已不能满足信号大容量传输的要求，另外 PDH 体制的地区性规范也使网络互联增加了难度，制约了传输网向更高的速率发展。

2. SDH 的优越性

SDH 传输体制具有 PDH 体制所无可比拟的优点，它是不同于 PDH 的一代全新的传输体制，与 PDH 相比在技术体制上进行了根本的变革和创新。

SDH 的核心理念是要从统一的国家电信网和国际互通的高度来组建数字通信网，它是构成综合业务数字网（ISDN），特别是宽带综合业务数字网（B - ISDN）的重要组成部分。那么怎样理解这个概念呢？因为与传统的 PDH 体制不同，按 SDH 组建的网是一个高度统一、标准化、智能化的网络。它采用全球统一的接口，以实现设备的多厂家环境的兼容，在全程全网范围实现高效、协调一致的管理和操作，实现灵活的组网与业务调度，实现网络自愈功能，提高网络资源利用率，并且由于维护功能的加强大大降低了设备的运行维护费用。

下面我们就 SDH 所具有的优越性，从以下几个方面进一步说明。

1) 接口

(1) 电接口。接口的规范化与否是决定不同厂家的设备能否互联的关键。SDH 体制对网络节点接口(NNI)作了统一的规范。规范的内容有数字信号速率等级、帧结构、复用方法、线路接口、监控管理等。这使得 SDH 设备容易实现多厂家互联，也就是说在同一传输线路上可以安装不同厂家的设备，体现了横向兼容性。

SDH 体制有一套标准的信息结构等级，即有一套标准的速率等级。它基本的信号结构等级是同步传输模块——STM - 1，相应的速率是 155 Mb/s。高等级的数字信号系列有 622 Mb/s(STM - 4)、2.5 Gb/s(STM - 16)等，可通过将基础速率等级的信息模块(例如 STM - 1)通过字节间插同步复接而成，复接的个数是 4 的倍数，例如：STM - 4＝4×STM - 1，STM - 16＝4×STM - 4，STM - 64＝4×STM - 16。

(2) 光接口。线路接口(光接口)采用世界性统一标准规范，SDH 信号的线路编码仅对信号进行扰码，不再进行余码的插入。

扰码的标准是世界统一的，这样对终端设备仅需通过标准的解扰码器就可与不同厂家的 SDH 设备进行光口互联。扰码的目的是抑制线路中的长连"0"和长连"1"，速率与 SDH 电口标准信号速率相同，这样就不会增加光通道的传输带宽。

目前 ITU - T 正式推荐 SDH 光接口的统一码型为加扰的 NRZ 码。

2) 复用方式

由于低速 SDH 信号是以字节间插方式复用进高速 SDH 信号的帧结构中的，使低速 SDH 信号在高速 SDH 信号的帧中的位置是均匀的、有规律性的，也就是说是可预见的，因此就能从高速 SDH 信号例如 2.5 Gb/s(STM - 16)中直接分支/插入出低速 SDH 信号，例如 155 Mb/s(STM - 1)，这样就简化了信号的复接和分接，使 SDH 体制特别适合于高速大容量的光纤通信系统。

另外，由于 SDH 采用了同步复用方式和灵活的映射结构，可将 PDH 低速支路信号(例如 2 Mb/s)复用进 SDH 信号的帧中去(STM - N)，使低速支路信号在 STM - N 帧中的位置也是可预见的，于是可以从 STM - N 信号中直接分支/插入出低速支路信号。这样既节省了设备成本和功耗等，也使业务的上、下更加简便。

SDH 综合了软件和硬件的优势，实现了从低速 PDH 支路信号(如 2Mb/s)至 STM - N 之间的"一步到位"的复用方式，使维护人员仅靠软件操作就能便捷地实现灵活的实时业务调配，而且 SDH 的这种复用方式使数字交叉连接(DXC)功能更易于实现，使网络具有了很强的自愈功能，便于网络运营者按需动态组网。

3) 运行维护

SDH 信号的帧结构中安排了丰富的用于运行维护管理(OAM)功能的开销字节，使网络的监控功能大大加强，也就是说维护的自动化程度大大提高。PDH 的信号中开销字节不多，以至于在对线路进行性能监控时，还要通过在线路编码时加入冗余比特来完成。以 PCM30/32 信号为例，其帧结构中仅有 TS0 时隙和 TS16 时隙中的比特是用于开销功能的。

SDH 具有丰富的开销字节，它占用整个帧结构所有带宽容量的 1/20，大大加强了 OAM 功能。这样有利于降低系统的维护费用，而在通信设备的综合成本中，维护费用占相当大的一部分。所以 SDH 系统的综合成本要比 PDH 系统的低，据估算约为 PDH 系统的 65.8%。

4）兼容性

SDH 有很强的兼容性，这也就意味着当组建 SDH 传输网时，原来的 PDH 设备或系统仍可使用，这两种传输网可以共存，也就是说可以用 SDH 网传送 PDH 业务。另外，异步转移模式（ATM）、FDDI 等其他制式所传送的新业务也可用 SDH 网来传输。

那么 SDH 传输网是怎样实现这种兼容性的呢？SDH 信号的基本传输模块（STM - 1）可以容纳多种速率的 PDH 支路信号和其他的数字信号——ATM、FDDL、DQDB 等，从而体现了 SDH 的前向兼容性和后向兼容性。为了适应 ATM、IP 等新业务传输的需要，SDH 专门设计有 STM - N 级联等应用方式，从而保证 SDH 的上述兼容性得以实现。

SDH 是怎样容纳各种制式的信号呢？很简单，只需把各种制式的信号（支路）从网络界面处（始点）映射复用进 STM - N 信号的帧结构中，在 SDH 传输网络边界处（终点）再将它们解复用/分离出来即可。这样就可以在 SDH 传输网上传输各种制式的数字信号了。

3. SDH 的缺陷

凡事有利就有弊，SDH 体系并非完美无缺，它大致具有如下三点不足之处。

（1）频带利用率低。SDH 的一个很大的优势是系统的可靠性增强了，运行维护管理的自动化程度提高了。这是由于在 SDH 的 STM - N 帧中加入了大量的开销字节。这样必然会增加传输速率，使在传输同样有效信息的情况下，PDH 信号所占用的传输速率要比 SDH 信号所占用的传输速率低，即 PDH 信号所占用的带宽窄。例如：SDH 的 STM - 1 信号可复用进 63 个 2 Mb/s、3 个 34 Mb/s（相当于 48×2 Mb/s）或 1 个 140 Mb/s（相当于 64×2 Mb/s）的 PDH 信号。只有当 PDH 信号是以 140 Mb/s 的信号复用进 STM - 1 信号的帧时，STM - 1 信号才能容纳 64×2 Mb/s 的信息量，但此时它的信号速率是 155 Mb/s，此速率高于 PDH 同样信息容量的 E4 信号的速率（140 Mb/s），也就是说，STM - 1 所占用的传输频带大，而二者信息传输的容量是一样的。

（2）指针调整机理复杂。SDH 体制可以"一步到位"地从高速信号（例如 STM - 1）中直接分支低速信号（例如 2 Mb/s），省去了逐级复用/解复用的过程。而这种功能的实现是通过指针机理来完成的，指针的作用就是时刻指示低速信号的位置，以便在"拆包"时能正确地拆分出所需的低速信号，保证了 SDH 从高速信号中直接分支低速信号这一功能的实现。可以说指针技术是 SDH 体系的一大特色。

但是指针功能的实现增加了系统的复杂性。最重要的是使系统产生了 SDH 特有的一种抖动——由指针调整引起的结合抖动。这种抖动多发于网络边界处（SDH/PDH），其频率低、幅度大，会导致低速信号在分支拆离后传输性能劣化。这种抖动的滤除又比较困难。

（3）软件的大量使用对系统安全性的影响。SDH 的一大特点是 OAM 的自动化程度高，这意味着软件在系统中占有相当大的比重。一方面这使系统很容易受到计算机病毒的侵害，特别是在计算机无处不在的今天；另一方面，网络层上人为的错误操作、软件故障对系统的影响也是致命的。也就是说，SDH 系统对软件的依赖性很大，这样 SDH 系统运行的安全性就成了很重要的课题。

SDH 体制是一种新生事物，尽管还有这样或那样的缺陷，但它已在传输网的发展中显露出了强大的生命力。因此，传输网从 PDH 过渡到 SDH 已成为一个不可逆转的必然趋势。

本 章 小 结

本章讲述了光发射机与光接收机的原理、光发射机与光接收机的主要指标、光端机的线路码型、光—电—光中继器的原理。通过对本章内容的学习，应该掌握光发射机与光接收机的主要指标、光端机的线路码型，了解光发射机与光接收机的原理及功能、光—电—光中继器的原理及功能等内容。

本章还讲述了 SDH 体制产生的技术背景、SDH 的特点，主要是建立 SDH 的整体概念。

习 题

一、填空题

1. _____是多级放大器，用于提供足够的增益，并通过它实现自动增益控制（AGC），以使输入光信号在一定范围内变化时，输出电信号保持恒定。

2. 在接收机的光检测器之后，为了将微弱的电流信号进行低噪声放大，通常需要一个_____。

3. 光发送设备和光接收机设备常称为光发射机和光接收机，两者合在一起称为_____。

4. 在光接收机中，码型变换是将_____码或_____码变化为_____码。

5. 强度调制—直接检波(IM - DD)的光接收机主要包括_____、前置放大器、主放大器、均衡器、时钟恢复电路、取样判决器以及_____电路等。

6. _____就是用反馈环路来控制主放大器的增益，作用是增加了光接收机的动态范围，使光接收机的输出保持恒定。

7. 高次群数字复用设备的作用是将低次群复接组成高次群。例如，将实际速率为_____kb/s 的支路信号先进行正码速调整，都调到_____kb/s，即让_____个支路速率都达到同步后，再复接组成_____kb/s 的二次群。在接收端则进行相反的变换。

8. 数字光发送机的基本组成包括_____、_____、复用、扰码、时钟提取、光源、光源的调制电路、_____及光源的监测和保护电路等。

二、选择题

1. 在我国所使用的 PDH 制式中，基群的速率为(　　　　)。

A. 2048 kb/s　　　　　B. 8448 kb/s　　　　　C. 34 368 kb/s　　　　　D. 139 264 kb/s

2. 在我国所使用的 PDH 制式中，四次群的话务容量为(　　　　)。

A. 30 路　　　　　B. 120 路　　　　　C. 480 路　　　　　D. 1920 路

三、判断题

1. 温度控制和功率控制是指稳定光端机（发射机）的工作温度和输出的平均光功率。（　　　　）

2. 光发射机的平均输出光功率衡量光发射机的输出能力，测量平均输出光功率的仪表是光功率计，光功率的单位是 dBm。（　　　　）

3. 消光比的定义为全"1"码平均发送光功率与全"0"码平均发送光功率之比。（　　　　）

4. 数字光接收机主要指标有光接收机的灵敏度和动态范围。（　　　　）

5. 调制（驱动）电路的功能是补偿由电缆传输所产生的衰减和畸变。（　　　　）

实 验 与 实 训

实验一　　光端机技术指标测试

（一）实验目的

熟悉光端机（发、收）的性能参数，掌握常用参数的测试方法。

（二）工具与器材

PDH 设备、尾纤、光功率计、误码仪、衰减器等。

（三）实验步骤

1. 平均发送光功率及其测试

平均发送光功率是指光端机通信时，光源尾纤输出的平均功率。它与光源器件的输出功率、器件同尾纤的耦合效率以及数字编码信号有关。要注意的是，一般光源器件的输出功率是指在直流信号驱动下器件端面或已装配的尾纤的峰值输出功率，此值不能代表光端机的平均发送光功率，这是因为在通信时所需传送的是"0"、"1"随机变化的编码数字信号，因而光端机的发送功率就是一个比器件峰值输出功率小的变量，为了方便表示，通常都用平均值，即用平均发送光功率（P_t）来表示该功率的大小。考虑到一般情况下"0"、"1"出现的概率相等，因此，光端机相应的平均发送光功率也就为器件峰值功率的一半，即平均发送功率比器件峰值功率小 3 dB。

平均发送光功率指标的测试方框图如图 4 - 14 所示。测试时，先使码型发生器（误码仪）送出伪随机二进制序列（PRBS）作为测试信号，而且要根据光端机的传输速率采用不同的伪随机码结构，即基群、二次群应选用 $2^{15} - 1$ 的伪随机码，三次群、四次群应选用 $2^{23} - 1$ 的伪随机码。然后将光端机（或中继器）光发送端的活动连接器断开，再接上光功率计即可测得平均发送光功率。需说明如下两点：

（1）测试时要注意光功率计的选择：长波长的光纤通信系统应该选用长波长的光功率

计或采用长波长的探头(检测器);短波长的系统必须选用短波长的光功率计或换用短波长的探头。

(2) 平均发送光功率的数据与所选择的码型有关,如 NHZ 码比 50% 占空比的 RZ 码功率要大 3 dB。光功率值一般用 dBm 或 μW 表示。

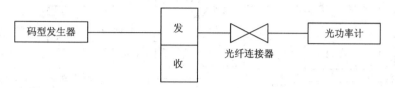

图 4 - 14 平均发送光功率和小消光比的测试方框图

2. 消光比及其测试

消光比定义为光源发出全"1"和全"0"码时的平均功率 P_{on} 和 P_{off} 之比,通常用 EXT 表示,则

$$EXT = 10 \lg \frac{P_{on}}{P_{off}} \qquad (4-5)$$

这一参数是半导体激光器特有的。发光二极管因其不需加偏置电流,在全"0"信号时不发光(即 $P_{off}=0$),也就谈不上消光比了;而对于 LD,由于加了一定的偏置电流,使得即使是在全"0"信号(无信号)的情况下,也会有一定的光输出(发荧光),即 $P_{off}\neq0$,这种光功率对通信表现为噪声,为此引入消光比指标 EXT 来衡量其影响。理想情况下,EXT 为无穷大,实际上 EXT 不可能为无穷大,但希望其越大越好,一般 EXT 应大于等于 10 dB。

测试该参数时,根据消光比定义,似乎只需人为地向光端机送入全"1"和全"0"测试信号即可测出 P_{on} 和 P_{off},但实际上这是不可能的,因为光端机内部有扰码电路。为此,先考虑切断送至光发送电路的电信号(如拔出光端机的线路编码盘),来获得全"0"状态,测出 P_{off};而对于 P_{on},由于平均发送光功率 P_t 可测,而全"1"对应的 P_{on} 是 P_t 的两倍,于是消光比 EXT 为

$$EXT = 10 \lg \frac{2P_t}{P_{off}} \qquad (4-6)$$

消光比测试原理如图 4 - 14 所示。测试方法为:① 码型发生器(误码仪)发送出 $2^{15}-1$ 或 $2^{23}-1$ 伪随机码,测出此时平均光功率 P_t;② 将发送机中的线路编码盘拔出,测出此时的全"0"码功率 P_{off};③ 按式(4 - 1)计算消光比的值。

3. 光接收灵敏度及其测试

所谓光接收灵敏度是指在一定的误码率指标下光端机(光中继器)可接收的最小光功率,通常用 P_r 表示。该参数与系统误码率有关,还与系统的码速率、发送部分的消光比、接收检测器件的类型以及接收机的前置放大电路等因素有关。

光接收灵敏度测试连接方式如图 4 - 15 所示。测试时,码型发生器送出相应的伪随机码,然后先加大光可变衰减器的衰减值(以减小接收光功率),使系统处于误码状态,而后慢慢减小衰减(增大接收光功率),相应的误码率也渐渐减小,直至误码仪显示的误码率为指定的界限值为止(如 BER 为 10^{-10})。此时,对应的接收光功率即为最小可接收光功率 P_{min}(mW),而光接收灵敏度 P_r 为

$$P_r = 10 \lg \frac{P_{\min}(\mathrm{mW})}{1\ \mathrm{mW}} \qquad\qquad (4-7)$$

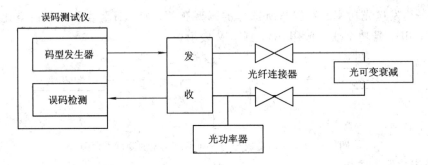

图 4 - 15　光接收灵敏度与动态范围测试连接图

要注意的是：

（1）误码率的观测需要一定的时间，根据误码率的定义：

$$误码率 = \frac{误码个数}{一个比特时间内的码元个数} = \frac{误码个数}{码速率 \times 观察时间}$$

可计算出观察到一个误码所需的最小观察时间。在测试过程中，必须满足测试给定误码率所需的最小观察时间，以确保测量的正确性。当然，观察时间越长，准确度越高。

（2）因为灵敏度的测量是在连接器前进行的（实际应包含该活动连接器），所以实际灵敏度应减去该连接器的损耗。

（3）为了便于调整接收光功率，在测试中用光衰减器代替了长光纤，因而忽略了光纤色散对灵敏度的影响。因此，在实际应用中，应根据光纤的质量和长度估算色散对灵敏度的影响，或直接在线路中用长光纤来测量。另外，对于微弱的光输出功率，应采用带斩光器的光检测器和光功率计进行测量。

4. 动态范围及测试

所谓动态范围是在一定的误码率指标下，光端机（中继器）所能接收的最大光功率 $P_{\max}$ 与最小光功率 $P_{\min}$ 之比的对数，通常用 D 表示，即

$$D = 10 \lg \frac{P_{\max}}{P_{\min}} \qquad\qquad (4-8)$$

该参数用以衡量光端机（中继器）接收部分对所接收到的光信号对功率变化的适应程度。由于该参数定义式中的 $P_{\min}$ 即为灵敏度，因此，对于该参数的测试，只需在测得灵敏度 $P_{\min}$ 的基础上再测得最大可接收功率 $P_{\max}$，即可计算得到。

$P_{\max}$ 的测试方法与测 $P_{\min}$ 一样（如图 4 - 15 所示）。测试时，减小光衰减器的衰减量，使系统处于误码状态，然后逐步调节光衰减器，增大衰减值，使系统误码率达到指定的要求为止。此时，测出相应的接收光功率即为 $P_{\max}$，然后根据式（4 - 4）即可计算出接收动态范围的值。例如，测得：$P_{\max} = 10\ \mu\mathrm{W}$，$P_{\min} = 31.6\ \mathrm{nW}$，$\mathrm{BER} = 10^{-10}$，则可算出以 dBm 为单位的灵敏度 P_r 和动态范围 D。

$$P_r = 10 \lg \frac{P_{\min}(\mathrm{mW})}{1\ \mathrm{mW}} = -45(\mathrm{dBm}), \quad D = 10 \lg \frac{P_{\max}}{P_{\min}} = 25(\mathrm{dB})$$

实验二　2M 塞绳的制作

2M 塞绳是光纤通信系统施工和维护中常用的器件。它的制作也是光纤通信系统维护人员应该掌握的一项基本技能。本实验介绍了光纤通信系统中常用的 2M 塞绳的制作方法、过程及技术要求。

(一) 实验目的

(1) 掌握 2M 塞绳的制作方法及过程。
(2) 掌握 2M 塞绳制作的技术要求。

(二) 工具与器材

同轴头、120 Ω/75 Ω 同轴线、专用压接钳、尖头烙铁和万用表。

(三) 实验步骤

(1) 选择与同轴头相匹配的同轴线。
(2) 拧开同轴头配件,将套管套到同轴线上。
(3) 确定电缆线的开剥长度(如图 4 - 16 所示)。

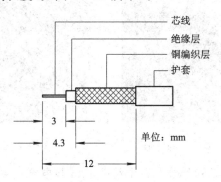

图 4 - 16　电缆剖面示意图

(4) 按图 4 - 17 所示方向将外壳、热塑管和压接管先后穿进剥好的电缆端头。

(5) 确认电缆线外径与剥线剪的孔相对应后,左手捏住线缆不动,右手将剥线剪旋转360°,如图 4 - 18 所示。

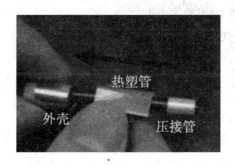

图 4 - 17　套装外壳、热塑管和压接管

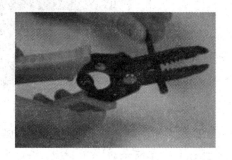

图 4 - 18　剥双层电缆线的示意图(1)

（6）确认电缆线内径与剥线剪的孔相对应，操作同上一步（如图 4 - 19 所示）。

（7）先后用手拉出第（4）步、第（5）步产生的绝缘外套（如图 4 - 20 所示）。

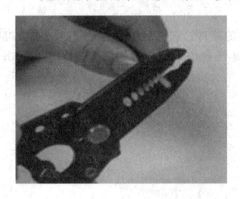

图 4 - 19　剥双层电缆线的示意图（2）

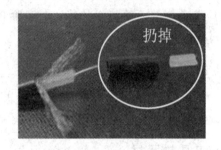

图 4 - 20　剥双层电缆线的示意图（3）

（8）按图 4 - 21 所示方向将做好的电缆线头穿入电缆头，并让电缆线的铜芯良好接触电缆头内导体焊接凹槽，同时将压接管用力推到电缆头的压接尾部。

（9）剪去图 4 - 21 中多余的铜丝，再用压接钳压紧压接管，如图 4 - 22 所示。

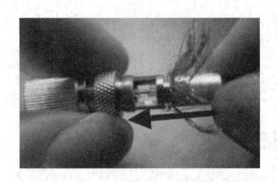

图 4 - 21　被取出绝缘塑胶管后的情形

图 4 - 22　压紧压接管

（10）用加热的电烙铁熔化锡丝，将电缆头芯线与电缆内导体焊接牢固，要求焊点饱满、圆润（如图 4 - 23 所示），使屏蔽层均匀地分布在同轴头末端的四周，套上套管，用专用压接钳压紧套管，使同轴头的末端与屏蔽层接触牢靠。

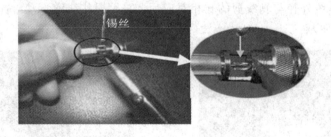

图 4 - 23　焊接电缆头和铜芯

（11）将后面的热塑管推向前，用热风枪加热直至熔化，并完全附着在电缆头压接管的表面（如图 4 - 24 所示）。

(12) 最后将电缆头的外壳推向前，并拧紧电缆头(如图 4 - 25 所示)。

(13) 重复第(4)步至第(12)步的操作，做完余下的电缆头。

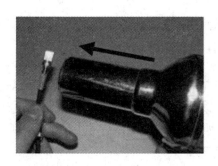
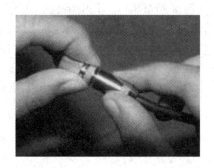

图 4 - 24　热吹热塑管　　　　　　　　　　　图 4 - 25　套装外壳

实验三　PDH 通信设备现场教学

(一) 实验目的

熟悉光端机原理，理解 PDH 通信设备的应用及发展。

(二) 工具与器材

PDH 设备、光缆(尾纤)、实验实训室(有 PDH 传输)等。

(三) 实验步骤

(1) 在教师的带领及讲解下，参观 PDH 实验实训室，了解 PDH 设备的应用。

(2) 画出 PDH 传输框图，说明其作用。

(3) 课后查询 PDH 的发展及应用，举例说明其应用。

实验四　基于 PDH 设备的语音及数据接入

(一) 实验目的

(1) 掌握光端机原理。

(2) 掌握 PDH 设备的语音及数据接入方法。

(二) 工具与器材

PDH 设备、光缆(尾纤)、PBX、电话、2M 线、计算机、网线、电话线、配线架(MDF)等。

(三) 实验步骤

(1) 将所需要的实验材料和设备准备到位。(各小组可以在满足实验的前提下，将设备分开使用。)

（2）按照图4-26、图4-27、图4-28连接并调试设备。

① 连接光端机（ODF中熔接、盘纤）。

② 局域网的连接（MDF卡线、2M线或网线的制作，设备的连接）。

③ 终端设备的连接（电话水晶头及网线的制作，设备的连接）。

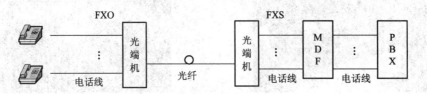

图4-26 语音接入框图（1）

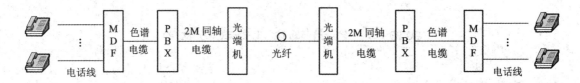

图4-27 语音接入框图（2）

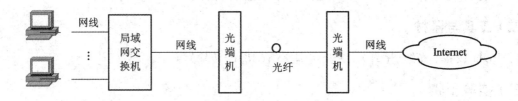

图4-28 数据接入框图

（3）验证语音和数据接入是否正常。

（4）设备连接中还需要哪些设备，请列举说明，并说明其理由。

【知识扩展】

FT-50B PDH光端机介绍

1．所有功能模块板卡可热插拔（如图4-29所示）

（1）2个可插拔的光接口卡。

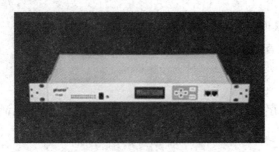

图4-29 设备面板图

（2）1 个可插拔的 4 路 E1 接口插槽，可插入阻抗为 75 Ω 或 120 Ω 的 4E1 板。

（3）可选配一个 10/100 M 以太网交换接口板（4 个 10/100 M 口），并可根据用户要求划分 VLAN。

（4）2 个可插拔的电口扩展插槽，每个插槽均可选择插入语音接口卡或数据接口卡，每块语音接口卡可提供 4 路语音，每块数据接口卡可提供 2 路高速数据接口。

（5）完善的网管平台，实现设备的参数设置和状态查询，完成通路电平、数据口速率调整。

（6）1U19 英寸标准机箱，结构紧凑。

2. 板卡说明

（1）光接口卡（OPT）。设备具备 2 个光接口卡插槽，两路光口互为备份。用户可选择插入 1 块或 2 块光接口卡。

（2）以太网卡（ETH）。FT－50B 以太网卡配置 4 路以太网接口，可划分 VLAN，本卡为可选件，用户根据应用确定是否选用。

（3）4E1 接口卡。FT－50B 4E1 接口卡配置 4 路 E1 接口，4E1 接口卡为可选件，用户根据应用确定是否选用，有 75 Ω BNC 连接和 120 Ω RJ－45 连接两种形式供选择。

（4）扩展口卡。FT－50B 机箱背面有两个扩展卡插槽，可插入扩展口。扩展卡的品种有：

① V.35 卡：每卡具有两个 V.35 接口，可提供成帧 $N \times 64$ kb/s V.35 数据口，$N=1$，2，…，31，非成帧 2.048 Mb/s。

② FXO 卡：每卡具有 4 路 FXO 接口，采用 RJ－45 插座，FXO 口接交换机用户线。

③ FXS 卡：每卡具有 4 路 FXS 接口，采用 RJ－45 插座，FXS 口接用户电话机。

④ 4 线 E&M 卡：每卡具有 4 路 E&M 接口，采用 RJ－45 插座，4 线 E&M 口接交换机模拟中继、4 线 MODEM 或音频转接。

⑤ 2E1 卡：每卡具有 2 路 E1 接口，采用 BNC 连接（75 Ω）或 RJ－45 连接（120 Ω）。

3. 特点

（1）集成度高。光、电一体，光路双备份，自动切换。4 个 10/100 M 以太网（可划分 VLAN）、2 个高速 RS－232、4 个 E1、2 个电扩展槽（可插入多种模拟或数字接口），双网管接口。

（2）智能化程度高。通过后台网管随时了解本地或远程检测设备的运转状况；设置数据口的时隙数、模拟口的收/发电平值；读取配置设备信息。

（3）可靠性高。采用先进的电路设计，模块化结构，选用低功耗、高可靠性器件，双热备份电源。

（4）网管功能强。强大的后台网管，可将指定的设备运行状况真实地显示在维护人员面前，且可方便地进行设备的参数设置。网管平台的设置可流动，多台网管可同时在同一个网内运行。

（5）配置灵活。所有的功能板卡都采用灵活配置形式，用户可根据使用需要配置 FT－50B。

（6）美观轻巧。设备机框采用全铝合金，外观美观，重量轻，强度好。

（7）功耗低。整机功耗小于 10 W（用户口无摘机或振铃）。

4. 技术参数

(1) E1 接口。

速率：2.048 Mb/s±50 ppm。

线路码型：HDB3 码，符合 G.703 标准。

抖动/漂移：满足 G.823 标准。

阻抗：Q9 / 75 Ω、RJ－48 / 120 Ω 自动适应。

(2) 以太网接口。

符合标准：IEEE 802.3。

接口速率：10 M/100 M 自适应。

工作模式：全双工/半双工自适应。

物理连接器：RJ－45。

(3) 光纤接口。

速率：150 Mb/s。

线路编码：CMI。

物理连接器：FC/SC。

波长：1310 nm / 1550 nm。

发光功率：大于－9 dB。

接收灵敏度：小于－38 dB(BER≤10^{-10})。

(4) 音频接口。

符合标准：ITU － T G.711、G.712、G.713。

(5) 网管接口。

接口：RS－232。

物理连接器：RJ－45。

(6) 供电要求。

电压选择：DC－48 V(－38 V DC～－72 V DC)。

功耗：小于 10 W。

(7) 工作环境。

工作温度：0℃～50℃。

相对湿度：95% 无冷凝。

(8) 机械参数。

外形尺寸：482.6 mm(长)×240 mm(宽)×44 mm(高)。

设备重量：5 kg。

第 5 章　SDH 光纤通信系统原理及应用

★ 本章目的

了解 PDH 系统的优势与缺点

了解 SDH 系统的特点

掌握 STM 的帧结构

掌握 SDH 复用原理、开销字节的作用以及指针的作用和工作原理

掌握波分复用的原理、结构、特点等

☆ 知识点

SDH 的帧结构、复用原理

SDH 的开销

SDH 设备的逻辑结构

SDH 设备原理

WDM、DWDM 的原理、组成及特点

光纤通信发展前期，PDH 技术曾占据了主要的市场份额。PDH 传输系统可以很好地适应点对点通信，却无法适应联网要求，也难以支持新业务的开发和现代网络管理。

公认的理想传输体制是 SDH，SDH 是同步数字体系，是 Synchronous Digital Hierarchy 的缩写。

5.1　PDH 与 SDH

5.1.1　PDH 存在的问题

以光纤为代表的大容量传输技术的进步，要求 PDH 向更高速率发展，但 PDH 暴露出了它的弱点：

（1）全世界存在三种不同的地区性数字体制标准，三者互不兼容，造成国际互通困难。这三种标准是：北美的 1.54 Mb/s—6.3 Mb/s—45 Mb/s—$N\times45$ Mb/s；日本的 1.54 Mb/s—6.3 Mb/s—32 Mb/s—100 Mb/s—400 Mb/s；欧洲的 2 Mb/s—8 Mb/s—34 Mb/s—140 Mb/s。

PDH 的复用等级和速率见表 5-1。

表 5 - 1　PDH 的复用等级和速率

	单位	基群	二次群	三次群	四次群
北美	路数	24	96	672	4032
	kb/s	1544	6312	44 736	274 176
日本	路数	24	96	480	1440
	kb/s	1544	6312	32 064	97 728
欧洲	路数	30	120	480	1920
	kb/s	2048	8448	34 368	139 264

（2）只有电接口标准，没有世界性的光接口标准规范，导致各个厂家自行开发的专用光接口大量滋生，不同厂家的设备只有转换成标准 G. 703 接口才能互通和调配电路，限制了联网应用的灵活性，也增加了网络复杂性和运营成本。

（3）目前的准同步系统是逐级复用的，其复用结构多数采用异步复用，即使用插入比特来使各支路信号与复用设备同步后复用成高速信号。当要在传输点上下电路时，需要配备背对背的各种复/分接器，就是将整个高速信号一步一步地解复用到所要的低速信号等级，再一步一步地复用至高速信号，分出/插入不灵活，且结构复杂，硬件数量大，上下业务费用高。

（4）PDH 各级信号帧中预留的开销比特很少。这是因为传统准同步网络的运行、管理和维护（OAM）大多数靠人工干预的方式完成，不需要在复用信号帧结构中安排很多维护管理比特。而今天，这种维护管理比特的缺乏已成了进一步改进网络 OAM 能力的主要障碍，使网络无法适应不断演变的电信网的要求，更难以支持新一代的网络。

（5）当速率高于五次群时，如继续采用 PDH，则难以实现。

（6）传统的准同步结构缺乏灵活性，无法提供最佳的路由选择。目前，这种建立在点到点传输基础上的技术体制无法满足转接的业务要求。一些调查结果表明，传输时需要进行转接的业务达 77%，而点到点的传输仅占 23%。

5.1.2　SDH 的技术参数与特点

1. SDH 的主要特点

（1）SDH 能容纳北美和欧洲两大准同步数字系列（或称三种地区性标准），为国际间的互通提供了方便。在同一条光纤线路上可以安装不同厂家生产的系统，即具有光纤线路的横向兼容性。在同一条光纤线路上也可以安装同厂家的设备，即具有光纤线路的纵向兼容性。

SDH 基本概念及速率

（2）SDH 统一了光接口标准，减少和简化了接口种类。

（3）SDH 复用结构使不同等级的码流在 STM 帧结构内的排列是符合规律的，而净负荷是与网络同步的。因而利用软件可以从高速信号中一次分插低速支路信号，避免了对全部高速信号进行解复用的做法，省去了全套背靠背复用设备，不仅使上下业务十分容易，而且使 DXC 的实现大大简化了。

如图 5 - 1 所示，对 PDH 和 SDH 分插信号流进行比较。由图可以看出，在传统准同步

系统中，为了从 140 Mb/s 中分出一个 2 Mb/s 支路信号，需要经过
140/34 Mb/s、34/8 Mb/s、8/2 Mb/s 三次解复用和 2/8 Mb/s、8/34
Mb/s、34/140 Mb/s 三次复用过程，而采用 SDH 分插复用器（ADM）
后，可以利用软件直接一次分出 2 Mb/s 支路信号，十分简单和方便。

SDH 优劣势

（4）帧结构中安排了比较丰富的维护管理比持，可以实现故障检
测、区段定位、端到端性能监视和单端维护等维护管理功能。

（5）SDH 信号结构的设计已经考虑了网络传输和交换应用的最佳化，因而在电信网的
各个部分（长途、市话和用户网）中，都能提供简单、经济和灵活的信号互联和管理。

（6）具有完全的前向兼容性和后向兼容性。前向兼容性是指 SDH 网与现有的 PDH 网
能完全兼容。后向兼容性是指 SDH 网能容纳各种新的业务信号，例如局域网中的光纤分
布式数据接口（FDDI）信号，城域网中的分布排队双总线（DQDB）信号，以及宽带的异步传
输模式（ATM）信元。

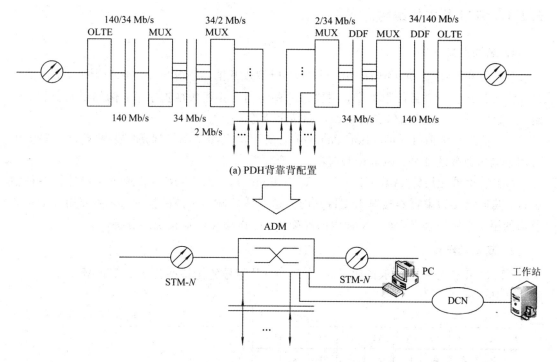

(a) PDH背靠背配置

(b) SDH使用软件实现交叉连接

图 5 - 1　PDH 和 SDH 分插信号流的比较

2. SDH 工作波长区和比特率

光同步传输网可以根据需要工作在 1310 nm 和 1550 nm 两个波长区。具体波长范围随
应用场合、选用光纤类型、传输距离等因素的变化而变化。

同步数字系列有 4 个速率等级，如表 5 - 2 所示。

STM - 1：同步传送模块 1，称为基本模块。

STM - 4：同步传送模块 4，它的速率是 STM - 1 的 4 倍。

STM - 16：1990 年增加的传送模块。它的速率是 STM - 1 的 16 倍，STM - 4 的 4 倍。

STM - 64：它的速率约为 10 Gb/s，相当于 12 万条话路。

STM - 1 和 STM - 4 是 1989 年 CCITT 通过的 C.707 建议的两个速率等级。

表 5 - 2　同步数字系列的速率等级

同步数字系列等级	比特率/(Mb/s)
STM - 1	155.520
STM - 4	622.080
STM - 16	2488.320
STM - 64	9953.280

SDH 帧结构
及组成

5.2　STM 帧结构及复用原理

5.2.1　STM 基本帧结构

1. 名词定义

（1）段开销（Section Overhead，SOH）。所谓段开销，是指 STM 帧结构中为了保证信息正常灵活运转所必需的附加字，主要是一些运行、管理和维护字节，例如误码监视、帧定位、数据通信、公务通信和自动保护倒换字节等。

（2）信息净负荷（Information Payload）。所谓信息净负荷，就是网络结点接口码流中可用于电信业务的部分，通常包括信令。

（3）管理单元指针（Administrative Unit Pointer，AU-PTR）。管理单元指针是一种指示符，其值定义为虚容器相对于支持它的传送实体的帧参考点的帧偏移，主要用来指示净负荷的第 1 个字节在 STM - N 帧内的准确位置，以便接收端正确地分接。

2. 基本帧结构

STM - 1 信号帧结构示意如图 5 - 2 所示。其信号的比特率为 155.520 Mb/s，为传送模块的基本模块。

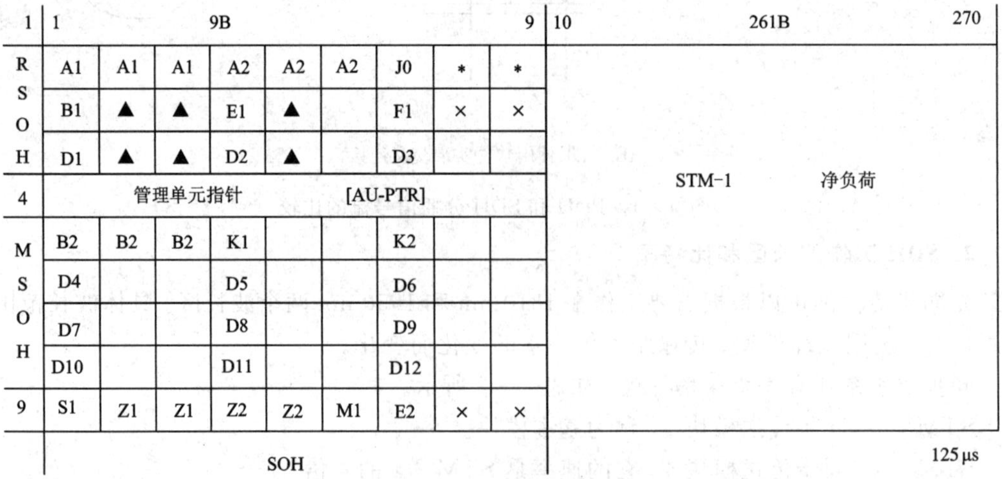

1	1						9		9	10	261B	270
R	A1	A1	A1	A2	A2	A2	J0	*	*			
S	B1	▲	▲	E1	▲		F1	×	×			
O H	D1	▲	▲	D2	▲		D3				STM-1　　净负荷	
4	管理单元指针				[AU-PTR]							
M	B2	B2	B2	K1			K2					
S	D4			D5			D6					
O H	D7			D8			D9					
	D10			D11			D12					
9	S1	Z1	Z1	Z2	Z2	M1	E2	×	×			

SOH　　　　　　　　　　　　　　　　　　　　125μs

图 5 - 2　STM - 1 帧结构和 SOH

SDH 的帧结构与 PDH 不同，它是块状帧，其最小单元为字节(B)，每字节为 8 bit。一帧由 270 列和 9 行组成，即每帧包含 270×9＝2430 B，重复周期为 125 μs。

字节的传输是从左到右按行进行的，首先由图 5-2 中左上角第 1 个字节开始，从左向右、由上而下按顺序传送，直至整个 270×9 B 都传送完毕再转入下一帧，如此一帧一帧地传送，每秒共传送 8000 帧，因此 STM-1 的传送速率为

$$9×270×8×8000 \text{ b/s}＝155.520 \text{ Mb/s}$$

1) 段开销(SOH)

STM-1 信号帧的 1～9 列中的 1～3 行和 5～9 行为段开销。段开销为 9 列×8 行，共72 B，相当于 576 bit。由于每秒传送 8000 帧，因此共有 4.608 Mb/s 的带宽可用于维护管理，可见段开销相当丰富。

段开销可分为再生段开销(RSOH)和复用段开销(MSOH)。RSOH 既可在线路终端设备上接入也可在再生器上接入，MSOH 透明通过再生器并终止在 AUG(管理单元组)的集散点，即只能在终端设备接入。表 5-3 说明了 SOH 各字节的作用。在 3×9B 的 RSOH 区和 5×9B 的 MSOH 区，标有"×"的字节留待国内使用，未标记的字节供今后国际标准化的其他用途(如传输媒介及方向识别等)。

表 5-3　SOH 各字节功能说明

	字　节	功　　能
RSOH	A1、A2	A1、A2 用来识别帧的起始位置。A1、A2 有确定的二进制数值。A1 为 11110110，A2 为 00101000
	B1	B1 用作再生段误码在线监测，采用比特间插奇偶校验 8 位码，简称(BIP-8)
	J0	再生段踪迹字节 J0 重复发送一个代表某接入点的标志，从而使再生段的接收端能够确认是否与发送端处于持续的连接状态
	D1～D3	用于再生段传送运行、管理和维护信息，可提供速率为 192 kb/s 的通道
	E1	用于再生段公务联络，提供一个 64 kb/s 通路
	F1	为网络运营者提供一个 64 kb/s 通路，为特殊维护目的提供临时的数据/话音通道
MSOH	B2	复用段误码监视字节，为 BIP-24 校验。对前一个扰码后的 STM 帧中除再生段开销以外的所有比特作 BIP-24 运算，将结果放在当前 STM 帧扰码前的 B2 字节处
	D4～D12	复用段数据通信通路。传送复用段运行、管理和维护信息的传送通道，可提供速率为 576 kb/s 的通道
	E2	用于复用段公务联络，只能在含有复用段终端功能的设备上接入或分出，提供 64 kb/s 通路
	K1	自动保护倒换(APS)通路。K1(b1～b4)指示倒换请求的原因，K1(b5～b8)指示倒换请求的工作系统序号
	K2	APS 和告警字节。K2(b1～b5)指示复用段接收侧备用系统倒换开关桥接的工作系统序号。K2(b6～b8)指示复用段远端缺陷指示字节
	S1	同步状态字节
	Z1、Z2	备用。功能未定义
	M1	复用段远端误码块字节

2）信息净负荷

信息净负荷就是网络结点接口码流中可用于电信业务的部分。对于 STM-1 而言，图 5-2 中右边 261 列×9 行共 2349 B 都属于净负荷区域。

现在来看一下 C-4 帧结构中的每一行结构。C-4 帧由 9 行×260 列组成，每行 260 字节块，如图 5-3 所示。

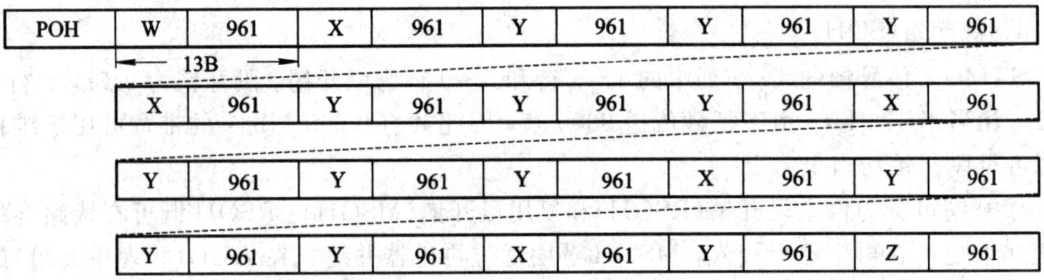

POH	W	961	X	961	Y	961	Y	961	Y	961

←— 13B —→

X	961	Y	961	Y	961	X	961

Y	961	Y	961	Y	961	X	961	Y	961

Y	961	Y	961	X	961	Y	961	Z	961

图 5-3 C-4 帧结构中的每一行结构

（1）结构中的每一行有 5 种类型的比特，分别为：

· 信息比特，用 I 表示；

· 固定填充比特，用 R 表示；

· 备用开销比特，用 O 表示；

· 码速调整填充比特，用 S 表示；

· 码速调整控制比特，用 C 表示。

（2）行中每个字节的第 1 比特分别装入 W、Y、X、Z。行中第 1 字节的第 1 比特总是放置 W。行中最后一个字节的第 1 比特总是放置 Z，里面有信息比特、固定填充比特和码速调整填充比特。中间字节的第 1 比特交替放置 X 和 Y。X 里面含有码速调整控制比特、固定填充比特和备用开销比特，Y 放置的全是固定填充比特。

（3）W、Z、X、Y 字节的组成介绍如下：

· W 由 8 个信息比特组成（W=IIIIIIII）；

· Z 由 6 个信息比特、1 个码速调整填充比特和 1 个固定填充比特组成（Z=IIIIIISR）；

· X 由 1 个码速调整控制比特、5 个固定填充比特和 2 个备用开销比特组成（X=CRRRRROO）；

· Y 由 8 个固定填充比特组成（Y=RRRRRRRR）。

（4）13 字节中的后 12 字节放置的都是信息比特，共有 20×12 字节，所以有 12×8×20=1920 bit。另外 Z 中含有 6 比特信息，再加上 W 的信息，总信息比特数为 1934 bit。

（5）每行中有 5 个 X 字节，每个 X 字节有 1 个码速调整控制比特，所以 1 行共有 5 个码速调整控制比特 C。码速调整填充比特放在 Z 中，1 行 1 个 Z 字节，所以 1 行具有 1 个调整填充比特（S）。

C-4 的净负荷为 9×260×8 bit=18 720 bit，C-4 净负荷的分配如表 5-4 所示。

装入 C-4 的标称速率为 149.1670 Mb/s，将信号装入 C-4 时，允许信号速率变化为 (139 264-16)～(139 264+56)kb/s，即其速率可在 139 248～139 320 kb/s 之间变化。

表 5 - 4　C - 4 净负荷的分配表

参数 \ 类别	计算关系	比特数
信息比特(I)	1934×9	17 406
码速调整控制比特(C)	5×9	45
码速调整填充比特(S)	1×9	9
备用开销比特(O)	10×9	90
固定填充比特(R)	130×9	1170

3) 管理单元指针

STM - 1 信息帧的 1~9 列中的第 4 行用作管理单元指针。

STM - 1 实际上是一个带有线路终端功能的准同步数字复用器，它将 63 个 2 Mb/s 信号或 3 个 34 Mb/s 信号或 1 个 140 Mb/s 信号复用或适配为 155 520 kb/s 信号（简称 155 Mb/s），在 155 Mb/s 信号帧中预留了相当多的开销比特，从 155 Mb/s 往上则完全采用同步字节复用，从而形成速率为 622 080 kb/s 的 STM - 4 和速率为 2 488 320 kb/s 的 STM - 16，更高速率的 STM - N 尚待标准化。

5.2.2　STM - N 的帧结构

STM - N 传送模块由 N 个 STM - 1 组成，将 N 个 STM - 1 帧按字节间插同步复用组成帧长为 270×N 列×9 行，即 9×270N 个字节的 STM - N 帧。目前，N 只能取 1、4、16 和 64。STM - N 的帧结构如图 5 - 4 所示。

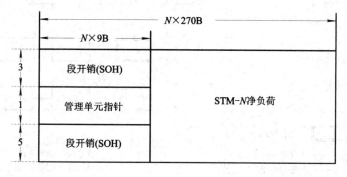

图 5 - 4　STM - N 的帧结构

5.2.3　STM 复用原理

1. 基本复用结构

1) STM - 1 复用结构

SDH 的复用包括两种情况：一种是由 STM - 1 信号复用成 STM - N 信号；另一种是由 PDH 支路信号（例如 2 Mb/s、34 Mb/s、140 Mb/s）复用成 SDH 信号 STM - N。

第一种情况是通过字节间插的同步复用方式来完成的，复用的基数是 4，即 4×STM - 1

→STM-4，4×STM-4→STM-16。在复用过程中保持帧频不变（8000 帧/秒），这就意味着高一级的 STM-N 信号是低一级的 STM-N 信号速率的 4 倍。在进行字节间插复用过程中，各帧的信息净负荷和指针字节按原值进行字节间插复用。在同步复用形成的 STM-N 帧中，STM-N 的段开销并不是所有低阶 STM-N 帧中的段开销间插复用而成的，而是舍弃了某些低阶帧中的段开销。

　　第二种情况就是将各级 PDH 支路信号复用进 STM-N 信号中去。SDH 网的兼容性要求 SDH 的复用方式既能满足异步复用（例如将 PDH 支路信号复用进 STM-N），又能满足同步复用（例如 STM-1→STM-4），而且能方便地由高速 STM-N 信号分/插出低速信号，同时不造成较大的信号时延和滑动损伤，这就要求 SDH 需采用自己独特的一套复用步骤和复用结构。在这种复用结构中，通过指针调整定位技术来校正支路信号频差和实现相位对准，各种业务信号复用进 STM-N 帧的过程都要经历映射（相当于信号打包）、定位（伴随与指针调整）、复用（相当于字节间插复用）三个步骤。

SDH 复用方式

　　ITU-T 规定的复用路线如图 5-5 所示。

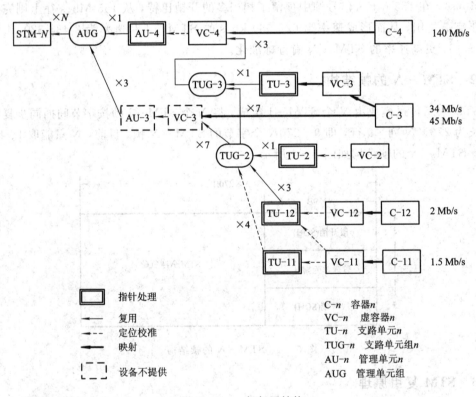

图 5-5　一般复用结构

复用过程的要点如下：

（1）将异步信号映射进容器。容器（Container）是一种信息结构，主要完成适配等功能。在容器单元里可以用增加冗余码速调整和加入调整控制比特等方法，将异步信号变为同步信号。

CCITT 建议 G.709 规定了 5 种标准容器：

• C-11：对应速率为 1544 kb/s。

· C - 12：对应速率为 2048 kb/s。

· C - 2：对应速率为 6312 kb/s。

· C - 3：对应速率为 34 368 kb/s 和 44 736 kb/s。

· C - 4：对应速率为 139 264 kb/s。

（2）构成虚容器（VC）。由标准容器出来的信号加上通道开销构成虚容器（Virtual Container, VC）。VC 是 SDH 中最重要的一种信息结构，其功能是支持通道连接。VC 的包封速率是与网络同步的，因而不同速率的包封是互相同步的，包封内部却允许装载各种不同容量的准同步支路信号。VC 在 SDH 网中传输时总是保持完整不变的，它作为一个独立的实体在通道中任一点取出或插入，进行同步复用或交叉连接，十分灵活方便。

（3）形成管理单元（AU）。管理单元（Administrative Unit, AU）也是一种信息结构，它提供适配功能。AU 与 VC 的不同在于前者多了指针，也就是说，AU 等于高阶 VC 加上 AU-PTR。指针用来指明高阶 VC 在 STM - N 帧内的位置。高阶 VC 在 STM - N 帧内的位置是浮动的，但 AU-PTR 本身在 STM - N 帧内的位置是固定的。

（4）形成管理单元组（AUG）。由若干个 AU - 3 或单个 AU - 4 按字节间插方式，就可组成管理单元组（Administrative Unit Group, AUG）。

（5）加入段开销形成 STM - 1。在 AUG 的基础上加入段开销就可以形成 STM - 1。段开销（SOH）包括再生段开销（RSOH）和复用段开销（MSOH）。

（6）N 个 AUG 形成 STM - N。N 个 AUG 复用进 STM - N 的安排如图 5 - 6 所示。AUG 由 9 行 261 列的净负荷加上第 4 行的 9 个字节（为 AU 指针）组成。从 N 个 AUG 复用进 STM - N 帧是通过字节间插方式完成的，且 AUG 相对于 STM - N 帧来说具有固定的相位关系。

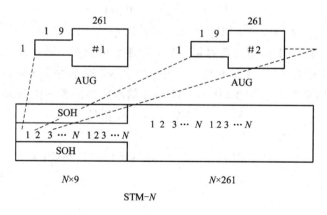

图 5 - 6　将 N 个 AUG 帧映射进 STM - N

2）适用于我国的复用结构

在图 5 - 5 中从一个有效负荷到 STM - N 的复用路线不是唯一的，有多条路线（也就是说有多种复用方法）。例如：2 Mb/s 的信号有两条复用路线，也就是说可用两种方法复用成 STM - N 信号。须说明，8 Mb/s 的 PDH 支路信号是无法复用成 STM - N 信号的。

尽管一种信号复用成 SDH 的 STM - N 信号的路线有多种，但我国的光同步传输网技术体制规定了以 2 Mb/s 信号为基础的 PDH 系列作为 SDH 的有效负荷，并选用 AU - 4 的复用路线，其结构如图 5 - 7 所示。

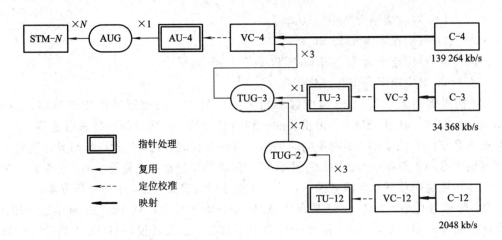

图 5 - 7　适用于我国的复用结构

2. STM - 1 信号的形成

1) 4 次群信号复用到 STM - 1

（1）标称速率为 139.264 Mb/s 的 4 次群信号进入 C - 4 容器，经速率调整后，C - 4 的标称速率为 149.760 Mb/s。

C - 4 是块状结构，由 9 行 × 260 列组成，如图 5 - 8 所示，字节数为 2340 B，每个字节 8 bit，取样频率为 8 kHz，所以，C - 4 的标称速率为 $9 \times 260 \times 8 \times 8$ kb/s＝149.760 Mb/s。

（2）C - 4 加上每帧 9 个字节的 POH（相当于 576 kb/s）后便成了 VC - 4(150.336 Mb/s)，如图 5 - 9 所示。

$$VC - 4 ＝ C - 4 ＋ POH$$

即 VC - 4 的标称速率为 149.760 Mb/s＋0.576 Mb/s＝150.336 Mb/s。

（3）VC - 4 与 AU - 4 的净负荷容量一样，但速率可能不一致，需调整。AU 指针的作用就是指明 VC - 4 相对 AU - 4 的相位，它占 9 个字节，速率为 576 kb/s。于是，考虑 AU 指针后的 AU - 4 速率为 150.912 Mb/s。AU - 4 的组成如图 5 - 10 所示。

$$AU - 4 ＝ VC - 4 ＋ AU 指针$$

即速率为

$$150.336 \text{ Mb/s} ＋ 0.576 \text{ Mb/s} ＝ 150.912 \text{ Mb/s}$$

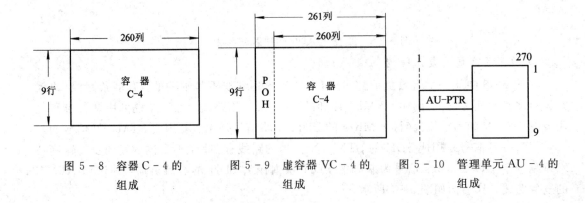

图 5 - 8　容器 C - 4 的　　　图 5 - 9　虚容器 VC - 4 的　　图 5 - 10　管理单元 AU - 4 的
　　　　组成　　　　　　　　　　　　组成　　　　　　　　　　　　组成

(4) N 个 AUG 经字节间插并加上段开销(SOH)便构成了 STM - N 信号。当 N 为 1 时，一个 AUG(150.912 Mb/s)加上速率为 4.608 Mb/s 的 SOH 后就构成了 STM - 1，其标称速率为 155.520 Mb/s。这里的开销包括再生段开销(RSOH)和复用段开销(MSOH)。RSOH 为 $3×9$ bit，MSOH 为 $5×9$ bit，所以开销速率为 $(3×9+5×9)×8×8$ kb/s = 4.608 Mb/s。

$$STM - 4 = AU - 4 + RSOH + MSOH$$

标称速率为 150.912 Mb/s+4.608 Mb/s=155.520 Mb/s。

2) 由三次群信号(34 368 kb/s)形成 STM - 1

(1) 将 34 368 kb/s 装入容器 C - 3 中。C - 3 的帧结构由 9 行×84 列净负荷组成，如图 5 - 11 所示，每帧周期为 125 μs，净负荷又分为 3 个子帧 T1、T2、T3。C - 3 容器为 756 B，速率为 $9×84×64$ kb/s=48 384 kb/s。

(2) 由容器 C - 3 加上 9 个通道开销字节组成虚容器 VC - 3，VC - 3 由 9 行×85 列组成，如图 5 - 12 所示。VC - 3 的速率为 48 384 kb/s+$9×8×8$ kb/s=48 384 kb/s+576 kb/s=48 960 kb/s。

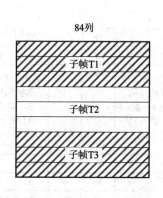

图 5 - 11　容器 C - 3 的组成

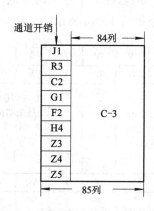

图 5 - 12　虚容器 VC - 3 的组成

(3) 由 VC - 3 加入指针组成 TUG - 3，它是 9 行×86 列的块状结构，如图 5 - 13 所示。其速率为 $9×86×64$ kb/s=49 536 kb/s。

(4) 由 3 个 TUG - 3 复用组成 VC - 4，如图 5 - 14 所示，由 9 行×261 列组成。速率为 $9×261×64$ kb/s=150.336 Mb/s。

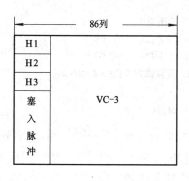

图 5 - 13　TUG - 3

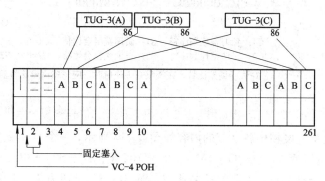

图 5 - 14　3 个 TUG - 3 复用组成 VC - 4

3) 2048 kb/s 信号形成 STM-1

(1) 将异步的 2 Mb/s PDH 信号经过正/零/负速率调整装载到标准容器 C-12 中。为了便于速率的适配采用了复帧的概念，即将 4 个 C-12 基帧组成一个复帧。C-12 的基帧帧频也是 8000 帧/秒，其复帧的帧频就成了 2000 帧/秒。在此，C-12 采用复帧不仅是为了码速调整，更重要的是为了适应低阶通道(VC-12)开销的安排。

若 E1 信号的速率是标准的 2.048 Mb/s，那么装入 C-12 时正好是每个基帧装入 32 个字节(256 比特)的有效信息。但当 E1 信号的速率不是标准速率 2.048 Mb/s 时，那么装入每个 C-12 的平均比特数就不是整数。例如：E1 速率是 2.046 Mb/s 时，那么将此信号装入 C-12 基帧时平均每帧装入的比特数是 $(2.046 \times 10^6 \text{ b/s})/(8000 \text{ 帧/秒}) = 255.75 \text{ bit}$ 有效信息，比特数不是整数，因此无法进行装入。若此时取 4 个基帧为一个复帧，那么正好一个复帧装入的比特数为 $(2.046 \times 10^6 \text{ b/s})/(2000 \text{ 帧/秒}) = 1023 \text{ bit}$，可在前三个基帧每帧装入 256 bit(32 字节)有效信息，在第 4 帧装入 255 bit 的有效信息，这样就可将此速率的 E1 信号完整地适配进 C-12 中去。其中第 4 帧中所缺少的 1 个比特是填充比特。C-12 基帧结构是 34 个字节的带缺口的块状帧，4 个基帧组成一个复帧，C-12 复帧结构和字节安排如图 5-15 所示。

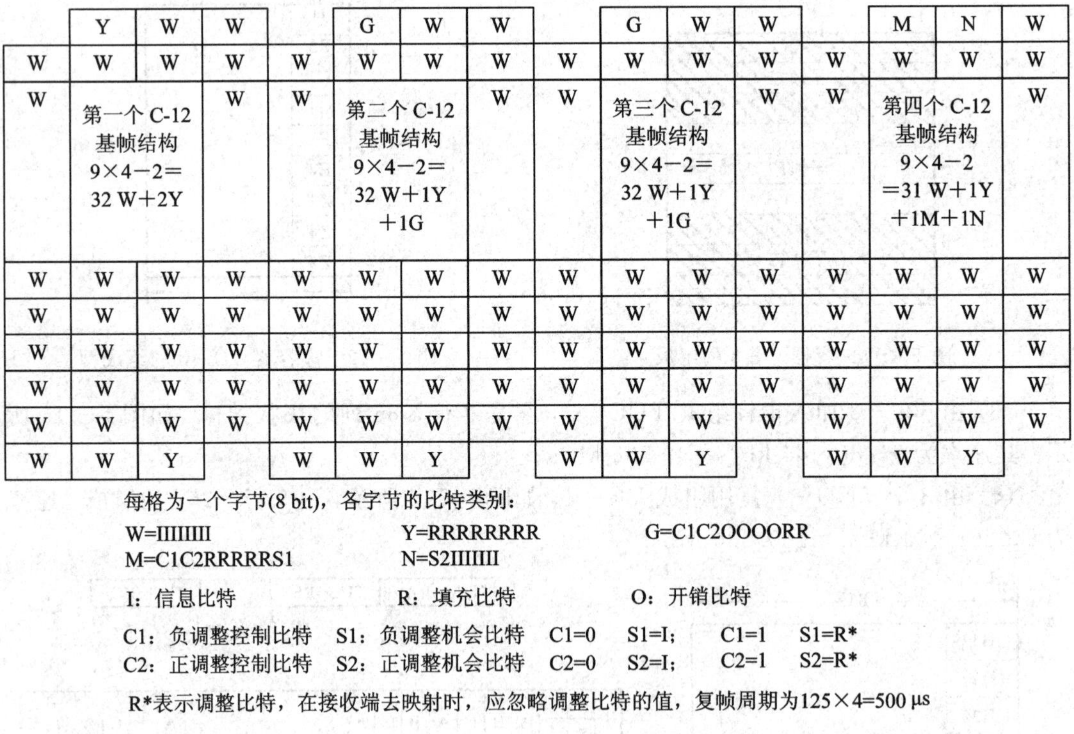

每格为一个字节(8 bit)，各字节的比特类别：

W=IIIIIIII　　　　　　　Y=RRRRRRRR　　　　　　G=C1C2OOOORR

M=C1C2RRRRRS1　　　　N=S2IIIIIII

I：信息比特　　　　　　R：填充比特　　　　　　O：开销比特

C1：负调整控制比特　　S1：负调整机会比特　　C1=0　　S1=I；　　C1=1　　S1=R*

C2：正调整控制比特　　S2：正调整机会比特　　C2=0　　S2=I；　　C2=1　　S2=R*

R*表示调整比特，在接收端去映射时，应忽略调整比特的值，复帧周期为 125×4=500 μs

图 5-15 C-12 复帧结构和字节安排

复帧中各字节的内容如图 5-15 所示，一个 C-12 复帧共有 4×(9×4-2)=136 字节＝127W+5Y+2G+1M+1N＝(1023I+S1+S2)+3C1+49R+80＝1088 bit，其中 C1、C2 分别为负、正调整控制比特，而 S1、S2 分别为负、正调整机会比特。当 C1C1C1＝000 时，

S1 为信息比特 I；而 C1C1C1＝111 时，S1 为填充比特 R。同样，当 C2C2C2＝000 时，S2＝I；而 C2C2C2＝111 时，S2＝R，由此实现了速率的正/零/负调整。

C-12 复帧可容纳有效信息负荷的允许速率范围是

$$C-12 \text{ 复帧}(max)＝(1024＋1)\times2000＝2.050 \text{ Mb/s}$$

$$C-12 \text{ 复帧}(min)＝(1024－1)\times2000＝2.046 \text{ Mb/s}$$

也就是说当 E1 信号适配进 C-12 时，只要 E1 信号速率范围在 2.046～2.050 Mb/s 的范围内，就可以将其装载进标准的 C-12 容器中，也就是说可以经过码速调整将其速率调整成标准的 C-12 速率 2.176 Mb/s。

（2）为了在 SDH 网的传输中能实时监测任一个 2 Mb/s 通道信号的性能，需将 C-12 再加上相应的通道开销（低阶），使其成为 VC-12 的信息结构。此处低阶通道开销是加在每个基帧左上角的缺口上的，一个复帧有一组低阶通道开销，共 4 个字节：V5、J2、Z6、Z7。它们分别加在上述 4 个缺口处。因为 VC 在 SDH 传输系统中是一个独立的实体，因此我们对 2 Mb/s 的业务的调配都是以 VC-12 为单位的。一个 VC-12 的速率是 $8\times35\times8000$ b/s＝2.24 Mb/s。

一组通道开销监测的是整个一个复帧在网络上传输的状态，一个 C-12 复帧循环装载的是 4 帧 PCM30/32 的信号，因此，一组 LP-POH 监控和管理的是 4 帧 PCM30/32 信号的传输。

（3）为了使接收端能正确定位 VC-12 的帧，在 VC-12 复帧的 4 个缺口上再加上 4 个字节（V1～V4）的开销，就形成了 TU-12 信息结构（完整的 9 行×4 列），如图 5-16 所示。V1～V4 就是 TU-PTR，它指示复帧中第一个 VC-12 的首字节在 TU-12 复帧中的具体位置。TU-12 帧速率为 $8\times36\times8000$ b/s＝2.304 Mb/s。

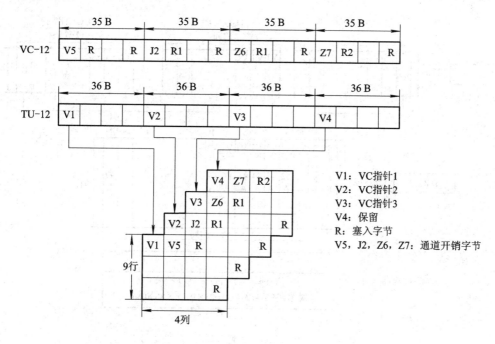

图 5-16　从 VC-12 到 TU-12

（4）3 个 TU - 12 经过字节间插复用合成 TUG - 2，如图 5 - 17 所示，此时的帧结构是 9 行×12 列。TUG - 2 速率为 2.304 Mb/s×3＝6.912 Mb/s。

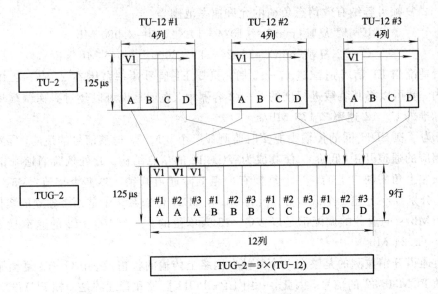

图 5 - 17　TU - 12 到 TUG - 2 的复用

（5）由 7 个 TUG - 2 进行交替复接，组成更高一级的支路单元组 TUG - 3，如图 5 - 18 所示。写成公式为

$$TUG - 3＝7×(TUG - 2)＋2$$

此时速率变为：86×9×8×8000 b/s＝49.536 Mb/s。

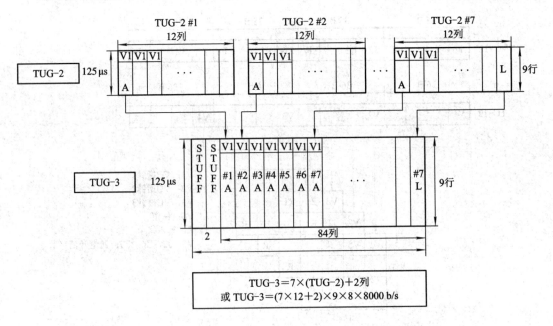

图 5 - 18　由 TUG - 2 到 TUG - 3 的复用

(6) 由 3 个 TUG - 3 进行交替复接，并加入通道开销(POH)，组成高阶虚容器 VC - 4，如图 5 - 19 所示。写成公式为

$$VC - 4 = 3 \times (TUG - 3) + POH + 2$$

它有 9 行 261 列，所以此时速率变为：$261 \times 9 \times 8 \times 8000$ b/s $= 150.336$ Mb/s。

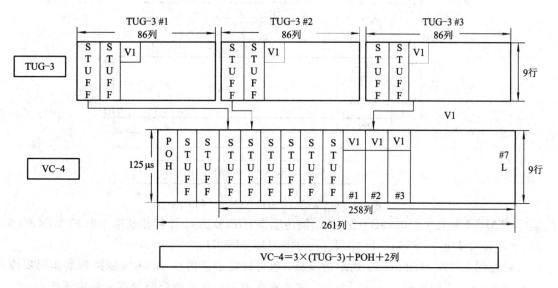

图 5 - 19　从 TUG - 3 到 VC - 4 的复用

(7) 由高阶虚容器 VC - 4 加上 AU 指针便形成管理单元组 AU - 4，如图 5 - 20 所示。AU 指针用于指示 VC - 4 将来在上一阶同步单元中的位置，指针为 9B，VC - 4 为 2349B(261×9)，所以，AU - 4 的速率为：$(2349 + 9) \times 8 \times 8000$ b/s $= 150.912$ Mb/s。

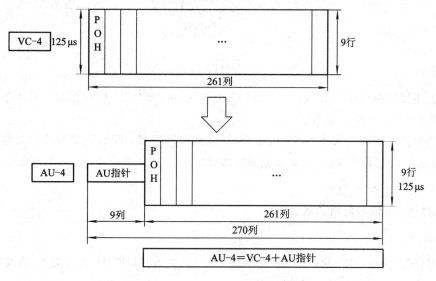

图 5 - 20　从 VC - 4 到 AU - 4 的映射

(8) 由 AU - 4 加上中继段开销(RSOH)和复用段开销(MSOH)，便形成基本同步传送模块 STM - 1，如图 5 - 21 和 5 - 22 所示。

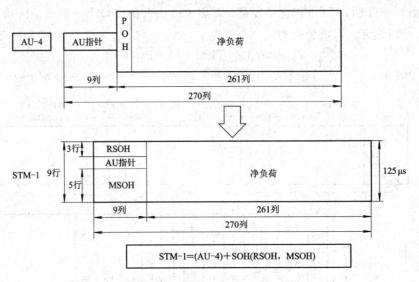

图 5 - 21　从 AU - 4 到 STM - 1 的复用

STM - 1 帧长＝270×9B＝2430B，帧传输率＝8000 b/s，比特传送率＝2430×8×8000 b/s＝155.52 Mb/s，STM - 1＝AU - 4＋RSOH＋MSOH。

经过图 5 - 21 和图 5 - 22 所示的步骤，就可以将语音信号 64 kb/s 变换到基本同步传送模块 STM - 1 的速率 155.52 Mb/s，这个速率就是信息高速公路使用的基本速率。

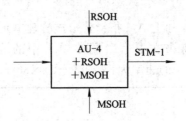

图 5 - 22　从 AU - 4 到 STM - 1

从上述复用路线中可看出，一个 STM - 1 可承载 63 个 2 Mb/s 信号，或 3 个 34 Mb/s 信号，或 1 个 140 Mb/s 信号。

某些业务可能需要大于 C - 2 而小于 C - 3 的中间容量，例如数字图像和大容量专线业务等，此时可以将若干 TU - 2 级联起来形成 TU - 2 - mC（即 m 个 TU - 2 级联），以便传送容量大于 C - 2 的净负荷。

3. 映射、定位和复用的概念

1）映射

映射（Mapping）是一种在 SDH 网络边界处（例如 SDH/PDH 边界处），将支路信号适配进虚容器的过程。例如，将各种速率（140 Mb/s、34 Mb/s、2 Mb/s 和 45 Mb/s）PDH 支路信号先经过码速调整，分别装入各自相应的标准容器 C 中，再加上相应的通道开销，形成各自相应的虚容器（VC）的过程，称为映射。映射的逆过程称为去映射或解映射。

为了适应各种不同的网络应用情况，有异步、比特同步、字节同步三种映射方法与浮动 VC 和锁定 TU 两种映射模式。

(1) 异步映射。异步映射是一种对映射信号的结构无任何限制(信号有无帧结构均可)，也无需与网络同步(例如 PDH 信号与 SDH 网不完全同步)，利用码速调整将信号适配进 VC 的映射方法。在映射时通过比特塞入形成与 SDH 网络同步的 VC 信息包；在解映射时，去除这些塞入比特，恢复出原信号的速率，也就是恢复出原信号的定时。因此低速信号在 SDH 网中传输有定时透明性，即在 SDH 网边界处收发两端的此信号速率相一致(定时信号相一致)。

此种映射方法可从高速信号(STM – N)中直接分/插出一定速率级别的低速信号(例如 2 Mb/s、34 Mb/s、140 Mb/s)。因为映射的最基本的不可分割单位是这些低速支路信号，所以分/插出来的低速信号的最低级别也就是相应的这些速率级别的支路信号。

目前我国实际应用情况是：2 Mb/s 和 34 Mb/s PDH 支路信号都采用正/零/负码速调整的异步映射方法；45 Mb/s 和 140 Mb/s 则都采用正码速调整的异步映射方法。

(2) 比特同步映射。比特同步映射对支路信号的结构无任何限制，但要求低速支路信号与网络同步，无需通过码速调整即可将低速支路信号装入相应的 VC。注意：VC 时刻都是与网络同步的。原则上讲，此种映射方法可从高速信号中直接分/插出任意速率的低速信号，因为在 STM – N 信号中可精确定位到 VC。由于此种映射是以比特为单位的同步映射，因此在 VC 中可以精确定位到用户所要分/插的低速信号具体的那一个比特的位置上。这样理论上就可以分/插出所需的比特，由此根据所需分/插的比特不同，可上/下不同速率的低速支路信号。异步映射将低速支路信号定位到 VC 一级就不能再深入细化地定位了，所以拆包后只能分出与 VC 速率级别相应的低速支路信号。比特同步映射类似于将以比特为单位的低速信号(与网同步)复用进 VC 中，在 VC 中每个比特的位置是可预见的。

目前我国实际应用情况是：不采用比特同步映射方法。

(3) 字节同步映射。字节同步映射是一种要求映射信号具有以字节为单位的块状帧结构，并与网同步，无需任何速率调整即可将信息字节装入 VC 内规定位置的映射方式。在这种情况下，信号的每一个字节在 VC 中的位置是可预见的(有规律性)，也就相当于将信号按字节间插方式复用进 VC 中，那么从 STM – N 中可直接下 VC，而在 VC 中由于各字节位置的可预见性，于是可直接将指定的字节提取出来。所以，此种映射方式可以直接从 STM – N 信号中上/下 64 kb/s 或 N×64 kb/s 的低速支路信号。

目前我国实际应用情况是：只在将 64 kb/s 交换功能也设置在 SDH 设备中的少数情况下，2M kb/s 信号才采用锁定模式的字节同步映射方法。

(4) 浮动 VC 模式。浮动 VC 模式是指 VC 净负荷在 TU 内的位置不固定，由 TU-PTR 指示 VC 起点的一种工作方式。它采用 TU-PTR 和 AU-PTR 两层指针来容纳 VC 净负荷与 STM – N 帧的频差和相差，引入的信号时延最小(约 $10 \mu s$)。

采用浮动模式时，VC 帧内可安排 VC-POH，可进行通道级别的端对端性能监控。前述三种映射方法都能以浮动模式工作。前面讲的映射方法：2 Mb/s、34 Mb/s、140 Mb/s 映射进相应的 VC，就是异步映射浮动模式。

异步映射浮动模式最适用于异步/准同步信号映射，包括将 PDH 信号映射进 SDH 通道的应用，它能直接上/下低速 PDH 支路信号，但是不能直接上/下 PDH 支路中的 64 kb/s

信号。异步映射接口简单，引入映射时延少，可适应各种结构和特性的数字信号，是一种当前最通用的映射方式，也是 PDH 向 SDH 过渡期内必不可少的一种映射方式。当前各厂家的设备绝大多数采用的是异步映射浮动模式。浮动字节同步映射接口复杂但能直接上/下 64 kb/s 和 $N \times 64$ kb/s 信号，主要用于不需要一次群接口的数字交换机互连和两个需直接处理 64 kb/s 和 $N \times 64$ kb/s 业务的节点间的 SDH 连接。

PDH 各级速率的信号和 SDH 复用中的信息结构的一一对应关系：

2 Mb/s—C-12—VC-12—TU-12

34 Mb/s—C-3—VC-3—TU-3

140 Mb/s—C-4—VC-4—AU-4

通常在指 PDH 各级速率的信号时，也可用相应的信息结构来表示，例如用 VC-12 表示 PDH 的 2 Mb/s 信号。

2）定位

定位（Alignment）是一种当支路单元或管理单元适配到它的支持层帧结构时，将帧偏移量收进支路单元或管理单元的过程。它依靠 TU-PTR 或 AU-PTR 功能来实现。定位校准总是伴随指针调整事件同步进行的。

3）复用

复用（Multiplex）是一种使多个低阶通道层的信号适配进高阶通道层（例如 TU-12（×3）→TUG-2（×7）→TUG-3（×3）→VC-4），或把多个高阶通道层信号适配进复用段层的过程（例如 AU-4（×1）→AUG（×N）→STM-N）。复用的基本方法是将低阶信号按字节间插后再加上一些塞入比特和规定的开销形成高阶信号，这就是 SDH 的复用。在 SDH 映射复用结构中，各级的信号都取了特定的名称，例如 TU-12、TUG-2、VC-4 和 AU-4 等。复用的逆过程称为解复用。

4. STM-N 信号的形成

SDH 还有更高的速率，即 STM-4、STM-16、STM-64 所使用的速率 622.08 Mb/s（相应于 7680 路）、2488.320 Mb/s（相应于 30 720 路）、9953.280 Mb/s。以 STM-1 的速率 155.52 Mb/s 为基础形成更高的速率是很容易的。

1）STM-4 的形成

由 4 个 STM-1 进行字节交替复用便可以组成 STM-4，如图 5-23 所示。STM-4=4×（STM-1）且速率变为 4×155.520＝622.08 Mb/s。

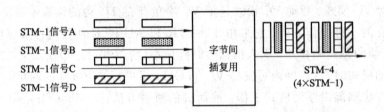

图 5-23 STM-4 的形成

2）STM - 16 的形成

STM - N 信号的形成可以有两种途径：一种是直接由 N 个 STM - 1 信号复接组成；另一种是首先由 M 个 STM - 1 信号构成 STM - M 信号，再由 N/M 个 STM - M 信号构成 STM - N 信号。当 N=16，M=4 时，使用第一种方法，则由 16 个 STM - 1 进行字节交替复接就可以组成 STM - 16；使用第二种方法，则先由 4 个 STM - 1 构成 STM - 4，再由 4 个 STM - 4 构成 STM - 16，如图 5 - 24 所示。STM - 16 信号的速率为 2488.320 Mb/s。

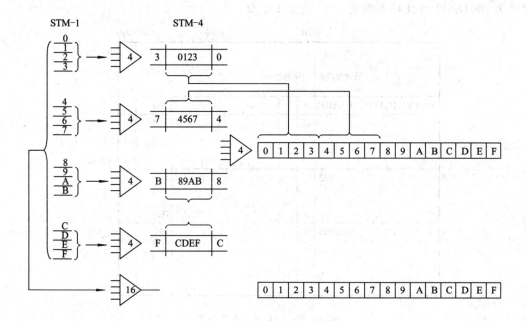

图 5 - 24　STM - 16 的形成

5. 指针

指针是一种指示符，其值定义为虚容器相对于支持它的传送实体的帧参考点的帧偏移。

指针是同步数字复接设备的一种特有设置，它使设备具有更大的灵活性，方便实现上/下话路和系统同步等。指针的作用如下：

· 当网络处于同步工作状态时，指针用于进行同步信号之间的相位校准。网络处于同步工作状态时，SDH 的网元工作在相同的时钟下，从各个网元发出的数据传输到整个网元时，各个信号所携带的网元时钟的工作频率是相同的，所以无须速率适配。但是，从瞬时上看，可能忽快忽慢，因而需要进行相位校准。

· 当网络失去同步时，指针用作频率和相位校准；当网络处于异步工作时，指针用作频率跟踪校准。网络失去同步或异步工作时，不同网元工作于有频差的状态，需要频率校准，瞬时来看就是相位往单一方向变化，即单调增加或减小，频率校准伴随相位校准。

· 指针还可以用来容纳网络中的相位抖动漂移。抖动和漂移可以看成容器（AU）和净荷（VC）之间的瞬时相位差，指针调整可以改变这种相位关系。

指针的类型主要有管理单元指针（AU 指针）、支路单元指针（TU 指针）和 TU - 1/TU - 2 指针。

1) 管理单元指针（AU 指针）

这里我们先讨论 AU-4 指针。AU-4 指针提供了 AU-4 帧中灵活和动态的 VC-4 定位方法。动态定位点意味着允许 VC-4 在 AU-4 帧内浮动。于是指针不仅能适应 VC-4 和 SOH 的相位差，而且也能适应其帧速率的差异。

（1）AU-4 指针位置。如图 5-25 所示，AU-4 占用 STM-1 帧结构中的第 4 行前 9 列，AU-4 指针包含在 H1、H2、H3 字节中。H1、H2 分别占用 1B，H3 占用 3B。图中 Y 字节为 1001SS11（S 比特不规定），1* 为全 1 字节。

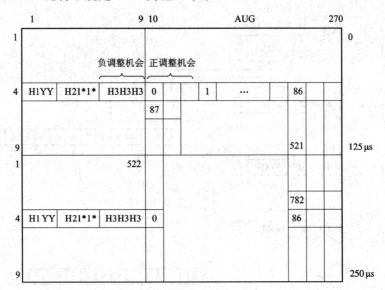

图 5-25 AU-4 指针位置

（2）AU 指针功能分配。AU 指针有三种字节，即 H1、H2、H3 字节。H1、H2 字节主要用于指示指针值，H3 字节用于码速调整。具体的分配如图 5-26 所示。

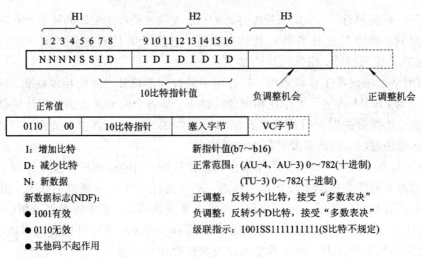

图 5-26 AU/TU-3 指针功能分配

在正常工作情况下，H1、H2 的 16 个比特分配为：

1 ～ 4 比特——称为 N 比特，用于新数据标志，记为 NDF；

5 ～ 6 比特——称为 S 比特，用于表示 AU/TU 类型；

7 ～ 16 比特——称为 ID 比特，用于载入指针值。

（3）AU 指针的取值。H1、H2 字节中的指针指示 VC－4 起始位置。H1 和 H2 这两个字节可以看作一个码字，其中后 10 个比特（7 ～ 16）放置指针值，AU－4 指针值为十进制数 0 ～ 782 范围内的二进制数。该值用来指示 VC－4 第一个字节的起点相对于指针的距离位置，并以三个字节为单位进行增减调整。

（4）AU 类型标志。在 H1、H2 字节中，用第 5、6 比特来表示 AU/TU 的类型。

（5）新数据标志。指针字的 1 ～ 4 比特（N 比特）为新数据标志（NDF），用于标志净负荷的变化情况。这里之所以分配第 4 比特作为新数据标志，是为了实现误码纠错，以便可靠工作。在正常工作状态下，这些码位取值为 0110，当有 NDF 出现时，取值反相为 1001。当 4 个比特中有 3 个与 1001 相符时，解释为净负荷有新数据；当 4 个比特中有 3 个与 0110 相符时，解释为净负荷无新数据；其余的值即 0000、0011、0101、1010、1100、1111 应解释为无效。伴随 NDF 指针值指示新的调整同步。

（6）码速调整。如高阶通道信号超前于系统的复用器部分，即 VC－4 相对于 AU－4 速率更高，则 VC 的定位必须周期性地前移，此时三个负调整机会字节显现于 AU－4 帧的三个 H3 字节。即这三个字节用来装该帧 VC－4 的信号，相当于 VC－4 帧"减短"了三个字节。在这帧之后 VC－4 的起点就向前移三个字节编号，即指针值随之减 1，其过程如图 5－27 所示。每次负调整，相位变化约 0.2 μs。

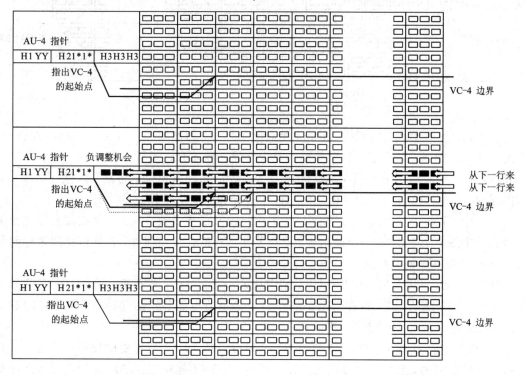

图 5－27　AU－4 指针负调整

　　如高阶通道 VC－4 信号滞后系统的复用器部分，即 VC－4 相对于 AC－4 帧速率低，则 VC 的定位必须周期性地后滑，三个正调整机会字节立即显现在这个 AU－4 帧的最后一个 H3 字节之后，这三个字节复用器虽然发送但未装信号。相应地，在这之后的 VC－4 的起点将后滑三个字节，其编号将增加 1，即指针值加 1，其过程如图 5－28 所示。每次正调整相当于 VC－4 帧"加长"了三个字节，每字节约 0.065 μs，三个字节约 0.2 μs。

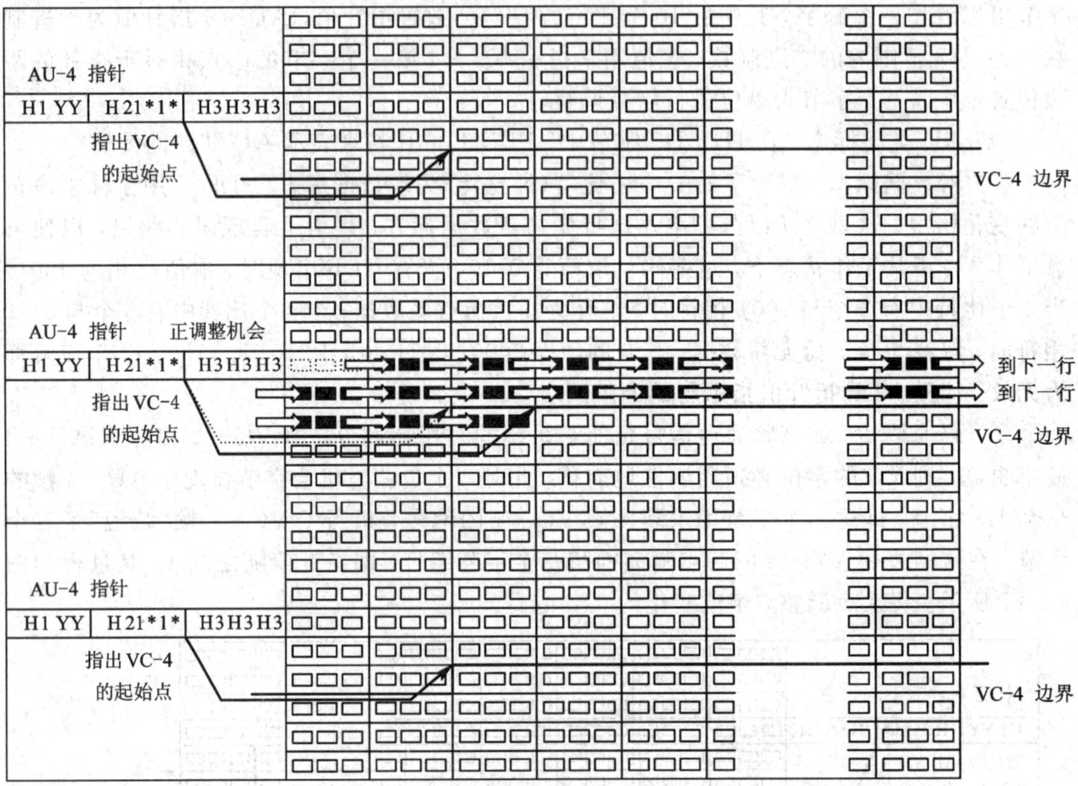

图 5－28　AU－4 指针正调整

　　上述正或负的调整，将根据 VC－4 相对于 AU－4 的速率差一次又一次周期性进行，直至二者速率相当。只不过这种调整操作至少要隔三帧才允许进行一次。

　　总之，指针的作用是提供在 AU 帧内对 VC 灵活和动态定位的方法，以便 VC 在 AU 帧内浮动，适应 VC 与 AU 或 TU 之间相位的差异和帧速率差异。

　　在一个 STM－1 帧内，可以装 261×9 B＝2349 B 的净负荷。为了在接收端有效地分解出净负荷中的各个 VC，在一个映射中，必须指出 VC 的开头在何处，指针值就用来标明装进 STM－1 的 VC 的起始点。

　　从图 5－25 可以看出，在 STM－1 帧中从第 4 行第 10 字节开头，相邻三个字节共用一个编号，从 0 编到 782，共有 783（2349÷3）个净负荷可能利用的起始点，用指针的数值（H1 和 H2 字节的后 10 个比特）来表征。

　　VC 的起始位可以在 STM－1 帧内浮动，即可以从 783 个位置中的任何一个起始，并按码速调整的需要，起始位可以逐次前移或后滑。VC－4 能够在 STM－1 帧内灵活地浮动的这种动态定位功能，使得在同步网内能够对信号方便地进行复用和交叉连接。

另外，VC－4 可以从 AU 帧内任何一点起始，因而其净负荷未必能够全部装进某个 AU 帧，多半会从某帧中开头而在下帧中结束，参见图 5－27 和图 5－28。

下面以一个正调整的操作情况为例来说明指针变化的情况，参见图 5－28。当指针值增加时，指针字节中的 5 个 I 比特翻转（H1H2 字节从 0110101000001010 变为 0110100010100000），在 AU－4 帧的这一帧内立即出现三个正调整机会字节。在接收端用"多数表决"的准则来识别 5 个 I 比特是否取反，如果是，则判明三个正调整机会字节的内存是填充而非信息。在下一帧表示 VC 起点位置编号的指针值应当增加 1，即 H1、H2 字节的后 10 个比特变为 1000001011，其十进制值从原先的 522 变为 523，并持续至少三帧。

指针调整状态汇总于表 5－5。

表 5－5　指针调整状态

状态名称	STM－1 帧第 4 行字节编号						速率关系
	7	8	9	10	11	12	
零调整	H3	H3	H3	信息	信息	信息	信息＝容器
正调整	H3	H3	H3	填充	填充	填充	信息＜容器
负调整	信息	信息	信息	信息	信息	信息	信息＞容器

2）支路单元指针（TU 指针）

这里首先介绍 TU－3 指针。设置 TU－3 指针可以为 VC－3 在 TU－3 帧内的灵活和动态定位提供一种手段。

（1）TU－3 指针的位置。三个单独的 TU－3 指针中的任意一个都包含在三个分离的 H1、H2、H3 字节中，具体位置如图 5－29 所示。

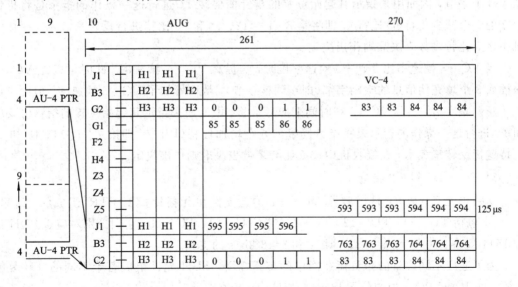

图 5－29　TU－3 指针偏移的编号

当 TUG－2 复用进 VC－4 时，TU－3 指针位置设置为无效指针指示（NPI），即 H1、H2 两个字节中的第 1～4 比特为 1001，第 5 和第 6 比特未规定，第 7～11 比特为 1，第

12～16 比特为 0。NPI 的这种特殊码字将报告给指针处理器,说明目前没有确定的指针值。

(2) TU–3 指针功能分配。指针功能分配如图 5–26 所示。

(3) TU–3 指针的取值。TU–3 指针值表示 VC–3 开始的字节位置,它包含在 H1、H2 两个字节中(如图 5–29 所示),因此可以把 H1、H2 看作 1 个码字,码字的 7～16 比特携带具体指针值。指针值是二进制数,用十进制表示的指针偏移范围可达 0～764(85×9),足以覆盖实际可能的最大偏移字节。

(4) TU 类型标志。前文已述。

(5) 新数据标志。与 AU 指针一样,在 TU–3 指针内也设置了载入新数据标志(NDF),用于标志净负荷的变化情况。

(6) 码速调整。码速调整是指针的一项重要任务。指针的正负码速调整能用于校正 TU–3 帧与 VC–3 帧之间的频率相位偏差,指针值的增减标志着正负码速调整,但是指针也不能轻率地更改,必须连续 4 帧要求正码速调整或连续 4 帧要求负码速调整时才能进行调整操作并同时增减指针值,在不够连续 4 帧要求码速调整时,不作码速调整,指针值也不改变。

如果 TU–3 帧速率与 VC–3 的帧速率不同,即有频率偏差,则指针值将按照需要增加或减少,同时还伴随有相应的正调整字节或负调整字节出现或变化。当频率偏移较大,需要连续多次指针调整操作时,相邻两次的操作必须至少分开 3 帧,即每个第 4 帧才能进行指针调整操作,两次操作之间的指针值保持为常数不变。

当 VC–3 帧速率比 TU–3 帧速率快时,需降低 VC–3 帧速率。此时可以利用 TU–3 指针区的 3 个 H3 字节来存放实际 VC–3 信息(即负调整字节),从而降低了 VC–3 帧速率。但由于 VC–3 信息的前几个字节存入了 TU–3 指针区,实际 VC–3 在时间上向前移动了 3 个字节,因而用来指示其起始位置的指针值要减 1。进行这一操作的指示是将指针码字的 5 个减少比特(D 比特),即将第 8、10、12、14 和 16 比特进行反转来表示。在接收机中按 5 比特多数表决准则作出决定。

当 VC–3 帧速率比 TU–3 帧速率慢时,需提高 VC–3 帧速率。此时可以在 VC–3 前插入 3 个填充伪信息的空闲字节(即正调整字节),从而增加了 VC–3 帧速率。但由于插入了正调整字节,实际 VC–3 在时间上向后推移,因而用来指示其起始位置的指针值要增加 1。进行这一操作的指示是将指针码字的 5 个增加比特(I 比特)即第 7、9、11、13 和 15 比特逆行反转来表示。在接收机中按 5 比特多数表决准则作出决定。

3) TU–1/TU–2 指针

支路单元 TU–nx 是虚容器 VC–nx 加上支路单元指针(TU-PTR)组成的。这里,TU–1 包括 TU–11、TU–12,TU–2 包括 TU–21、TU–22,它们分别对应于 PDH 信号 1544 kb/s、2048 kb/s、6312 kb/s 和 8448 kb/s 的支路。

为了适应不同容量的净负荷在网中的传送需要,SDH 允许组成若干不同的 TU 复帧形式,并用 VC POH 中的位置指示字节 H4 作复帧指示。TU–1/TU–2 指针为净负荷 VC–1/VC–2 在 TU–1/TU–2 复帧内的灵活动态定位提供了一种方法,这种定位的方法与 VC–1/VC–2 的实际内容无关。

(1) TU–1/TU–2 指针的位置。500 μs 作为一个 TU 复帧的周期。在 TU 复帧中有 4

个字节分给 TU 指针使用，这 4 个字节是 V1、V2、V3 和 V4。这里，V1 为第 1 个 TU 帧的第 1 个字节；V2 为第 2 个 TU 帧的第 1 个字节；V3 为第 3 个 TU 帧的第 1 个字节；V4 为第 4 个 TU 帧的第 1 个字节。

　　TU－1/TU－2 指针包含在 V1、V2 字节中，V3 作为负调整字节，其后的那个字节作为正调整字节，V4 作为保留字节，如图 5－30 所示。此外，在每个 TU 净负荷 VC－1/VC－2 中有一个字节的 VC POH，即 V5 字节。

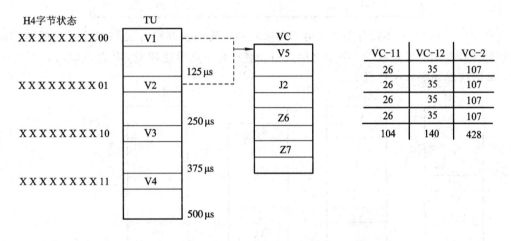

图 5－30　将 VC 映射进 TU 复帧

　　(2) TU－1/TU－2 指针功能分配。V1、V2 字节可以看作一个码字，指针编码如图 5－31 所示。第 1 ～ 4 比特为 N 比特，用于新数据标志(NDF)；第 5 ～ 6 比特为 S 比特，表示 TU 的类型；I 为增加；D 为减少；7 ～ 16 比特为载入指针值。

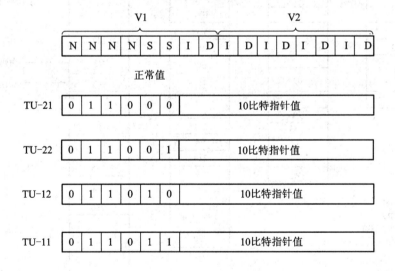

图 5－31　TU－1/TU－2 指针编码

　　对于 NDF，正常操作时取为 0110，当标志新数据时取 1001。S 比特的取值如表 5－6 所示。

表 5 - 6 S 比特的取值

TU 类型	第 5、6 比特(SS)
TU - 11	11
TU - 12	10
TU - 21	00
TU - 22	01

在 TU - 1/TU - 2 指针中 V3 用于码速调整，其码速调整方法与 AU 码速调整相似。当正码速调整时，紧跟在 V3 字节之后进行调整；对于负码速调整，数据可以写入 V3 字节中，具体情况如图 5 - 32 所示。

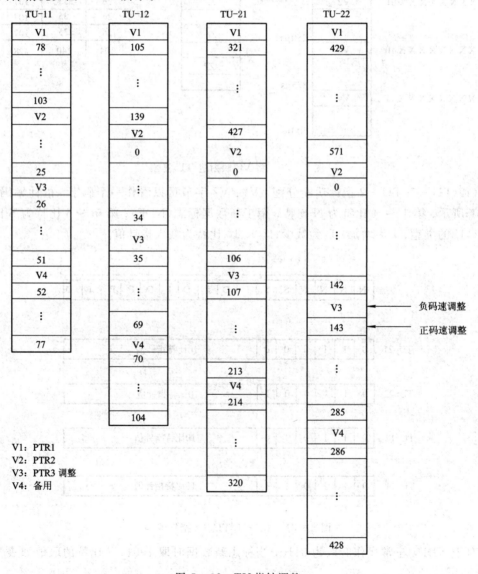

V1：PTR1
V2：PTR2
V3：PTR3 调整
V4：备用

图 5 - 32 TU 指针调整

（3）TU－1/TU－2 指针值。第 7～16 比特是二进制数的指针值，TU－1/TU－2 指针值用于指示 VC－1/VC－2 第 1 个字节的起始点对于 V2 字节的调整位置，其取值范围与本身尺寸有关，如表 5－7 和 5－8 所示。

表 5－7　TU－1/TU－2 尺寸(速率)

TU 类型	尺寸(B)	速率/(kb/s)	指针尺寸(B)	VC 尺寸(B)	C 尺寸(B)
TU－11	27	1728	1	26	25
TU－12	36	2304	1	35	34
TU－21	108	6913	1	107	106
TU－22	144	9216	1	143	14

表 5－8　TU－1/TU－2 复帧指针值范围

TU 类型	复帧尺寸(B)	指针尺寸(B)	VC 尺寸(B)	指针取值范围(B)
TU－11	108	4	26	0～139
TU－12	144	4	35	0～139
TU－21	432	4	107	0～427
TU－22	576	4	143	0～571

从图 5－32 可以看出，当不作码速调整或只作正码速调整时，V3 字节不予定义，因而在接收端可将 V3 省略。判断是否进行码速调整的方法仍然是用指针中 I 比特和 D 比特表示，I 比特表示正码速调整，D 比特表示负码速调整。

（4）TU－1/TU－2 位置指示字节 H4。TU－1/TU－2 位置指示字节 H4 与 SDH 复用结构的最低一级有关，它表示有多种不同的复帧结构可用于某些净负荷。采用复帧结构可以提高净负荷传输效率和便于信令安排，目前可以提供 3 种复帧结构。

· 500 μs(4 帧)复帧，可用于识别浮动 TU－1/TU－2 模式中含 TU－1/TU－2 指针的帧，以及锁定 TU－1 模式中的保留字节位置。

· 2 ms(16 帧)复帧，可以锁定 TU－1 模式中用于 2.048 Mb/s 净负荷字节同步的随路信令。

· 3 ms(24 帧)复帧，可以锁定用于 1.544 Mb/s 净负荷的字节同步随路信令信号。

（5）码速调整。TU－1/TU－2 指针对 VC－1/VC－2 进行码速调整的方式与 VC－3 指针对 VC－3 进行码速调整的方式完全相同。正调整机会紧随 V3 字节。V3 字节也可以作为负调整机会，此时 V3 被实际数据重写。当 V3 字节未被用作负调整时，其值不作规范，此时接收机必须对 V3 的数值忽略不计。

（6）TU－1/TU－2 的规格。TU－1/TU－2 共有 3 种不同的规格，即 TU－11(对应 1.544 Mb/s)、TU－12(对应 2.048 Mb/s)、TU－2(对应 6.312 Mb/s)。利用 TU－1/TU－2 指针的第 5 和第 6 比特可以表示不同的规格，如表 5－9 所示。

表 5-9   TU-1/TU-2 的规格

规格	名称	TU 指针范围(500 μs 复帧)
00	TU-2	0～427
10	TU-12	0～139
11	TU-11	0～103

(7) 级联。某些业务可能需要大于 C-2 而小于 C-3 的中间容量,例如数字图像和高容量租用线等,此时可以将若干 TU-2 级联起来形成 TU-2-mC(即 m 个 TU-2 级联),以便传送容量大于 C-2 的净负荷。

5.3   SDH 的开销

SDH 所使用的开销字节配置如图 5-33 所示。有两种开销,一种是通道开销(POH),一种是段开销(SOH)。通道开销分为低阶通道开销和高阶通道开销,段开销又分为中继(再生)段开销(RSOH)和复用段开销(MSOH)。

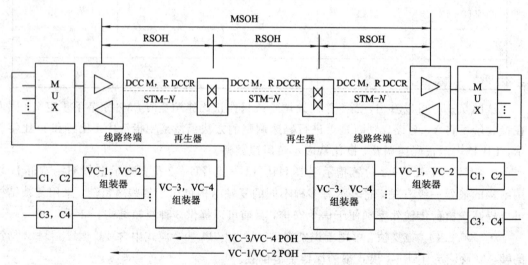

VC-3/VC-4 POH:在虚容器VC-3、VC-4 POH之间进行网管   VC-1/VC-2 POH:在虚容器VC-1、VC-2 POH之间进行网管

图 5-33   开销在 SDH 系统中应用范围说明

通道开销用于在虚容器之间进行网络管理,再生段开销用于在再生器之间进行网络管理,复用段开销用于在终端站之间进行网络管理。

1. 通道开销

通道开销又分低阶通道开销(VC-1 POH 和 VC-2 POH)和高阶通道开销(VC-3 POH 和 VC-4 POH)。

1) 低阶通道开销

低阶通道开销有 VC-1 POH 和 VC-2 POH。VC-1 POH 加上 C-1 就形成虚容器 VC-1,VC-2 POH 加上 C-2 就形成虚容器 VC-2。低阶通道开销 VC-1 POH 用来在

虚容器 VC - 1 之间进行网络管理，低阶通道开销 VC - 2 POH 用来在虚容器 VC - 2 之间进行网络管理。

　　VC - 1 POH 的字节分配如图 5 - 34 所示，由 V5 字节、J2 字节、Z6 字节和 Z7 字节组成。V5 字节为 VC - 1/VC - 2 通道的误码检查信号标记和通道状态字节，称为路开销字节。Z6、Z7 称为复帧开销字节。

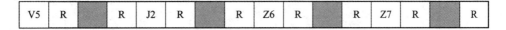

图 5 - 34　VC - 1 POH 字节分配

V5 字节的功能如表 5 - 10 所示。

表 5 - 10　VC - 1/VC - 2 POH 的 V5 字节功能

名称	BIP - 2 校验比特		远端误码指示（FEBF）	远端失效指示（RFI）	信号标记			远端告警指示（FERF）
					L1	L2	L3	
比特位	1	2	3	4	5	6	7	8
功能	计算所有字节中奇数编号比特的奇偶性，使之有偶数个 1	计算所有字节中偶数编号比特的奇偶性，使之有偶数个 1	BIP - 2 检出有误码时，置 1，否则置 0	失效时为 1，否则为 0	000：VC - 1/VC - 2 通道未装载 001：已载一特定净负荷 010：异步浮动 011：比特同步浮动 100：字节同步浮动 101：已装载未使用 110：已装载未使用 111：已装载未使用			收到 AIS 或信号失效时为 1，否则为 0

　　在 TU 结构中，存在浮动与锁定两种复接方式。当使用浮动方式时，连续 4 个 125 μs VC - n 帧结构组成一个 500 μs 的复帧。VC - 1/VC - 2 复帧路开销由 V5 字节、J2 字节、Z6 字节和 Z7 字节组成。V5 字节的功能已于前面说明，J2、Z6、Z7 字节的功能如表 5 - 11 所示，16 字节的帧结构如表 5 - 12 所示。该表中第 1 字节是传送帧起始符"1CCCCCCC"，其中"CCCCCCC"放置 7 比特校验编码校验位，它是前一帧的循环编码校验码（CRC - 7）的计算结果。第 2 ～ 16 字节均用"0XXXXXXX"表示，这 15 字节用于放置 E. 164 建议规定的编号所用的 15 个 ASCII 字符。

表 5 - 11　J2、Z6、Z7 字节功能

名称	J2（路跟踪字节）	Z6（串联连接监视）	Z7（未定义）
位置	复帧第 2 帧中的第 1 个字节	复帧第 3 帧中的第 1 个字节	—
功能	重复发送低阶通道接入点识别符（LOAP - ID），以使通道接收端据此确认与发送端是否处于持续的连接状态	—	—

表 5 – 12　16 字节帧结构

字节顺序号	传送内容
1	帧起始符 1CCCCCCC
2	0XXXXXXX
⋮	⋮
16	0XXXXXXX

2）高阶通道开销

高阶通道 VC – 31 POH 由 J1、B3、C3、G1、F2、H4 六个字节组成，VC – 32 POH 和 VC – 4 POH 由 JI、B3、C3、G1、F2、H4、Z3、Z4、Z5 九个字节组成。其字节分配和功能如表 5 – 13 所示。

表 5 – 13　高阶通道开销字节功能

J1	通道跟踪字节。用于重复发送高阶虚容器通道接入点识别符，以确认特定虚容器发送端的持续连接状态
B3	监视通道上 BIP – 8 字节，用于指示比特误码率
C3	信号标记字节
G1	通道状态指示字节
F2	用户通信通路字节
H4	复帧位置指示字节
Z3	
Z4	保留给国际标准
Z5	

J1 为通道跟踪字节，B3 为比特误码监视，C3 为信号标记字节，G1 为通道状态指示字节，F2 为用户通信通路字节，H4 为复帧位置指示字节，Z3、Z4、Z5 为备用字节。表 5 – 13 中 G1 字节的第 1 ～ 4 比特称为远端误码组（FEBE），用于放置由 BIP – 8 校验编码检验的结果。远端告警指示占用第 5 比特，当收到信号处于告警状态，或者 TU – 3/TU – 4 ALS 信号失效或通道跟踪失配时，FERF=1，否则 FERF=0。

2. 段开销

段开销（SOH）分再生段开销（RSOH）和复用段开销（MSOH）。SMT – 1 段开销的字节结构如图 5 – 35 所示。

N 个 STM – 1 帧通过字节间插复用成 STM – N 帧，段开销究竟是怎样进行复用的呢？按字节间插复用时各 STM – 1 帧的 AU – 4 中的所有字节原封不动地按字节间插复用方式复用，而段开销的复用虽说类似，却另有专门规定。也就是说，段开销的复用并非是简单的交错间插，除段开销中的 A1、A2、B2 字节是按字节交错间插复用进入 STM – 4 外，其

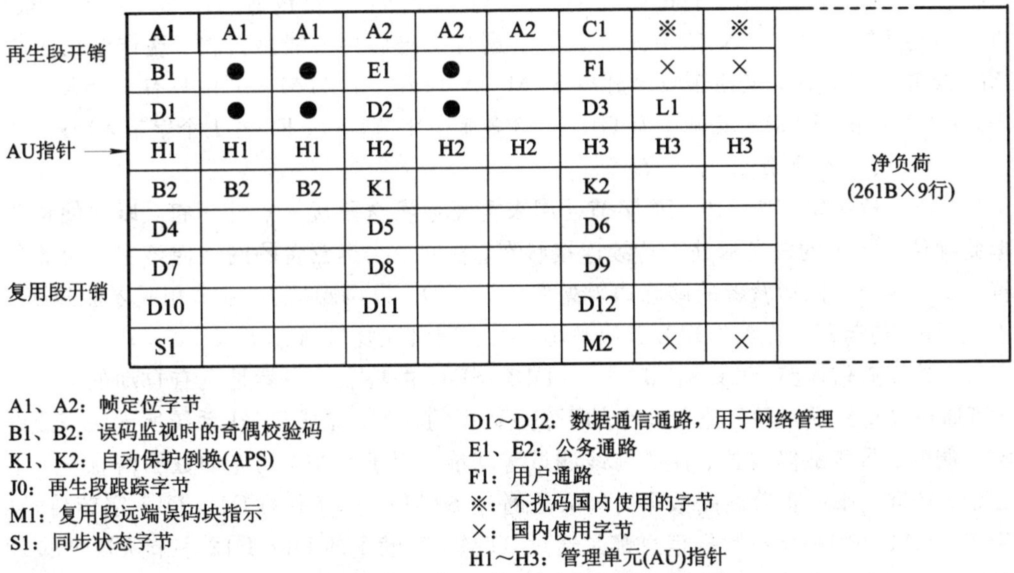

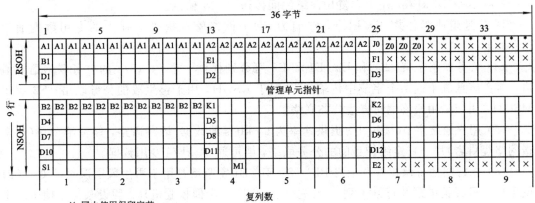

再生段开销
AU指针
复用段开销
A1 A1 A1 A2 A2 A2 C1 ※ ※
B1 ● ● E1 ● F1 × ×
D1 ● ● D2 ● D3 L1
H1 H1 H1 H2 H2 H2 H3 H3 H3
B2 B2 B2 K1 K2
D4 D5 D6
D7 D8 D9
D10 D11 D12
S1 M2 × ×
净负荷
(261B×9行)
A1、A2：帧定位字节
B1、B2：误码监视时的奇偶校验码
K1、K2：自动保护倒换(APS)
J0：再生段跟踪字节
M1：复用段远端误码块指示
S1：同步状态字节
D1～D12：数据通信通路，用于网络管理
E1、E2：公务通路
F1：用户通路
※：不扰码国内使用的字节
×：国内使用字节
H1～H3：管理单元(AU)指针

图 5-35　STM-1 段开销字节结构

他开销字节要经过终结处理，再重新插入 STM-4 相应的开销字节中。图 5-36 是 STM-4 帧的段开销结构图。

36 字节
1 5 9 13 17 21 25 29 33
RSOH
9行
NSOH
A1 A2 J0 Z0 Z0 Z0
B1 E1 F1
D1 D2 D3
管理单元指针
B2 K1 K2
D4 D5 D6
D7 D8 D9
D10 D11 D12
S1 M1 E2
1 2 3 4 5 6 7 8 9
复列数
× 国内使用保留字节
* 不扰码字节
所有未标记字节待将来国际标准确定
(与媒质有关的应用，附加国内使用和其他用途)

图 5-36　STM-4 帧的段开销

(1) 帧定位字节 A1 和 A2。帧定位字节的作用是识别帧的起始点，以便接收端能与发送端保持帧同步。接收 SDH 码流的第一步是必须在收到的信号流中正确地选择分离出各个 STM-*N* 帧，也就是先要定位每个 STM-*N* 帧的起始位置在哪里，然后再在各帧中识别相应的开销和净荷的位置。A1、A2 字节就能起到定帧的作用，通过它，收端可从信息流中定位、分离出 STM-*N* 帧，再通过指针定位找到帧中的某一个 VC 信息包。

STM-*N* 信号在线路上传输要经过扰码，主要是便于收端能提取线路定时信号，但为了在收端能正确地定位帧头 A1、A2，不能将 A1、A2 扰码。为兼顾这两种需求，于是

STM-N 信号对段开销第一行的所有字节：1 行×9N 列(不仅包括 A1、A2 字节)不扰码，而进行透明传输，STM-N 帧中的其余字节进行扰码后再上线路传输。这样既便于提取 STM-N 信号的定时，又便于收端分离 STM-N 信号。在 STM-N 中只有 1 个 B1，而有 N×3 个 B2 字节。STM-N 帧中有 D1~D12 各 1 个字节，E1、E2 各 1 个字节，1 个 M1 字节，K1、K2 各 1 个字节。

(2) 再生段跟踪字节：J0。J0 字节被用来重复地发送段接入点标识符，以便使接收端能据此确认与指定的发送端处于持续连接状态。在同一个运营者的网络内该字节可为任意字符，而在两个不同运营者的网络边界处要使设备收、发两端的 J0 字节相同才能匹配。通过 J0 字节可使运营者提前发现和解决故障，缩短网络恢复时间。

(3) 数据通信通路(DCC)字节：D1~D12。SDH 的特点之一就是具有自动的 OAM 功能，可通过网管终端对网元进行命令的下发、数据的查询，完成 PDH 系统所无法完成的业务实时调配、告警故障定位、性能在线测试等功能。用于 OAM 功能的数据信息——下发的命令、查询上来的告警性能数据等，都是通过 STM-N 帧中的 D1~D12 字节传送的。即用于 OAM 功能的所有数据信息都是通过 STM-N 帧中的 D1~D12 字节所提供的 DCC 传送的。DCC 作为嵌入式控制通路(ECC)的物理层，在网元之间传输操作、管理和维护(OAM)信息，构成 SDH 管理网(SMN)的传送通路。

其中，D1~D3 字节是再生段数据通路(DCCR)，速率为 3×64 kb/s=192 kb/s，用于在再生段终端间传送 OAM 信息；D4~D12 字节是复用段数据通路(DCCM)，其速率为 9×64 kb/s=576 kb/s，用于在复用段终端间传送 OAM 信息。

DCC 通道速率总共 768 kb/s，它们为 SDH 网络管理提供了强大的专用数据通信通路。

(4) 公务联络字节：E1 和 E2。E1 和 E2 可分别提供一个 64 kb/s 的公务联络语音通道，语音信息放于这两个字节中传输。E1 属于 RSOH，用于再生段的公务联络；E2 属于 MSOH，用于复用段终端间直达公务联络。

(5) 用户通路字节：F1。F1 提供速率为 64 kb/s 的数据/语音通路，保留给用户(通常指网络提供者)用于特定维护目的的公务联络，或可通 64 kb/s 专用数据。

(6) 比特间插奇偶校验 8 位码 BIP-8：B1。B1 字节就是用于再生段层误码监测的(B1 位于再生段开销中第 2 行第 1 列)。首先来看 BIP-8 奇偶校验机理。假设某信号帧由 4 个字节 A1=00110011、A2=11001100、A3=10101010、A4=00001111 组成，那么对这个帧进行 BIP-8 奇偶校验的方法是以 8 bit 为一个校验单位(1 个字节)，将此帧分成 4 组(每字节为一组，因 1 个字节为 8 bit，正好是一个校验单元)，按图 5-37 方式摆放整齐。

	A1	00110011
	A2	11001100
BIP-8	A3	10101010
	A4	00001111
	B	01011010

图 5-37 BIP-8 奇偶校验示意图

SDH 设备逻辑结构

依次计算每一列中 1 的个数，若为奇数，则在得数(B)的相应位填 1，否则填 0。也就是 B 的相应位的值使 A1A2A3A4 摆放的块的相应列的 1 的个数为偶数。这种校验方法就是 BIP - 8 奇偶校验，实际上是偶校验，因为保证的是 1 的个数为偶数。B 的值就是对 A1A2A3A4 进行 BIP - 8 校验所得的结果。

B1 字节的工作机理如下。

发送端对本帧(第 N 帧)加扰后的所有字节进行 BIP - 8 偶校验，将结果放在下一个待扰码帧(第 N+1 帧)中的 B1 字节；接收端将当前待解扰帧(第 N 帧)的所有比特进行 BIP - 8 校验，所得的结果与下一帧(第 N+1 帧)解扰后的 B1 字节的值相异或比较，若这两个值不一致则异或有 1 出现，根据出现多少个 1，则可监测出第 N 帧在传输中出现了多少个误码块。若异或运算为 0，则表示该帧无误码。

(7) 比特间插奇偶校验 $N \times 24$ 位的(BIP - $N \times 24$)字节：B2。B2 字节的工作机理与 B1 类似，只不过它检测的是复用段层的误码情况。1 个 STM - N 帧中只有 1 个 B1 字节，而 B2 字节是对 STM - N 帧中的每一个 STM - 1 帧的传输误码情况进行监测，STM - N 帧中有 $N \times 3$ 个 B2 字节，每三个 B2 对应一个 STM - 1 帧。

(8) 复用段远端误码块指示(B2 - FEBBE)字节：M1。M1 字节是个对告信息，由接收端回送给发送端。M1 字节用来传送接收端由 B2 所检出的误块数，以便发送端据此了解接收端的收信误码情况。

(9) 自动保护倒换(APS)通路字节：K1、K2(b1~b5)。K1、K2(b1~b5)用作传送自动保护倒换(APS)信息，用于支持设备能在故障时进行自动倒换，使网络业务得以自动恢复(自愈)，它专门用于复用段自动保护倒换。

(10) 复用段远端失效指示(MS - RDI)字节：K2(b6~b8)。这 3 个比特用于表示复用段远端告警的反馈信息，由收端(信宿)回送给发端(信源)的反馈信息，它表示收信端检测到接收方向的故障或正收到复用段告警指示信号。也就是说当收端收信劣化时，回送给发端 MS - RDI 告警信号，以使发端知道收端的状况。

(11) 同步状态字节：S1(b5~b8)。SDH 复用段开销利用 S1 字节的第 5 至第 8 比特表示 ITU - T 的不同时钟质量级别，使设备能据此判定接收的时钟信号的质量，以此决定是否切换时钟源，即切换到较高质量的时钟源上。S1 字节如图 5 - 38 所示，S1(b5~b8)的值越小，表示相应的时钟质量级别越高。

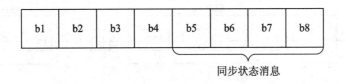

图 5 - 38　S1 字节内容示意图

这 4 个比特有 16 种不同编码，可以表示 16 种不同的同步质量等级，如表 5 - 14 所示。

(12) 与传输媒质有关的字节。在图 5 - 35 中用记号"●"表示的字节是与传输媒质有关的字节。

(13) 保留将来国际标准使用的字节。在图 5 - 35 中，空白的字节表示保留给将来国际标准使用的字节。

（14）国内使用保留字节。在图 5-35 中，"×"表示的字节是国内留用字节。

（15）不扰码国内使用字节。在图 5-35 中，"※"表示的字节是不扰码国内使用字节。

表 5-14 S1 同步状态信息编码表

S1(b5~b8)	SDH 同步质量等级描述	S1(b5~b8)	SDH 同步质量等级描述
0000	同步质量不可知（现存同步网）	1000	G.812 本地局时钟信号
0001	保留	1001	保留
0010	G.811 时钟信号	1010	保留
0011	保留	1011	同步设备定时源（SETS）
0100	G.812 转接局时钟信号	1100	保留
0101	保留	1101	保留
0110	保留	1110	保留
0111	保留	1111	不应用作同步

5.4 SDH 设备的逻辑组成

5.4.1 SDH 设备功能描述

SDH 网元设备的规范采用功能参考模型方法，将设备分解为一系列基本功能模块，对每一基本功能模块的内部过程及输入和输出参考点原始信息流进行严格描述，而对整个设备功能只进行一般化描述。通过基本功能块的组合，构成设备某项实用的网络性能。设备的实现方法与功能无关，使 SDH 设备更具灵活性。SDH 设备的逻辑功能图如图 5-39 所示。

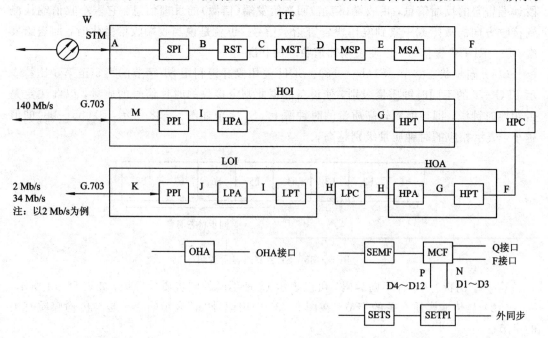

图 5-39 SDH 设备的逻辑功能构成

1. 复合功能(CF)

(1) 传送终接功能(TTF)。完成 STM – N 信号与 VC – 3/VC – 4 之间的处理,主要是提供再生段和复接段的终接、保护和适配(复接)。由 SPI、RST、MST、MSP 和 MSA 共 5 个 EF 组成。

(2) 高阶接口(HOI)。完成 VC – 3/VC – 4 与 PDH 支路信号间的处理,包括映射功能和高阶通道终接功能,由 PPI、HPA – n 及 HPT – n 三个 EF 组成。

(3) 低阶接口(LOI)。完成低阶通道 VC – 1/VC – 2/VC – 3 与 PDH 支路信号间的处理,包括映射功能和低阶通道终接功能,由 PPI、LPA – m 及 LPT – m 三个 EF 组成。

(4) 高阶组装器(HOA)。完成低阶通道 VC – 1/VC – 2/VC – 3 与高阶通道 VC – 3/VC – 4、PDH 间的处理,主要是适配功能(复接)和高阶通道终接功能,由 HPT – n 及 HPA – m/n 两个 EF 组成。

2. 单元功能(EF)

在 G.783 建议中详细描述了各 EF 在其输入和输出参考点处信息元的细节,下面作简单介绍。

(1) 同步物理接口(SPI)。它提供 STM – N 的物理传输媒质接口,其功能包括码变换、电平转换和定时提取。对于 STM – N 的光接口还应包括 E/O 及 O/E 变换。

(2) 再生段终接功能(RST)。在此插入或终止 RSOH(SOH 的头三行),其功能包括成帧/帧识别(A1、A2)、STM – N 帧级联指示(C1)、BIP – 8 计算/误码检测(B1)、再生段公务信道终接(E1)、RST 间 DCCR 信道终接(D1 ~ D8)。

(3) 复接段终接功能(MST)。在此插入或终止 MSOH(SOH 的第 5 ~ 9 行),其功能包括 BIP – 24(或 BIP – 24N)计算/误码检测(B2),APS(自动保护倒换)字节 K1、K2 的插入或恢复,复接段公务信道终接(E2),MST 间 DCCM 信道终接(D4 ~ D12)以及复接段保护,如 MS ~ AIS 检测和 MS ~ FERF 指示(K2)。

(4) 复接段保护功能(MSP)。此功能用以在复接段内保护 STM – N 信号,防止随路故障。它是通过对 STM – N 信号的监测、系统状态的评价,并通过适当的信道倒换到保护段而实现的。MSP 功能间通过 K1、K2 字节中规定的协议进行通信联络,G.783 附录中给出了这个协议。从故障条件(信号失效(SF),信号劣化(SD))到 APS 启动的倒换时间为50 ms 以内,复原模式的等待恢复时间为 5~ 12 min。

(5) 复接段适配功能(MSA)。它主要完成高阶通道 VC – 3/VC – 4 与管理单元 AU – 3/AU – 4 间的装/拆、AU 与 AUG 间及 AUG 与 STM – N 间的汇合/分解,即指针处理(H1、H2、H3)及复接功能。

对于 AU – 3 和 AU – 4 指针,分配给指针处理缓存器(PB)的指针滞后特征门限间隔至少分别为 4 B 和 12 B,相当于本地参考点 T0 和 STM – N 线路信号间平均时间误差为 640 ms。

(6) 高阶通道连接功能(HPC – n, n=3,4)。这是实现高阶通道 DXC 和 ADM 的关键。连接功能指的是选择或改变 VC 通道的路由,并不对信号进行处理,即信号透明通过,故其输入、输出为同一参考点(G)。HPC – n 的核心是一个连接矩阵(CM),通过它将输入口的 VC – 3/VC – 4 指定到可供使用的(即空的未占用的)输出口的 VC – 3/VC – 4,也就是说重排 VC – n 容器的顺序。两维的 CM(V_i, V_j)矩阵元(V_i, V_j)代表第 i 个进入的 VC

和第 j 个出去的 VC 信号，i 和 j 值可以是不同的，其生效的值取决于具体的设备实施，即究竟是 ADM 还是交叉连接(DXC)。

（7）高阶通道终接功能(HPT - n)。与 MST 相似，但接入和终接的是 VC - 3/VC - 4 POH。终接功能包括 BIP - 8 计算/误码检测(B3)、VC - 3/VC - 4 通道寻迹(J1)、VC - 3/VC - 4 通道维护，如 AU - A15 检测和 VC - 3/VC - 4 通道 FERF 及 FEBE(G1)。

（8）高阶通道适配功能(HPA - m/n, $m=1, 2, 3$)。与 MSA 相似，它完成低阶 VC (VC - 1/VC - 2/VC - 3)与支路单元 TU(TU - 1/TU - 2/TU - 3)间的装/拆，TU 与 TUG(TUG - 2/TUG - 3)间的汇合/分解，即 TU 指针处理(TU - 3 为 H1、H2、H3、TU - 1/TU - 2 为 V1、V2、V3)及复接功能。

HPA - m/n 还产生和处理以指示 VC - 12 在复帧中顺序的复帧指示(MFI)，并通过信令来检验复帧的丢失(LOM)与恢复情况的字节(H4)。

分配给缓存器(PB)的指针滞后特性门限间隔，对于 TU - 3 及 TU - 1/TU - 2 分别至少为 4 B 和 2 B。

（9）低阶通道连接功能(LPC - m, $m=1, 2, 3$)。与 HPC - n 相似，用于交叉连接和分插复接，只是它处理的是低阶通道(VC - 1/VC - 2/VC - 3)。

（10）低阶通道终接功能(LPT - m, $m=1, 2, 3$)。低阶通道终接功能与 HPT - m 相似，在这里插入和终接 VC - 1/VC - 2/VC - 3 POH。终接功能包括诸如 BIP - 8 计算/误码检验(B3 或 V5)，VC - 1/VC - 2/VC - 3 通道寻迹(J2 或 J1)，VC - 1/VC - 2/VC - 3 通道维护，如 TU - AIS 检测，VC - 1/VC - 2/VC - 3 通道 FERF 和 FEBE 指示(V5 或 G1)。

（11）低阶通道适配功能(LPA～m/n)。它将 G.703 准同步信号装入到容器并拆装，即完成映射功能（码速调整）。有两种装/拆途径：325.368 Mb/s、415.736 Mb/s 及 13 9264 Mb/s PDH 支路经装入容器 C - 3/C - 4（映射）并加上 POH 成为 VC - 3/VC - 4 的直接装入过程（只经 LPA - n 一次适配）；1.544 Mb/s、2.048 Mb/s、6328 Mb/s、315.368 Mb/s 及44.736 Mb/s 经装入容器 C - 1/C - 2/C - 3（映射）并加上 POH 成为 VC - 3/VC - 4 的非直接装入过程（经 LPA - m/n 两次适配）。

（12）PDH 物理接口(PPI)。该接口完成码速变换、电平转换及时钟提取功能。在 SDH 设备中，只有电的 PDH 接口。

3. 辅助功能

除了上述传送功能外，SDH 设备中还有不可缺少的定时、开销及管理功能块。

（1）同步设备定时源(SETS)。SETS 的外部时钟有三种：从 STM - N 信号源中提取的时钟 T1（从 SPI 得到）；从 G.703 支路信号提取的时钟 T2（从 PPI 得到）；外同步信号源，如 2 MHz 正弦信号或 2 Mb/s 信号经同步设备物理接口(SETPI)提取的时钟 T3。此外，SETS 中还有一个内部定时发生器(OSC)，用作同步设备在自由运转状态下的时钟源。SETS 输出时钟 T0 供除 SPI 和 PPI 外的所有单元功能块作本地定时参考，另一路输出 T4 用于同步其他网络单元。

SETS 单元中设置有选择器以选择不同的时钟源，同时还设置有定时产生功能(SETG)，以滤除当切换参考源时引起的频率跃变。

（2）同步设备物理接口(SETPI)。它的主要功能是编/解码和提供与物理接口的适配。

（3）同步设备管理功能(SEMF)。所有的同步网络单元(NEF)都受内部或外部管理器的管理，SEMF 则为这种管理提供手段。所有各单元功能块的状态和告警信息均经由相应的 S 参考点向 SEMF 报告；同时，关于设备组态和配置的信息，包括 SEMF 向各 EF 送出的信息，以及各 EF 对 SEMF 发出的信息提供请求作出反应的报告，也经由 S 参考点在 SEMF 与 NEF 间交换。

（4）消息通信功能（MCF）。按 G.784 建议给出的网络管理模型，管理功能由三个功能块组成，即 MCF、MAF（管理应用功能）和 NEF。NEF 是网络单元内支持传送网服务的实体（如复接、交叉连接、再生），它用一组管理目标（MO）表征（相对管理器）。MAF 则是提供 TMN 服务的应用过程，是所有 TMN 消息的源和宿，它可包含管理器或代理器，或两者兼有，每一个网络单元至少要支持一个代理器，但可包含也可不包含管理器。上述 SEMF 中就包含了 NEF（MO）和 MAF（代理器）。MCF 则是一种接口功能，在这里，逻辑上独立的通信通过单一物理接口提供，MCF 将送往 MAF 和从 MAF 来的 TMN 消息进行传送和转接，在 SDH 中它由一个 7 层协议栈来代表。

各单元功能块检测到异常或故障时，除了向 SEMF 报告外，还向上游或下游的 NE 送出维护信号。

（5）开销接入功能（OHA）。它主要是通过 U 参考点统一管理各相应单元功能块的开销（SOH 和 POH）字节，其中还包含控制数据通信信道（DCC）、公务联络操作者使用的信道以及备用或未来使用的容量。

5.4.2　常见 SDH 网元结构

1. 终端复用器（TM）

TM 的作用是将低速支路信号 PDH、STM - M（$M < N$）交叉复用成高速线路信号 STM - N。因为有 HPC 和 LPC 功能块，所以此 TM 有高、低阶 VC 的交叉复用功能。其示意图见图 5 - 40。

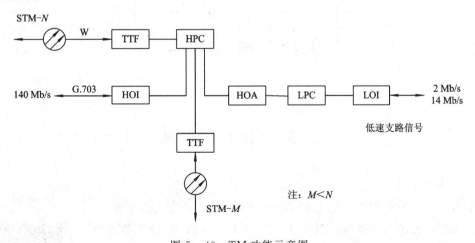

图 5 - 40　TM 功能示意图

2. 分插复用器（ADM）

ADM 的作用是把低速支路信号（PDH、SYM - M）交叉复用到东/西向线路的 STM - N 信号中，以及东/西向线路的 STM - N 信号间进行交叉连接。示意图见图 5 - 41。

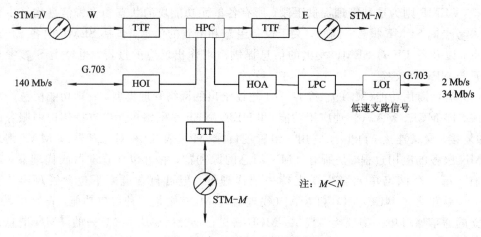

图 5 – 41　ADM 功能示意图

3. 再生中继器(REG)

REG 的作用是完成信号的再生整形，将东/西侧的 STM – N 信号传到西/东侧线路上去。REG 不具有交叉连接能力。REG 功能示意图见图 5 – 42。

图 5 – 42　REG 功能示意图

4. 数字交叉连接设备(DXC)

数字交叉连接设备(DXC)逻辑结构类似于 ADM，只不过其交叉矩阵的功能更强大，能完成多条线路信号、多条支路信号的交叉连接。DXC 功能示意图见图 5 – 43。

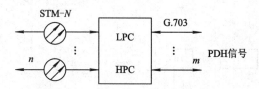

图 5 – 43　DXC 功能示意图

5.5　SDH 自愈网

1. 自愈网的含义

所谓自愈是指在网络发生故障(例如光纤断)时，无需人为干预，网络自动地在极短的时间内(ITU – T 规定为 50 ms 以内)使业务自动从故障中恢复传输，而用户几乎感觉不到网络出了故障。

2. 自愈网的原理及类型

自愈网的基本原理是：网络要具备发现替代传输路由并重新建立通信的能力。替代路由可采用备用设备或利用现有设备中的冗余能

SDH 自愈网

力，以满足全部或指定优先级业务的恢复。由上可知网络具有自愈能力的先决条件是有冗余的路由、网元强大的交叉能力以及网元一定的智能。

自愈仅是通过备用信道将失效的业务恢复，而不涉及具体故障的部件和线路的修复或更换。所以故障的修复仍需人工干预才能完成，正如断了的光缆还需人工接续一样。

自愈保护的分类方式有多种，按照网络拓扑可以分为链形网络业务保护方式、环形网络业务保护方式以及环间业务保护方式。

3. SDH 网络保护方式

1）链型网络业务保护

(1) 通道 1+1 保护。通道 1+1 保护是以通道为基础的，倒换与否按分出的每一通道信号质量的优劣而定。通道 1+1 保护使用并发优收原则。插入时，通道业务信号同时馈入工作通路和保护通路；分出时，同时收到工作通路和保护通路两个通道信号，按其信号的优劣来选择一路作为分路信号。

(2) 复用段 1+1 保护。复用段保护是以复用段为基础的，倒换与否按每两站间的复用段信号质量的优劣而定。当复用段出故障时，整个站间的业务信号都转到保护通路，从而达到保护的目的。

(3) 复用段 1:1 保护。复用段 1:1 保护与复用段 1+1 保护不同，业务信号并不总是同时跨接在工作通路和保护通路上，所以还可以在保护通路上开通低优先级的额外业务。当工作通路发生故障时，保护通路将丢掉额外业务，根据 APS 协议，通过跨接和切换的操作，完成业务信号的保护。

2）环型网络业务保护

按环上业务的方向可将自愈环分为单向环和双向环两大类。按网元节点间的光纤数可将自愈环划分为二纤环（一对收发光纤）和四纤环（两对收发光纤）。

(1) 二纤单向通道保护环。二纤单向通道保护环由两根光纤组成两个环，其中一个为主环 S_1；一个为备环 P_1。两环的业务流向一定要相反，通道保护环的保护功能是通过网元支路板的倒换功能来实现的，也就是支路板将支路上环业务并发到主环 S_1 和备环 P_1 上，两环上业务完全一样且流向相反，平时网元支路板选收主环下支路的业务，如图 5-44(a) 所示。

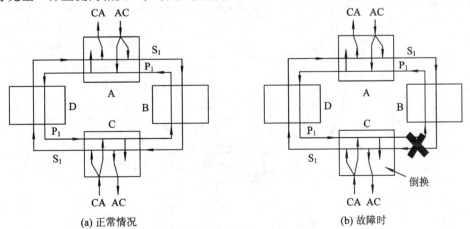

(a) 正常情况　　　　　　　　　　　　　　(b) 故障时

图 5-44　二纤单向通道保护环

若环网中网元 A 与 C 互通业务，网元 A 和 C 都将上环的业务并发到环 S_1 和 P_1 上。S_1 为顺时针。在网络正常时，网元 A 和 C 都选收主环 S_1 上的业务。那么 A 与 C 业务互通的方式是 A 到 C 的业务经过网元 B 穿通，由 S_1 光纤传到 C(主环业务)；由 P_1 光纤经过网元 D 穿通传到 C(备环业务)。在网元 C 选收主环 S_1 上的 A→C 业务，完成网元 A 到网元 C 的业务传输。网元 C 到网元 A 的业务传输与此类似，S_1：C→D→A；P_1：C→B→A。

当 B、C 光缆段的光纤同时被切断时，我们看看网元 A 与网元 C 之间的业务如何被保护，如图 5-44(b)所示。

网元 A 到网元 C 的业务由网元 A 并发到 S_1 和 P_1 光纤上，其中 S_1 光纤的业务经网元 B 穿通传至网元 C，P_1 光纤的业务经网元 D 穿通，由于 B、C 间光缆被切断，所以光纤 S_1 上的业务无法传到网元 C，由于网元 C 默认选收主环 S_1 上的业务，此时 S_1 环上的 A→C 的业务传不过来，所以网元 C 就会收到 S_1 环上告警信号。网元 C 的支路板收到 S_1 光纤上的告警后，立即切换到选收备环 P_1 光纤上的 A→C 的业务，于是 A→C 的业务得以恢复，完成环上业务的通道保护，此时网元 C 的支路板处于通道保护倒换状态——切换到选收备环方式。

网元 C 的支路板将到网元 A 的业务并发到 S_1 环和 P_1 环上，其中 S_1 光纤的业务经网元 D 穿通传至网元 A，P_1 光纤的业务经网元 B 穿通，由于 B、C 间光缆被切断，所以光纤 P_1 上的业务无法传到网元 C，由于网元 C 默认选收主环 S_1 上的业务，这时网元 C→A 的业务并未中断，网元 A 的支路板不进行保护倒换。

二纤单向通道保护环的优点是倒换速度快。由于上环业务是并发选收，所以通道业务的保护实际上是 1+1 保护。业务流向简洁明了，便于配置维护。

二纤单向通道保护环的缺点是网络的业务容量不大。二纤单向保护环的业务容量恒定是 STM-N，与环上的节点数和网元间业务分布无关。

(2) 二纤双向通道保护环。二纤双向通道保护环上业务为双向，保护机理也是支路的"并发优收"，业务保护是 1+1 的，网上业务容量与单向通道保护二纤环相同，如图 5-45 所示。

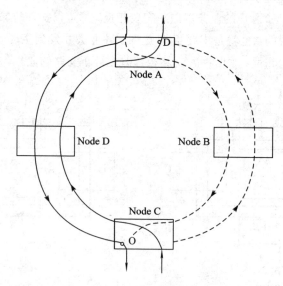

图 5-45 二纤双向通道保护环

（3）二纤双向复用段保护环。二纤双向复用段倒换环（也称二纤双向复用段共享环）是一种时隙保护，即将每根光纤的前一半时隙作为工作时隙，传送主用业务，后一半时隙作为保护时隙，传送额外业务，也就是说一根光纤的保护时隙用来保护另一根光纤上的主用业务。例如，S_1/P_2 光纤上的 P_2 时隙用来保护 S_2/P_1 光纤上的 S_2 业务，因此在二纤双向复用段保护环上无专门的主、备用光纤，每一条光纤的前一半时隙是主用信道，后一半时隙是备用信道，两根光纤上业务流向相反。二纤双向复用段保护环的保护机理如图 5-46 所示。

在网络正常情况下，网元 A 到网元 C 的主用业务放在 S_1/P_2 光纤的 S_1 时隙，沿 S_1/P_2 光纤由网元 B 穿通传到网元 C，网元 C 从 S_1/P_2 光纤上的接收 S_1 时隙所传的业务。网元 C 到 A 的主用业务放于 S_2/P_1 光纤的 S_2 时隙，经网元 B 穿通传到网元 A，网元 A 从 S_2/P_1 光纤上提取相应的业务，如图 5-46(a) 所示。

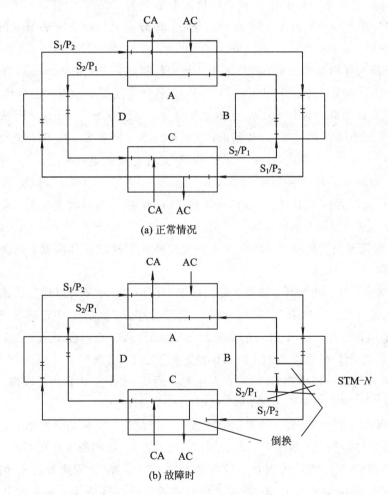

图 5-46 二纤双向复用段保护环

当环网 B、C 间光缆段被切断时，网元 A 到网元 C 的主用业务沿 S_1/P_2 光纤传到网元 B，在网元 B 进行倒换（故障邻近点的网元倒换），将 S_1/P_2 光纤上 S_1 时隙的业务全部倒换到 S_2/P_1 光纤上的 P_1 时隙上去，然后，主用业务沿 S_2/P_1 光纤经网元 A 和 D 穿通传到网元 C，在网元 C 同样执行倒换功能(故障端点站)，即将 S_2/P_1 光纤上的 P_1 时隙所载的网元 A 到网元 C 的主用业务倒换回 S_1/P_2 的 S_1 时隙，网元 C 提取该时隙的业务，完成接收网元 A 到网元 C 的主用业务。见图 5-46(b)。网元 C 到网元 A 的业务先由网元 C 将其主用业务 S_2 倒换到 S_1/P_2 光纤的 P_2 时隙上，然后，主用业务沿 S_1/P_2 光纤经网元 D 和 A 穿通到达网元 B，在网元 B 处同样执行倒换功能，将 S_1/P_2 光纤的 P_2 时隙业务倒换到 S_2/P_1 光纤的 S_2 时隙上去，经 S_2/P_1 光纤传到网元 A 落地。这样就完成了环网在故障时业务的自愈。

P_1、P_2 时隙在线路正常时也可以用来传送额外业务。当光缆故障时，额外业务被中断，P_1、P_2 时隙作为保护时隙传送主用业务。

与通道保护环比较起来，复用段环需要用到 APS 协议，因此保护倒换时间稍长。

二纤双向复用段保护环的业务容量即最大业务量为 $(K/2) \times STM-N$，K 为网元数 $(K \leqslant 16)$。这是在一种极限情况下的最大业务量，即环网上只存在相邻节点的业务，不存在跨节点业务。

(4) 四纤双向复用段保护环。四纤环由 4 根光纤组成，这 4 根光纤分别为 S_1、P_1、S_2、P_2。其中，S_1、S_2 为主纤传送主用业务；P_1、P_2 为备纤传送保护业务。也就是说 P_1、P_2 光纤分别用来在主纤故障时保护 S_1、S_2 上的主用业务。请注意 S_1、P_1、S_2、P_2 光纤的业务流向，S_1 与 S_2 光纤业务流向相反(一致路由，双向环)，S_1、P_1 和 S_2、P_2 两对光纤上业务流向也相反，从图 5-47(a)可看出 S_1 和 P_2、S_2 和 P_1 光纤上业务流向相同。

在环网正常时，网元 A 到网元 D 的主用业务从 S_1 光纤经 B 网元到 C，网元 D 到网元 A 的业务由 S_2 光纤经网元 B 到 A(双向业务)。网元 A 和 D 通过收主纤上的业务互通两网元之间的主用业务，见图 5-47(a)。

当 B、C 间光缆发生故障时，环上业务会发生跨段倒换或跨环倒换，倒换触发条件和倒换过程如下：

① 跨段倒换。对于四纤环，如果故障只影响工作信道，业务可以通过倒换到同一跨段的保护信道来进行恢复。如图 5-47(b)所示，若节点 B、C 间的工作光纤 S_1 断开，而 S_2、P_1、P_2 光纤都是正常的，则 A 到 D 的业务经 S_1 光纤传到 B 点后在 B 点发生跨段倒换，即业务由 S_1 倒换到 P_2，在 C 点再发生跨段倒换，业务由 P_2 倒换回 S_1，继续经 S_1 传到 D 点落地。而 D 到 A 的业务同样在 C、B 两点发生跨段倒换。因此，在发生跨段倒换前后，业务经过的路由没有改变，仍然是 A→B→C→D 和 D→C→B→A。

② 跨环倒换。对于四纤环，如果故障既影响工作信道，又影响保护信道，则业务可以通过跨环倒换来进行恢复。如图 5-47(c)所示，当节点 B、C 间的工作光纤 S_1 和 P_1 都断开时，A 到 D 的业务经 S_1 光纤传到 B 点后在 B 点发生跨环倒换，即业务由 S_1 倒换到 P_1，由 P_1 传回到 A 点，再继续传到 D 点、C 点，在 C 点再发生跨环倒换，业务由 P_1 倒换回 S_1，继续经 S_1 传到 D 点落地。而 D 到 A 的业务同样在 C、B 两点发生跨环倒换。因此，在发生跨环倒换后，A、D 间的双向业务经过的路由发生了改变，分别是 A→B→A→D→C→D 和 D→C→D→A→B→A。

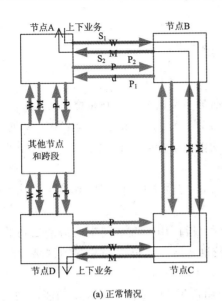

(a) 正常情况

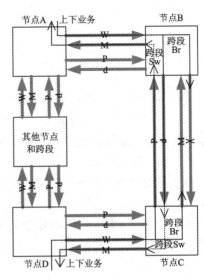

(b) 故障状态下跨段倒换时路由示例

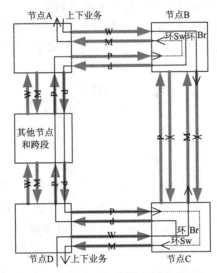

(c) 故障状态下跨环倒换时路由示例

图 5 - 47　四阶双向复用段保护环

跨段倒换的优先级高于跨环倒换，对于同一段光纤如果既有跨段倒换请求又有跨环倒换请求时，会响应跨段倒换请求，因为跨环倒换后会沿着长径方向的保护段到达对端，会挤占其他业务的保护通路，所以优先响应有跨段请求的业务。只有在跨段倒换不能恢复业务的情况下才使用跨环倒换。

四纤双向复用段保护环的业务容量即最大业务量为 $K \times STM - N$，K 为网元数($K \leqslant 16$)。

利用光波分复用技术也可在传输故障时实现环网保护。

波分复用

本 章 小 结

SDH 具有独特的优势，因此取代 PDH 成为目前最主要的光传输技术之一。

STM－N 传送实体由段开销、管理单元指针和净负荷组成，其结构为 270×N 列、9 行字节。段开销用来提供定位帧、操作及性能监视功能。指针是一种提示符。信息净负荷包含业务数据及通道开销。

要将支路信号复用进 STM 传送实体，需进行映射、定位和复用处理，作为一个典型的例子是将 2 Mb/s 语音信号形成 STM－1。

指针是一种提示符。当网络处于同步工作状态时，指针用于进行同步的信号之间的相位校准；当网络失去同步时，指针用作频率和相位校准；指针还可以用来容纳网络中的相位抖动漂移。

为了使各厂家的 SDH 设备能够互通，ITU－T 制订了 SDH 设备的逻辑功能结构。各厂家的设备按该逻辑功能组成开发设备，以此保证设备能互通。

SDH 技术拥有完善的自愈保护机制，自愈保护有线路保护倒换、环形网保护、DXC 保护、混合保护等类型。实际中，应用最广泛的是自愈、环网保护倒换。

习　　题

一、填空题

1. SDH 的中文含义是_____。

2. STM－1 帧结构是由_____列_____行字节组成的矩形块状结构。

3. STM－1 的线路速率是_____Mb/s，STM－4 的线路速率是_____Mb/s，STM－16 的线路速率是_____Gb/s，STM－64 的线路速率是_____Gb/s。

4. SDH 信号帧结构由_____、_____、_____三部分组成。

5. SDH 的段开销包括再生段开销和_____。_____是对整个 STM－N 帧的监控，_____是对每个 STM－1 帧的监控。

6. STM－1 信号帧结构的 RSOH 有 27 个字节，它们位于第_____至_____行的前_____列。

7. STM－N 帧结构由_____行×_____×N 列字节组成，每字节_____个比特，每秒传送_____帧。

8. 将低速支路信号复用进 STM－N 信号要经过的三个过程是_____、_____、_____。

9. 一个 STM－1 信号可以复用进_____个 34 M 信号，_____个 140 M 信号。

10. TTF 的中文含义为_____。

11. 同步物理接口的主要作用是_____。

12. 常见的网元结构有 DXC、REG、TM 和_____。

13. SDH 的基本网元包括终端复用器(TM)、再生中继器_____、分插复用器_____和同步数字交叉连接设备(DXC)。

14. SDH 体制光接口采用的是世界统一的_____。

15. 自愈网按保护段层划分,可以分为_____、_____和_____。

16. 二纤单向通道保护的基本原理为_____。

17. 由于 MSOH 中的 K1、K2 字节的限制,所以两纤双向复用段保护环上最多可以创建_____个网元。

二、判断题

无论是 STM-1、STM-4 还是 STM-16,其帧频都是 8000 帧/s。(　　　)

三、选择题

1. 对于 STM-16 的信号,RSOH 监控的是(　　　)的传输性能。

A. STM-N 帧　　　　B. STM-1　　　　C. STM-4　　　　D. STM-16

2. 管理指针单元的作用是(　　　)。

A. 用来指示信息净负荷的第一个字节在 STM-N 帧内的准确位置,以便接收端正确地分解

B. 为了保证信息净负荷正常灵活传递所必需的附加字节,以供网络运行、管理、维护使用

C. 指示并管理段开销

D. 对通道开销加以管理

3. 为了将各种 PDH 信号装入 SDH 帧结构净负荷中,需要经过的三个步骤是(　　　)。

A. 映射、码速调整、定位　　　　　　B. 映射、定位、复用

C. 复用、定位、映射　　　　　　　　D. 码速调整、映射、复用

4. STM-1 的复用方式是(　　　)。

A. 字节间插　　　　　　　　　　　　B. 比特间插

C. 帧间插　　　　　　　　　　　　　D. 统计复用

5. 有关 PDH 体制和 SDH 体制,正确的说法是(　　　)。

A. 传送相同数目的 2M 时,PDH 占用的频带要宽

B. SDH 和 PDH 有相同的线路码型

C. SDH 比 PDH 上、下 2M 灵活、方便

D. PDH 可以用来传送 SDH 业务

6. 作为 ITU-T 规定的设备倒换时间门限,中断时间小于(　　　)ms,可以满足多数电路交换网的话带业务和中低速数据业务的质量要求。

A. 45　　　　　　　B. 50　　　　　　　C. 100　　　　　　　D. 200

7. 二纤环网采用复用段保护时,网络速率应大于或等于(　　　)。

A. 155 Mb/s　　　B. 622 Mb/s　　　C. 2.5 Gb/s　　　D. 10 Gb/s

四、简单题

SDH 比 PDH 相比有哪些优势?

实 验 与 实 训

实验一　光纤配线架(ODF)布线

(一)实验目的

(1)了解光缆接头盒的构造。

(2)掌握使用光缆接头盒进行光缆接续。

(3)了解ODF结构。

(4)掌握通信光缆在ODF上的配线方法。

(二)工具与器材

ODF、扳手、尾纤等。

(三)实验步骤

光缆线路到达端局或中继站后,需与光端机或中继器相连,这种连接称为成端。根据光缆的结构形式不同,光缆与光端机(或中继器)的成端方式有直接终端方式、ODF终端方式、终端盒成端三种。某型ODF配线柜的结构如图5-48所示。

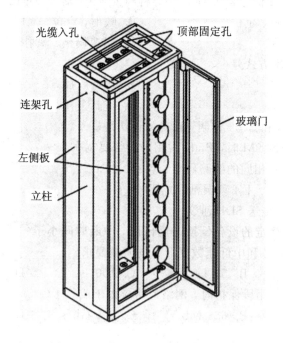

图 5-48　某型 ODF 配线柜的结构

(1) 准备工作。机架安装固定后，若机房小，可卸下机架前后门(门上转轴为弹簧式拉销)进行施工。将光缆从机架后侧底部(或顶部)的光缆孔中引入机架，并将光缆端部去除 1 m。

(2) 开剥光缆。光缆开剥长度根据光纤配线箱的安装高度确定，计算公式为开剥长度＝$220 \times N$ 个配线箱＋1600(mm)，参见图 5－49。

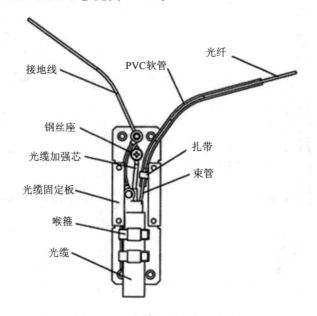

图 5－49　光缆开剥固定示意图

(3) 束管的保护。开剥完光缆后将束管上的油膏擦拭干净。根据光纤配线箱的安装高度，将进入箱体部分的束管剥离出光纤，套上相应长度的 PVC 保护软管，并在靠近光缆开剥处用扎带将 PVC 软管扎紧，参见图 5－49。

(4) 光缆固定及接地。将光缆用喉箍固定在光缆固定座(板)上，并将光缆加强芯固定在钢丝座上(如需护层接地，则应预先在光缆端部插入接地夹，接地线连接在固定板上)，参见图 5－49。

(5) 束管初固定。将用 PVC 软管保护好的束管初固定在光缆固定板上。

(6) 光纤配线箱的安装。将光纤配线箱由上至下安装于机架上。

(7) 光纤熔接。光纤熔接的详细步骤请参阅相关光纤配线箱的使用说明。

(8) 束管最终固定。光纤熔接结束后，将束管按进光纤配线箱的相应位置固定在机架的束管固定板上，余长收容于光纤配接箱内，如图 5－50 所示。

(9) 跳线方式。

① 本架跳线：取适当长度的光纤连接器(跳线)，将光纤连接器两头插入预定适配器后，从配线箱左面单侧引出，经过垂直走线槽向下，经过底部水平走线槽，根据余长的长短，挂入合适的挂线环，如图 5－51 所示。

② 跨架跳线：对于多架相拼的光纤配线架，其前后左右侧板可脱卸。跳线不需从架外走纤，直接在架间通过顶底水平走线槽走纤，如图 5－52 所示。

(10) 粘贴标签。在标签上注明每根光纤的去向及颜色。

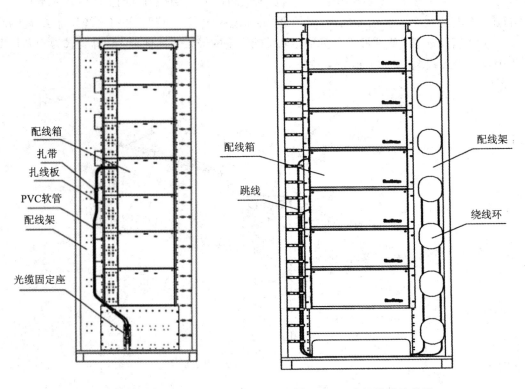

图 5-50　束管的固定　　　　　　　　图 5-51　本架跳线示意图

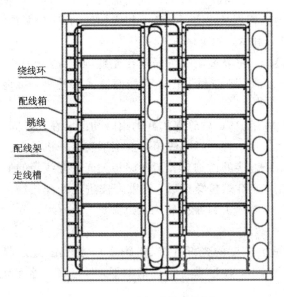

图 5-52　跨架跳线示意图

（四）学员任务

完成 12 芯光缆在 ODF 上的成端（布线、固定、接续）。

实验二　误 码 测 试

(一) 实验目的

掌握 SDH 综合测试仪的原理和使用方法；熟悉误码测试原理；掌握误码测试操作步骤。

(二) 工具与器材

SDH 设备、尾纤、误码测试仪、衰减器、光耦合器、SDH 综合测试仪、仪表连线等。

(三) 实验步骤

对于光纤通信系统而言，由于具有高传输质量，因此它的误码性能指标均可按高级电路对待，即每千米长度光纤分得各项总指标的 0.0016%，那么就可得 L km 长度的光纤通信系统各项误码性能指标。由于目前光纤通信系统主要采用 SDH 进行传输，因此本节主要介绍 SDH 系统和设备的误码性能测试方法。

SDH 系统的误码测试方法可以分成两大类，即停业务测试和在线测试。两类方法各有其应用场合，如在维护工作中，一般对于较低的网络级(低速率通道)较多采用停业务测试；而对于较高的网络级(高速率通道或线路系统)，由于停业务测试对业务影响面太大，较多采用在线测试。在实际测试中，为方便起见，都采用对端电接口环向本端测试的方法。

SDH 设备的误码测试方法与设备类别有关，本实验将主要介绍终端复用器(TM)、分插复用器(ADM)的误码测试方法。

1. 系统误码测试

1) SDH 系统误码停业务测试

测试配置如图 5-53 所示，其中图 5-53(a)是单向测试，图 5-53(b)是环向测试。如果测试以环向方式进行，指标仍用单向指标；如果测试失败，则需用两个单向指标。

(a) 单向测试　　　　　　　　　　　　　(b) 环向测试

图 5-53　系统误码停业务测试配置

测试操作步骤：

(1) 按图 5-53 接好电路。

(2) 按被测通道速率等级，选择合适的 PRBS(伪随机二进制序列)或测试信号结构，从被测系统输入口送测试信号。

(3) 用下面的方法判断系统工作是否正常：第一个测试周期 15 分钟，在此周期内如没有误码和不可用等事件，则确认系统已工作正常。在此周期内，若观测到任何误码或其他事件，应重复测试一个周期(15 分钟)，至多两次。如果第三个测试周期内，仍然观测到误码或其他事件，则认为系统工作异常，需要查明原因。

（4）系统工作正常的条件下，可进行长期观测，技术指标要求设置总的观测时间（例如24 小时），设置打印时间间隔（例如 6 小时），并设置性能评估为 G.826，最后启动测试开始键，并锁定仪表。

（5）测试结束，从测试仪表上读出测试结果。

2）SDH 系统误码在线测试

误码在线测试是指在开放业务条件下，通过监视与误码有关的开销字节 B1、B2、B3和 V5（b1、b2）来评估误码性能参数。其参数和指标与停业务测试相同。测试配置如图5－54 所示，其中图（a）是通过光耦合器在光路测试，图（b）是通过设备提供的监测接口测试。

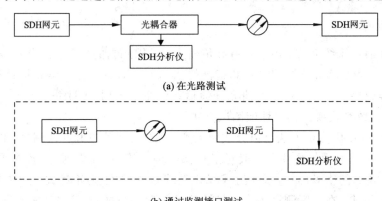

(a) 在光路测试

(b) 通过监测接口测试

图 5－54　系统误码在线监测测试配置

测试操作步骤：

（1）根据需要测试的实体——再生段、复用段、高阶通道或低阶通道，选择适当的监视点（通过光耦合器在光路测量可以监视再生段、复用段、高阶通道或低阶通道的全部误码性能，通过监测接口测试只能监视高阶通道或低阶通道的误码性能）。

（2）在监视点接入 SDH 分析仪（接收）。

（3）调整 SDH 分析仪，同时监视相应的参数：B1、B2、B3 和 V5（b1、b2）。

（4）设置测试时间，同时在网管上进行相同的监测。

（5）测试结束后，记录测试结果。

2. 设备误码测试

关于传输设备是否分配误码指标，ITU－T 目前尚没有相关建议。我国标准中一般采用连续测试 24 小时误码为零的要求，但是由于设备的内部噪声总是存在的，实际设备出现误码的概率不可能为零，因此在国标《同步数字体系（SDH）光缆线路系统测试方法》中这样规定：如果第一个 24 小时的测试出现误码，应查找原因，允许再进行 24 小时测试。

SDH 设备的误码测试采用停业务测试方法。测试配置见图 5－55，被测设备有多个支路口，应全部串联起来测试。

图 5－55　SDH 设备误码特性测试配置

测试操作步骤：

(1) 按图 5 - 55 接好电路。

(2) 调整光衰减器，使接收侧收到合适的光功率。

(3) 如果支路口是 PDH 口，则仪表发送规定的 PRBS；如果支路口是 STM - N 口，则仪表发送 TSS1 结构的测试信号；如果支路口有不同类型或两种以上速率，则测试选择高速率接口进行，向被测设备输入口送测试信号。

(4) 用下面的方法判断设备工作是否正常：第一个测试周期 15 分钟，在此周期内如没有误码和不可用等事件，则确认设备已工作正常。在此周期内，若观测到任何误码或其他事件，则重复测试一个周期(15 分钟)，至多两次。如果第三个测试周期内，仍然观测到误码或其他事件，则认为系统工作异常，需要查明原因。

(5) 设备正常工作的条件下，进行长期观测，24 小时观测结果应无误码(即误码为 0)。

注意事项：如果第一个 24 小时的测试出现误码，应查找原因，允许再进行 24 小时测试。

实验三　抖 动 测 试

(一) 实验目的

熟悉抖动产生的原理；掌握系统抖动测试方法。

(二) 工具与器材

SDH 设备、尾纤、抖动测试仪、衰减器、SDH 分析仪等。

(三) 实验步骤

定时抖动(简称抖动)定义为数字信号的特定时刻(例如最佳抽样时刻)相对其理想参考时间位置的短时间偏离。所谓短时间偏离，是指变化频率高于 10 Hz 的相位变化，而将低于 10 Hz 的相位变化称为漂移。定时抖动对网络的性能损伤表现在以下几个方面：

(1) 对数字编码的模拟信号，在解码后数字流的随机相位抖动使恢复后的样值具有不规则的相位，从而造成输出模拟信号的失真，形成所谓抖动噪声。

(2) 在再生器中，定时的不规则性使有效判断点偏离接收眼图的中心，从而降低了再生器的信噪比余度，直至发生误码。

(3) 在 SDH 网中，类似于同步复用器等配有缓存器的网络单元，过大的输入抖动会造成缓存器的溢出或取空，从而产生滑动损伤。

SDH 有关抖动的指标可归纳为三种相应的测试：最大允许输入抖动容限、无输入抖动时的输出抖动和抖动转移特性。

SDH 系统抖动的测试方法目前已规范了 STM - 1、STM - 4 和 STM - 16 三种等级的接口。其中 STM - 1 有电、光两种接口，STM - 4 和 STM - 16 只有光接口。

1. STM - N 输出口抖动

对光接口测试配置见图 5 - 56。其中图 5 - 56(a)为终端测试，图 5 - 56(b)为在线测试。如果是 STM - 1 电接口，则直接用测试电缆或高阻探头连接到抖动测试仪 STM - 1 电输入口。

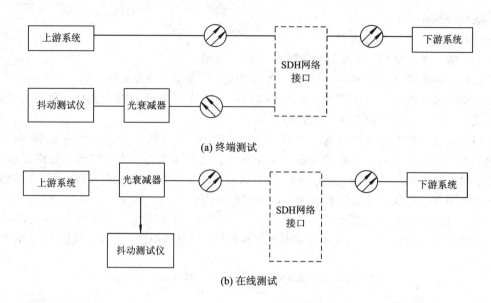

(a) 终端测试

(b) 在线测试

图 5 - 56 STM - N 接口输出抖动的测试配置

测试操作步骤：

（1）按图 5 - 56 接好电路。

（2）调整光衰减器，使输出光功率在抖动测试仪要求的范围内。

（3）按被测接口速率等级，设置抖动测试仪接收为相同速率。

（4）设置抖动测试仪的测试滤波器为 $f_1 \sim f_4$ 带通，连续进行不少于 60 s 的测量，读出测到的最大抖动峰 - 峰值，结果不应超过规定的 B_1 值。

（5）设置抖动测试仪测试滤波器为 $f_1 \sim f_4$ 带通，重复步骤（4），输出的抖动峰 - 峰值不应超过规定的 B_2 值。

2. STM - N 输入口抖动容限

测试配置见图 5 - 57。图中被测设备可以是 TM、ADM 和 DXC。被测 STM - N 输入口如果是 STM - 1 电接口，则光纤连接部分改为电缆连接，光衰减器也不再需要。

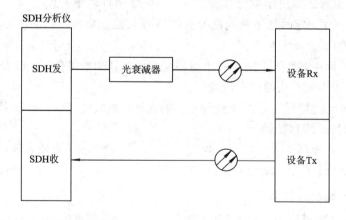

图 5 - 57 SDH 终端设备的 STM - N 输入口抖动容限测试配置

测试信号采用 TSS1 或 TSS5 信号结构，若支路口为 PDH 口，则发送适当的 PRBS 或在线路 STM – N 信号的 PDH 支路填充 PRBS。

测试操作步骤：

（1）按图 5 – 57 接好电路。

（2）根据测试配置及被测设备情况，为抖动发生器（或图案发生器）选择适当结构的测试信号，并按照 ITU – T 规定选择抖动频率和幅度从被测输入口送加抖动的测试信号。

（3）用误码检测器监视相应的输出信号。

（4）加大输入信号抖动幅度，直至刚好不出现误码为止，该抖动值即为被测算 STM – N 的输入抖动容限值，记录抖动频率和幅度。

（5）改变抖动频率，重复步骤（3）和（4），获得完整的输入抖动容限。

第6章　ZTE ZXMP S320 光端机设备

★ **本章目的**

> 熟悉 ZXMP S320 设备组成
> 熟悉 ZXONM E300 网管系统
> 熟悉常用维护与故障排除操作

☆ **知识点**

> ZXMP S320 系统结构
> ZXMP S320 硬件组成和功能
> ZXONM E300 网管系统结构
> 日常维护项目与常用故障排除操作

6.1　设　备　简　介

ZXMP S320 是基于 SDH 的多业务节点设备，主要应用于城域网接入层。设备设计严格遵循 ITU－T 的建议和国家标准，支持欧洲 SDH 映射路径标准，最大可提供 4 个 STM－1 光方向和两个 STM－4 光方向的组网能力，能够实现 STM－1 到 STM－4 的平滑升级，以及数据业务和传统 SDH 业务的接入和处理。

该设备主要具有以下特点。

1. 高集成度设计

ZXMP S320 采用贴片元件和中兴通讯自主开发的全套 $0.35~\mu m$ 超大规模 SDH 专用集成电路（ASIC）。该设备集成度高，在高度仅为 4U 的 19 英寸机箱内，实现了完备的 STM－1/STM－4 级别的 SDH 网元功能。

设备简介

根据实际组网要求，ZXMP S320 可以灵活地配置为线路终端设备（TM）、分插复用设备（ADM）以及再生器设备（REG）。

系统在 STM－1 级别应用时，可以直接上下 63 路 E1、64 路 T1、3 路 E3、3 路 T3 或同时上下等效于 1 个 STM－1 的 E1、T1、E3、T3 信号。系统在 STM－4 级别应用时，除可上下等效于一个 STM－1 的支路业务外，还可提供 4 个 STM－1 的光支路。

系统支持点对点、链形、环形、星形、网孔形组网。

2. 灵活的安装方式和供电设计

ZXMP S320 提供了 19 英寸标准机架式安装、台面式安装以及壁挂式安装方式，现场应用灵活方便。

ZXMP S320 提供了不同类型的电源单元,分别适用于直流+24 V 或-48 V 的一次电源,以适应不同的使用环境。

为满足用户的特殊需求,ZXMP S320 还提供了前出线组件和双电源连接盒,以支持前出线方式和双电源输入。

3. 强大灵活的业务管理

ZXMP S320 在 STM-1 级别应用时,最大交叉容量可达 504×504 VC12(672×672 VC11)。在 STM-4 级别应用时,交叉矩阵同时提供 8×8 VC4 空分交叉和 1008×1008 VC12(1344×1344 VC11)时分交叉。ZXMP S320 可以实现群路到群路、群路到支路、支路到支路时隙的全交叉,可提供灵活的带宽管理,增强了设备的组网能力和网络业务的调度能力。

ZXMP S320 的电路结构采用背板+单板的实现方式。根据需求不同采用不同的单板配置,即可组成不同功能的设备,充分满足用户对组网、业务接口及容量的需要。

4. 数据处理功能

ZXMP S320 设备在传统 SDH 设备的基础上扩展了数据业务的接入和处理能力,具有性价比高、接口槽位丰富、适用范围广的特点。其数据处理功能包括:

(1) 快速以太网(FE)接口功能。ZXMP S320 可提供多路 FE 接口。FE 接口为符合 IEEE 802.3 规范的 10/100 Mb/s 自适应接口,实现了虚拟数据网(VDN)功能。

(2) 低速率数据业务的接入。在城域光网络接入层可为用户提供符合 V.28、V.11 标准的低速数据业务接口,同时可直接接入 2/4 线的模拟音频信号,最大限度地满足用户需求。

(3) ATM 接口。ZXMP S320 提供 155 Mb/s ATM 业务接口,支持 CBR、rtVBR、nrtVBR、UBR 四种业务类型,可以完成 ATM 业务的接入和信元交换,可实现 3∶1 的业务汇聚与收敛和 VP 保护环,实现 ATM 业务在城域光网络上的传输。

5. 基于 SSM 的定时同步处理

ZXMP S320 有多个同步定时源可供选择,包括内部定时源、2 路 2048 kb/s 外部 BITS 信号、6 路由光线路信号提取的定时信号、4 路由 2 Mb/s 支路信号提取的定时信号。

ZXMP S320 支持对同步状态字 S1 字节的处理,采用同步状态消息(SSM)标志定时质量,同时支持 BITS 接口的 SSM 功能,使网元能够据此选取质量等级最高的同步路径来确保网络同步性能,可有效地避免因定时基准倒换可能引起的定时环路。此外,ZXMP S320 还可提供 2 路具有 SSM 功能的 2048 kb/s 时钟信号输出接口。

6. 完善的保护机制和高可靠性

ZXMP S320 设备的研发和生产全过程都符合 ISO 9000 系列质量认证体系要求,设备整体工艺先进。

系统采用的背板+单板的电路结构形式不仅便于设备维护,也利于故障定位和隔离。某块功能单板的故障不会造成整个系统的瘫痪。系统可以实现部分单板的热备份,完成设备级单元保护。系统引入设备级单元保护和网络级业务保护的多层次保护机制,进一步提高了系统的可靠性。

设备级单元保护:ZXMP S320 系统的系统时钟板、电源板、STM-1 级别交叉板等可以实现单板硬件热备份,其支路板提供 $1∶N(N \leqslant 4)$ 保护。

网络级业务保护:线形网提供线性复用段 1+1 或 1∶1 保护,环形网提供二纤单向通道保护环、二纤单向复用段倒换环，网孔形网络提供子网连接保护。

ATM 业务保护：支持基于 VPAIS 和物理层 LOS、LOF、OOF、LAIS、PAIS、PRDI 告警的 VP 保护。

7. 良好的电磁兼容性(EMC)和操作安全性

在 ZXMP S320 的电路板设计、元器件选择、工艺结构设计以及设备标志的设计过程中，充分考虑了设备的电磁兼容、操作安全、防火防爆等因素，使 ZXMP S320 设备具有规范的标志、良好的电磁兼容性能和安全性能。

8. 丰富的接口功能

ZXMP S320 可以提供标准的 SDH 622.080 Mb/s 光接口、155.520 Mb/s 光接口(或电接口)和标准的 PDH 1.544 Mb/s、2.048 Mb/s、34.368 Mb/s、44.736 Mb/s 支路接口。

ZXMP S320 利用音频/数据接口板，通过 2 Mb/s 通道或空闲开销字节可以实现音频/数据业务的传输，最多可提供 30 路 RS-232/RS-422/RS-485 数据接口或 30 路 2/4 线音频接口。ZXMP S320 的勤务板上还直接提供一路 RS-232 接口，利用开销字节实现数据传送。

ZXMP S320 利用 4 端口智能快速以太网板实现以太网业务处理功能，单板在用户侧提供 4 个 10/100 Mb/s 自适应以太网接口，在系统侧提供 8 个系统端口。

ZXMP S320 利用 ATM 处理板实现 ATM 业务处理功能，单板在用户侧提供 4 个 155 Mb/s ATM 光接口，在系统侧提供 2 个 155 Mb/s 端口。

ZXMP S320 提供 2 个标准 2.048 Mb/s 的 BITS 时钟输入接口，6 个 8 kHz 线路时钟输入基准和 5 路可选支路时钟输入基准；提供 2 个标准 2.048 Mb/s 的外时钟输出接口，接口特性符合 G.703，帧结构符合 G.704。ZXMP S320 提供分级告警信号输出功能，输出告警可分为一般告警(Minor Alarm)、主要告警(Major Alarm)、严重告警(Critical Alarm)三级。

ZXMP S320 设备提供了风扇监控功能，可以在网管软件中监控设备风扇的运行状态。此外，ZXMP S320 还特别提供了 4 路告警开关量输入接口，接入相应的监控单元就可以在网管软件中实现对温度、火警、烟雾、门禁等机房环境的监控，可以实现对设备工作环境的远程监控。

9. 强大易用的网管系统

ZXMP S320 可以纳入 ZXONM E300 网络管理系统进行管理，该网管系统可以管理中兴通讯的 Unitrans 系列 SDH 设备、DWDM 设备及城域光传输设备，并支持这些设备的混合组网。

ZXONM E300 网管系统具有网元管理层和部分网络管理层的功能，可以实现故障(维护)管理、性能管理、配置管理、安全管理和系统管理五大管理功能。ZXONM E300 网管系统具有图形化操作界面，操作简单易用，系统具有视听告警功能。

6.2　设备系统结构

6.2.1　设备外形及功能结构

ZXMP S320 设备外形结构示意图如图 6-1 所示。

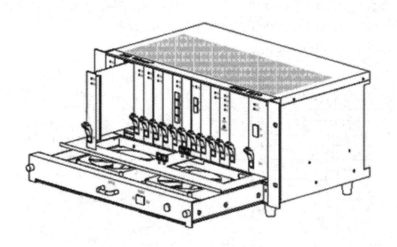

设备系统结构

图 6 - 1　ZXMP S320 设备外形结构示意图

ZXMP S320 由固定有背板的机箱、插入机箱内的功能单板以及一个可拆卸、可监控的风扇单元组成。单板与风扇单元间设有尾纤托板作为引出尾纤的通道。整个设备结构紧凑，体积小巧，安装灵活方便。

ZXMP S320 设备的功能结构如图 6 - 2 所示。

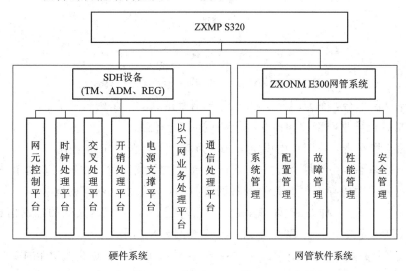

图 6 - 2　ZXMP S320 系统功能结构

ZXMP S320 系统从功能层次上可分为硬件系统和网管软件系统，两个系统既相对独立，又协同工作。网管软件系统对硬件系统和传输网络进行管理和监视，并协调传输网络工作。ZXMP S320 硬件系统是 SDH 设备的主体，在软件设定完成后，它可以脱离网管软件系统独立工作。

1. 硬件系统

ZXMP S320 的硬件系统采用"平台"的设计理念，拥有网元控制平台、通信处理平台、交叉处理平台、开销处理平台、时钟处理平台、以太网业务处理平台以及电源支撑平台。

通过各个功能平台的建立、移植以及综合，ZXMP S320 形成了各种功能单元或单板，通过一定的连接方式组合成一个功能完善、配置灵活的 SDH 设备。根据组网要求的不同，ZXMP S320 可以配置为 TM、ADM 以及 REG 三种类型的 SDH 设备。

各个业务平台间的相互关系如图 6 - 3 所示。

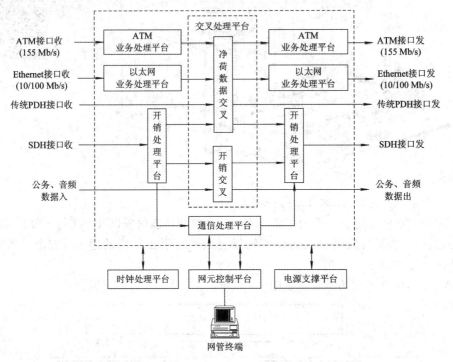

图 6 - 3　ZXMP S320 硬件平台功能联系图

（1）网元控制平台：作为网元设备与后台网管的接口，是硬件平台的中心。其他平台通过网元控制平台接收网管控制命令并上报网元运行信息。

（2）电源支撑平台：采用集中供电方式，为其他平台提供工作电源。

（3）时钟处理平台：主要为设备内所有平台提供系统时钟，时钟的来源有多种。时钟处理平台也可以将时钟导出作为其他设备的定时源，确保整个网络的同步。

（4）通信处理平台：即 ECC 处理平台。设备利用 DCC 装载网元间的控制信息，通信处理平台提取 SDH 光接口中的 ECC 信息，并送至网元控制平台。

（5）以太网业务处理平台：包括以太网业务透明传送以及带数据交换功能的以太网传送。

（6）ATM 业务处理平台：完成 ATM 业务的汇聚、传送和信元交换。

（7）开销处理平台：分离 SDH 帧结构的段开销与净负荷，并对开销进行处理。

（8）交叉处理平台：包括净荷数据交叉和开销交叉两个部分。交叉处理平台也是设备的一个核心部分。净荷数据交叉是 SDH 信号与 SDH 信号、SDH 信号与 PDH 信号之间的业务连接纽带；开销交叉接收经开销处理平台处理后的开销字节，完成字节之间的交换，实现了网元的辅助功能。

2. 网管软件系统

ZXMP S320 采用 ZXONM E300 网管软件，实现设备硬件系统与传输网络的管理和监视，协调传输网络的工作。

ZXONM E300 系统采用四层结构,分别为设备层、网元层、网元管理层和子网管理层,并可向网络管理层提供 Corba 接口。

6.2.2　设备结构组件

ZXMP S320 设备结构组件有机箱、背板、风扇、单板及接口板等。

1. 机箱

ZXMP S320 机箱可以采用不同形式的安装支耳。根据安装支耳的形式不同,ZXMP S320 机箱包括前固定机箱和后固定机箱两种。前固定机箱的支耳在设备前面,如图 6 - 4 所示;后固定机箱采用后固定支耳,如图 6 - 5 所示。

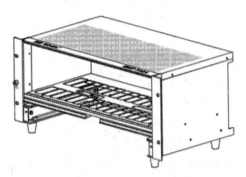 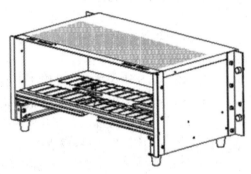

图 6 - 4　ZXMP S320 前固定机箱结构示意图　　　图 6 - 5　ZXMP S320 后固定机箱结构示意图

2. 背板

背板作为 ZXMP S320 设备机箱的后背板,固定在机箱中,是连接各个单板的载体,同时也是 ZXMP S320 设备同外部信号的连接界面。在背板上分布有 38 Mb/s 的数据总线、19 Mb/s 和 38 Mb/s 时钟信号线、8 kHz 帧信号线、64 kb/s 开销时钟信号线以及板在位线、电源线等,通过遍布背板的插座将各个单板、设备和外部信号之间联系起来。

ZXMP S320 的 PDH 2/1.5 Mb/s、34/45 Mb/s 电支路出线均从设备后背板接口引出,尾纤由光板上的光接口引出,也可以经机箱内风扇单元上面的走线区顺延到机箱背板的尾纤过孔引出,数据、音频业务接口在各单板的面板上。设备背板接口区排列如图 6 - 6 所示。

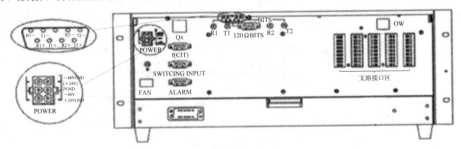

图 6 - 6　ZXMP S320 背板接口区排列图

ZXMP S320 背板的各个接口说明如下。

(1) POWER:—48 V(+24 V)电源插座。用于连接一次电源,为 ZXMP S320 设备供电。

（2）Qx：SMCC 的本地管理设备接口，用于连接网管终端计算机。Qx 接口为 10BaseT 标准以太网接口，采用 RJ-45 标准插座。

（3）f(CIT)：操作员接口（Craft Interface Terminal）。操作员接口符合 RS-232C 规范，采用 9 针插座，可以接入本地维护终端（LCT）对设备进行监控。

（4）SWITCHING INPUT：开关量输入接口。采用 9 针插座（孔），能接收 4 组 TTL 电平标准开关量作为监控告警输入，可将温度、火警、烟雾、门禁等告警信号传送到网管中进行监视。

（5）ALARM：告警输出接口。用于连接列头柜、告警箱，当设备存在告警时由该接口输出告警信号。根据用户要求不同，ZXMP S320 的告警输出接口可以分为提供直流电源和不提供直流电源两种，如无特殊要求，将按照不提供直流电源配置。告警输出接口采用 9 针插座。

（6）BITS：时钟接口区。用于输入、输出同步时钟信号，ZXMP S320 提供平衡式 120 Ω 时钟接口和非平衡 75 Ω 时钟接口。

R1：第一路 BITS 输入接口，采用非平衡 75 Ω 同轴插座。

T1：第一路 BITS 输出接口，采用非平衡 75 Ω 同轴插座。

R2：第二路 BITS 输入接口，采用非平衡 75 Ω 同轴插座。

T2：第二路 BITS 输出接口，采用非平衡 75 Ω 同轴插座。

120 Ω BITS：平衡式 120 Ω BITS 接口，提供两路输入接口、两路输出接口，采用 9 针插座（孔）。

（7）OW：勤务话机接口。采用 RJ-11 插座，用于连接勤务电话机。

（8）支路接口区。支路接口区采用 5 组插座，配合支路插座板，提供最多 63 路 2 M 或 64 路 1.5 M 信号接口，带支路保护的 34 M/45 M 接口也由这个接口区提供。

3. 风扇

风扇单元采取抽拉式设计，插入机箱底层，根据需要可以方便地拆卸下来进行维护和清理。风扇单元内装有两个散热风扇，在风扇单元底部加装有可拆卸的防尘滤网，在风扇组件面板上装有风扇开关、保险丝、拉手以及固定螺丝等。风扇单元通过一个插座与 ZXMP S320 设备背板相连，其中包括供电电源线和风扇监控线。风扇的运行状态和告警信息可以通过这个插座传送到网管进行监视。风扇单元示意图如图 6-7 所示。

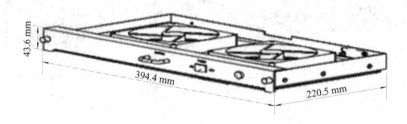

图 6-7　ZXMP S320 风扇单元示意图

4. 单板及接口板

ZXMP S320 设备的单板包括网元控制处理板（NCP）、电源板（PWA 和 PWB）、系统时钟板(SCB)、勤务板(OW)、交叉板(CSB)、STM－1 光接口板(OIB1)、全交叉 STM－4 光接口板(O4CS)、支路板(ET1/ET3)、支路倒换板(TST/TSA)和四端口智能快速以太网板(SFE4)等。

　1) 网元控制处理板(NCP)

　NCP 是一种智能型的管理控制处理单元，内嵌实时多任务操作系统。网元控制处理板外形如图 6－8 所示。

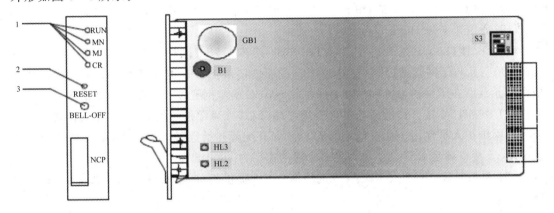

1—指示灯(RUN、MN、MJ、CR)；2—复位开关(RESET)；3—截铃按钮(BELL-OFF)

图 6－8　网元控制处理板外形示意图

　NCP 作为整个系统的网元级监控中心，向上连接子网管理控制中心(SMCC)，向下连接各单板管理控制单元(MCU)，收发单板监控信息，具备实时处理和通信能力。NCP 完成本端网元的初始配置，接收和分析来自子网管理控制中心的命令，通过通信口对各单板下发相应的操作指令，同时将各单板的上报消息转发网管。NCP 还控制本端网元的告警输出和监测外部告警输入。NCP 可以强制各单板进行复位。ZXMP S320 网络管理结构如图6－9 所示。

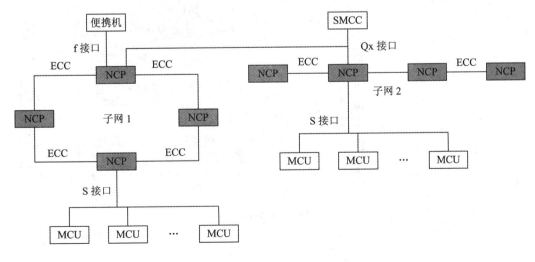

图 6－9　ZXMP S320 网络管理结构示意图

NCP 提供的接口和功能如下：

（1）S 接口。S 接口是 NCP 板与系统时钟板、勤务板、光板、交叉板及各种电支路板等单板通讯的接口。NCP 板通过 S 接口给各单板管理控制单元（MCU）下达配置命令，并采集各单板的性能和告警信息。ZXMP S320 NCP 的 S 接口采用 TTL 电平的 UART 主从多机通信方式。

（2）ECC（嵌入式控制通道）。ECC 是 SDH 网元之间交流信息的通道，它利用 SDH 段开销中的 DCC（D1～D3 字节）作为其物理通道，数据链路层采用 HDLC 协议，工作在同步方式，其通信速率为 192 kb/s。

（3）Qx 接口。Qx 是满足 10BaseT/100BaseTX 的以太网标准接口，符合 TCP/IP 协议。它是网元与子网管理控制中心（SMCC）的通信接口。NCP 板通过 Qx 口可向 SMCC 上报本网元及所在子网的告警和性能，并接收 SMCC 给本网元及所在子网下达的各种命令。

（4）f 接口。f 接口是网元与本地管理终端（LCT）（通常是便携机）之间的通信接口，一般为工程维护人员使用，通过 f 接口可以为 NCP 配置初始数据，也可以连接本地网元的监视终端。f 接口满足 RS - 232 电气特征，通信速率为 9600 b/s。

（5）单板复位。NCP 为本端网元的所有 MCU 提供复位信号，SMCC 可以通过 NCP 硬件复位 MCU。

2）电源板（PWA 和 PWB）

电源板主要提供各单板的工作电源，即二次电源，其外形如图 6 - 10 所示。一块电源板相当于一个小功率 DC/DC 变换器，能为 ZXMP S320 设备内的各个单板提供其运行所需的 +3.3 V、+5 V、-5 V 和 -48 V 直流电源。为满足不同的供电环境，ZXMP S320 提供了 PWA 和 PWB 两种电源板，分别适用于一次电源为 -48 V 和 +24 V 的情况。为提高系统供电的可靠性，ZXMP S320 设备支持电源板的热备份工作方式。电源板的面板上设有一个电源开关，开关置"ON"时将机箱电源接入电源板，置"OFF"时将电源板与机箱电源断开。

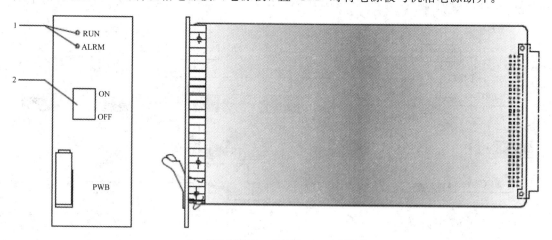

1— 指示灯(RUN、ALRM)；2—电源开关

图 6 - 10　电源板外形示意图

3）系统时钟板（SCB）

SCB 的主要功能是为 SDH 网元提供符合 ITU - T G.813 规范的时钟信号和系统帧

头，同时也提供系统开销总线时钟及帧头，使网络中各节点网元时钟的频率和相位都控制在预先确定的容差范围内，以便使网内的数字流实现正确有效的传输和交换，避免数据因时钟不同步而产生滑动损伤。

SCB 提供 2 个标准 2.048 Mb/s 的 BITS 时钟输入接口，6 个 8 kHz 线路时钟输入基准和 5 路可选支路时钟输入基准，根据各时钟基准源的告警信息以及时钟同步状态信息完成时钟基准源的保护倒换。

SCB 提供 2 个标准 2.048 Mb/s 的外时钟输出接口，作为两路时钟源基准信号输出。

为提高系统同步定时的可靠性，SCB 支持双板热备份工作方式。

SCB 从输入的有效定时源中选择网元的定时参考基准，并将定时基准分配至网元内其他单元。系统时钟板包括时钟基准的选择、锁相环、告警检测等部分，可以实现 SSM 信息的处理、系统时钟板的主备倒换等功能。系统时钟板外形如图 6-11 所示。

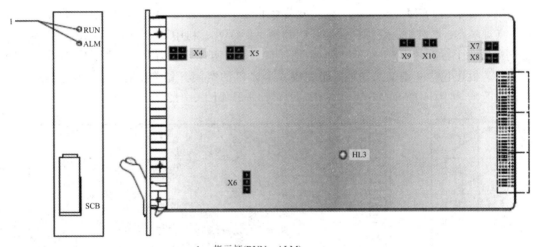

1— 指示灯(RUN、ALM)

图 6-11　系统时钟板外形示意图

在 SCB 实现时钟同步、锁定等功能的过程中有四种工作模式：

（1）快捕方式。快捕方式是指从 SCB 选择基准时钟源到锁定基准时钟源的过程。

（2）跟踪方式。跟踪方式是指 SCB 已经锁定基准时钟源的工作方式，这也是 SCB 的正常工作模式之一，此时 SCB 可以跟踪基准时钟源的微小变化并与其保持同步。

（3）保持方式。当所有的定时基准丢失后，SCB 进入保持方式，SCB 利用定时基准信号丢失前所存储的最后频率信息作为其定时基准来工作，保持方式的保持时间为 24 小时。

（4）自由运行方式。当设备丢失所有的外部定时基准，而且保持方式的时间结束后，SCB 的内部振荡器工作于自由振荡方式，为系统提供定时基准。

在 ZXMP S320 系统中，可以同时配置两块系统时钟板(SCB)，分别为主、备用系统时钟板。在没有设置强制倒换，两板都在位且均正常工作时，只有主用 SCB 的时钟输出到背板；当主系统时钟板出现故障时，系统将自动进行倒换并采用备用板的时钟输出信号。

系统时钟板的主、备用倒换状态可利用网管软件进行设定，主要包括以下四种状态：

（1）闭锁。网管下发此命令，设备强制系统采用主用 SCB 进行时钟处理，无论主用 SCB 是否运行正常。

（2）强制倒换。网管下发此命令，设备强制系统倒换到所要求的 SCB 进行时钟处理，无论该 SCB 运行是否正常。

（3）人工倒换。网管下发此命令，设备强制系统倒换到所要求的 SCB 上，但如果该 SCB 运行不正常则倒换不能进行，系统时钟仍由命令下发前的工作 SCB 进行处理。

（4）自然倒换。此命令为网管缺省配置，在未配置闭锁、强制倒换或人工倒换时，执行自然倒换，在当前输出时钟的 SCB 检测到自身运行不正常时，将停止时钟处理，并将当前状态告知另一 SCB，另一 SCB 在自身运行正常的情况下立即转入工作状态，进行时钟处理。

4）勤务板（OW）

OW 板利用 SDH 段开销中的 E1 字节和 E2 字节提供两条互不交叉的话音通道，一条用于再生段（E1），一条用于复用段（E2），从而实现各个 SDH 网元之间的语音联络。

OW 板采用 PCM 语音编码，使用双音频信令，能够通过网管软件中的设定实现点对点、点对多点、点对组、点对全线的呼叫和通话。OW 板利用 SDH 段开销中的 F1 字节给用户提供一个标准的 RS-232C 同向数据接口，可以实现 SDH 网元间的点对点数据传送。

OW 板还包含开销交叉功能，能完成 6 个光口的空闲开销与支路音频/数据板的 HW 总线进行的 36×36 的 64 kb/s 全交叉。OW 板外形如图 6-12 所示。

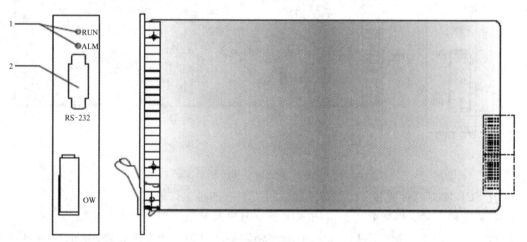

1—指示灯(RUN、ALM)；2—RS-232 接口

图 6-12　勤务板外形示意图

在 SDH 网中，各个网元同时将公务信号发到 E1 和 E2 通道中，OW 板根据网管命令自动选择使用 E1 通道或 E2 通道作为当前公务电话通道。在通道内传送的号码、信令和语音等信号采用广播方式发送，各个网元接收其他所有网元发送的信号总和，OW 板判断通道状态及是否呼叫本站后，控制电话机是否振铃并接到通道上，实现话音接续。

因为 ZXMP S320 OW 板的公务信号采用广播方式向通道发送，所以在进行组网时，如果是环形网或子网内包含环形网，就必须将公务通道断开，将 E1 和 E2 通道的环形结构变成链形结构，以保证话音在网中不会循环传输和多路径传输。

这种为防止公务通路成环而人为切断通路的网元称做公务控制点网元，公务控制点网元的设定通过网管软件中的公务保护配置功能进行。

5）增强型交叉板（CSBE）

CSBE 在系统中主要完成信号的交叉调配和保护倒换等功能，实现上下业务及带宽管理。CSBE 位于光线路板和支路板之间，具有 8×8 个 AU4 容量的空分交叉能力和 1008×1008 TU12/1344×1344 TU11 容量的低阶交叉能力。CSBE 可以对 2 个 STM－4 光方向，4 个 STM－1 光方向和 1 个支路方向的信号进行低阶全交叉，实现 VC4、VC3、VC12、VC11 级别的交叉连接功能，完成群路到群路、群路到支路、支路到支路的业务调度，并可实现通道和复用段业务的保护倒换功能。增强型交叉板外形如图 6－13 所示。

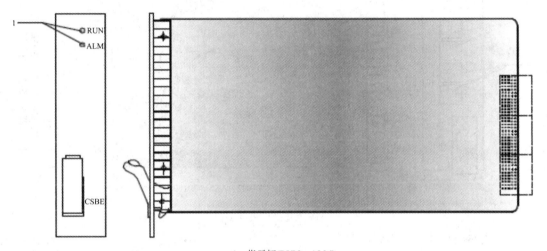

1—指示灯(RUN、ALM)

图 6－13　增强型交叉板外形示意图

在通道保护配置时，CSBE 可以自行根据支路告警完成倒换，在复用段保护配置时，CSBE 可以根据光线路板传送的倒换控制信号完成倒换。为提高系统的可靠性，ZXMP S320 设备支持 CSBE 板的热备份工作方式。

在 ZXMP S320 系统的 STM－1 应用时，可以同时配置两块 CSBE 板，分别为主、备用交叉板，在没有设置强制倒换，两板都在位且均正常工作时，由主用 CSBE 板完成交叉处理，当主用 CSBE 板出现故障时，系统将自动倒换到备用 CSBE 板完成交叉处理。

CSBE 板的主备用倒换状态可以利用网管软件进行设定，包括闭锁、强制倒换、人工倒换和自然倒换四种状态。

6）STM－1 光接口板（OIB1）

OIB1 对外提供 1 路或 2 路的 STM－1 标准光接口，实现 VC4 到 STM－1 之间的开销处理和净负荷传递，完成 AU4 指针处理和告警检测等功能。提供一路光接口的 OIB1 表示为 OIB1S，提供两路光接口的 OIB1 表示为 OIB1D。OIB1D 外形如图 6－14 所示。

7）全交叉 STM－4 光接口板（O4CS）

O4CS 对外提供 1 路或 2 路 STM－4 的光接口，完成 STM－4 光路/电路物理接口转换、时钟恢复与再生、复用解复用、段开销处理、通道开销处理、支路净负荷指针处理以及告警监测等功能。O4CS 具有 8×8 个 AU4 容量的空分交叉能力和 1008×1008 TU12/1344×1344 TU11 容量的低阶交叉能力，可以对 2 个 STM－4 光方向，4 个 STM－1 光方向和 1 个支路方向的信号进行低阶全交叉。O4CS 根据支路告警完成通道倒换功能，根据 APS 协议完成复用段保护功能。O4CS 将本板上两路 STM - 4 光接口传送来的 ECC 开销信号进行处理后复合为一组扩展 ECC 总线传送给 NCP 板。提供一路光接口的 O4CS 表示为 O4CSS，提供两路光接口的 O4CS 表示为 O4CSD。O4CSD 光接口板外形如图 6 - 15 所示。

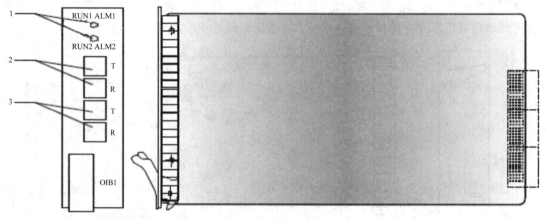

1—指示灯("RUN1　ALM1"和"RUN2　ALM2")；2—1#光接口；3—2#光接口

图 6 - 14　STM - 1 光接口板(OIB1D)外形示意图

8) 支路板(ET1/ET3)

ET1 可以完成 8 路或 16 路 E1 信号(2 Mb/s)经 TUG2 至 VC4 的映射和去映射，支路信号的对外连接通过背板接口区连接相应型号的支路插座板实现。ET1 从 E1 支路信号抽取时钟并供系统同步定时使用。ET1 完成对本板 E1 支路信号的性能和告警分析并上报，但对支路信号的内容不作任何处理。在配置支路倒换板后，可以实现 ET1 支路板的 $1:N$ $(N \leqslant 4)$ 保护。ETSI 映射结构 2M 支路板(ET1)外形如图 6 - 16 所示。

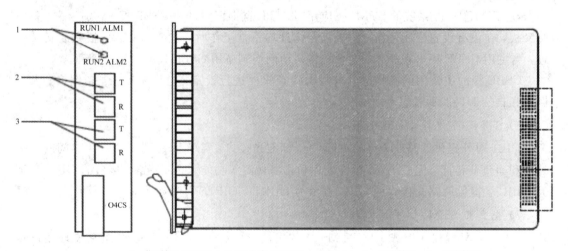

1—指示灯("RUN1　ALM1"和"RUN2　ALM2")；2—1#光接口；3—2#光接口

图 6 - 15　全交叉 STM - 4 光接口板外形示意图

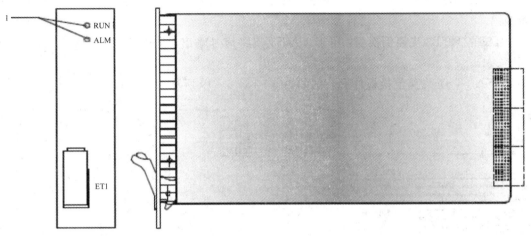

1—指示灯(RUN、ALM)

图 6 - 16　ETSI 映射结构 2M 支路板(ET1)外形示意图

ET3 单板兼容 E3 信号(34 Mb/s)和 T3 信号(45 Mb/s)，通过设置可以选择支持 E3 或 T3 支路信号接口。ET3 可以完成 1 路 T3/E3 信号经 TUG3 至 VC4 的映射和去映射，支路信号的对外连接通过背板接口区连接相应型号的支路插座板来实现。ET3 完成对本板 T3/E3 支路信号的性能和告警分析并上报，但对支路信号的内容不作任何处理。在配置支路倒换板 TST 或 TSA 后，可以实现 ET3 支路板的 $1:N(N{\leqslant}3)$ 保护。ET3 接口板外形如图 6 - 17 所示。

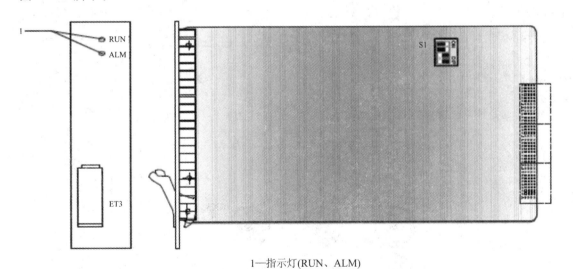

1—指示灯(RUN、ALM)

图 6 - 17　ET3 接口板外形示意图

9) 支路倒换板(TST/TSA)

支路倒换板与备用支路板共同实现对支路板的 $1:N(N{\leqslant}4)$ 保护，保证某一块主用支路板掉电或拔板时不影响正常业务。根据保护的主用支路板形式和信号接口类型不同，支路倒换板可分为 TSA 和 TST 两种，分别说明如下：

TSA：E1/T1/T3/E3 支路倒换板，兼容 E1/T1 支路信号输出时的平衡式输出或非平衡输出。

TST：T3/E3 支路倒换板，用于 T3/E3 支路信号输出，采用 75 Ω 非平衡 BNC 同轴插座。

TSA、TST 支路倒换板外形分别如图 6 - 18、6 - 19 所示。

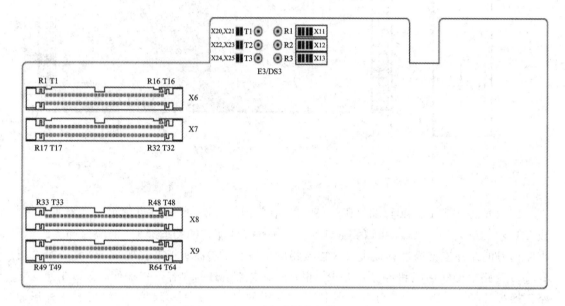

图 6 - 18　TSA 支路倒换板外形示意图

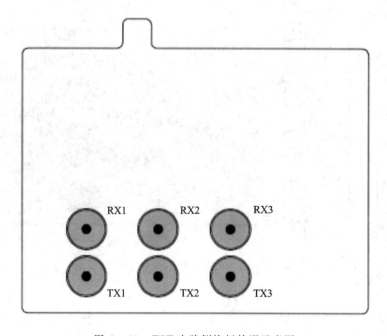

图 6 - 19　TST 支路倒换板外形示意图

10）4 端口智能快速以太网板（SFE4）

SFE4 作为 ZXMP S320 设备提供的在 SDH 基础上传输以太网帧的单板，完成

10/100 Mb/s 自适应以太网业务的接入及以太网数据向 SDH 数据的映射，支持传统 LAN 和 IEEE Std. 802.1d 建议的带标记的 VLAN，对于每位客户（每个客户可包含多个 VLAN）可运行独立的生成树协议（STP），避免成环业务；具备带宽统计复用和 VLAN 的 TRUNK 功能，经过 SDH 系统实现局域网间、局域网和广域网的互联。SFE4 外形如图 6-20 所示。

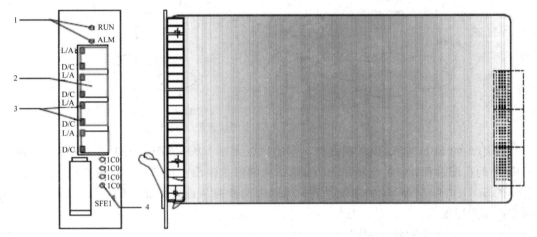

1— 指示灯(RUN、ALM)；2—以太网接口；3—以太网指示灯(L/A、D/C)；4—速率指示灯(100)

图 6-20　SFE4 外形示意图

每块 SFE4 可提供 4 个 LAN 接口和对内提供 8 个广域网方向，每个广域网方向由 1~63 个 VC12 采用虚级联方式实现任意绑定，可提供最小为 2 Mb/s、最大为 100 Mb/s 的出口，带宽之和小于 155 Mb/s。LAN 接口即用户端口可实现 L2 层的数据转发功能。

当需要下业务至 SDH 时，以太网数据包将首先通过 LAPS/PPP 协议进行包封，在经过速率适配之后转换为 SDH 帧，同样如果有业务需要从系统侧下到用户端时，将会有一个逆过程的完成，整个适配过程的示意图如图 6-21 所示。

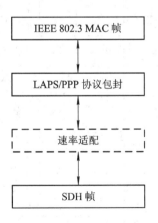

图 6-21　适配过程示意图

SFE4 支持点到点、点到多点等网络形式。以点到点组网为例，SFE4 组网示意图如图 6-22 所示。

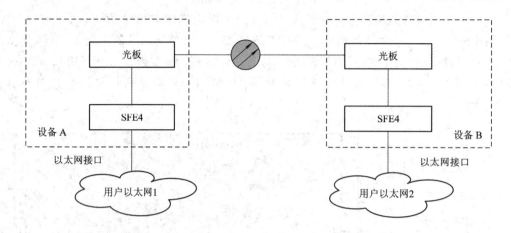

图 6 - 22　SFE4 组网示意图

　　设备 A 的 SFE4 通过以太网接口接入用户以太网 1，经过图 6 - 21 所示的 MAC 帧到 SDH 帧的适配过程，通过光板以 SDH 帧结构的形式输出至设备 B，设备 B 经过图 6 - 21 所示的 SDH 帧到 MAC 帧的适配过程，将以太网业务从设备 B 的 SFE4 板的以太网接口输出至用户以太网 2。

　　表 6 - 1 所示为单板名称列表。

表 6 - 1　单板名称列表

序号	名　　称	代号	序号	名　　称	代号
1	−48 V 电源板	PWA	14	STM - 1 光接口板（AU - 3）	OIB
2	+24 V 电源板	PWB	15	支路插座板 A	ETA
3	系统时钟板	SCB	16	支路插座板 B	ETB
4	STM - 1 光接口板（AU - 4）	OIB1	17	支路插座板 C	ETC
5	2 Mb/s 支路板（AU - 4）	ET1	18	支路插座板 D	ETD
6	通用 E1/T1 支路板	ET1G	19	支路倒换板 A	TSA
7	34 Mb/s 支路板	ET3E	20	T3/E3 支路倒换板	TST
8	45 Mb/s 支路板	ET3D	21	4 端口智能快速以太网板	SFE4
9	网元控制处理板	NCP	22	2 端口 155 Mb/s ATM 处理板	APIS2
10	背板	MB1	23	全交叉 STM - 4 光接口板	O4CS
11	交叉板	CSB	24	音频接口板	AI
12	勤务板	OW	25	数据接口板	DI
13	STM - 1 电接口板	EIB1			

6.3 网管软件简介

ZXMP S320 采用 ZXONM E300 网管软件，实现设备硬件系统与传输网络的管理和监视，协调传输网络的工作。

ZXONM E300 系统采用四层结构，分别为设备层、网元层、网元管理层和子网管理层，并可向网络管理层提供 Corba 接口。

网管软件简介

1. 层次介绍

ZXONM E300 网管系统的层次结构如图 6-23 所示。

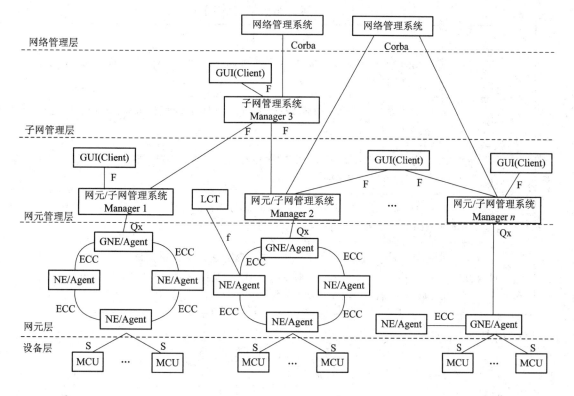

图 6-23 ZXONM 网管系统层次结构图

（1）设备层（MCU）：负责监视单板的告警和性能状况，接收网管系统命令，控制单板实现特定的操作。

（2）网元层（NE）：在网管系统中为 Agent，执行对单个网元的管理职能，在网元上电初始化时对各单板进行配置处理，正常运行状态下负责监控整个网元的告警、性能状况，通过网关网元（GNE）接收网元管理层（Manager）的监控命令并进行处理。

（3）网元管理层（Manager）：包括管理者（Manager）、用户界面（GUI）和本地维护终端（LCT），用于控制和协调多个网元设备的运行。

·Manager（或服务器 Server）是网元管理层的核心，可同时管理多个子网，控制和协调网元设备。

· GUI 提供图形用户界面，将用户管理要求转换为内部格式命令下发至 Manager。

· LCT 通过控制用户权限和软件功能部件实现 GUI 和 Manager 的一种简单合成，提供弱化的网元管理功能，主要用于本地网元的开通维护。

（4）子网管理层：子网管理层的组成结构和网元管理层类似，对网元的配置、维护命令通过网元管理层的网管间接实现。子网管理系统通过管理系统给网元下发控制命令，网元将命令的执行结果通过网元管理系统反馈给子网管理系统。子网管理系统可以为网络管理层提供 Corba 接口，传递子网监控指令和运行信息。

2. 接口说明

各接口的位置如图 6 - 23 所示。各接口说明如表 6 - 2 所示。

表 6 - 2　网管系统接口说明

接口名称	接口说明
Qx 接口	Agent 与 Manager 的接口，即网元控制板（NCP）与 Manager 程序在计算机的接口，遵循 TCP/IP 协议
F 接口	GUI 与 Manager、子网管理层 Manager 与网元管理层 Manager 的接口，遵循 TCP/IP 协议
f 接口	Agent 与 LCT 的接口，即 NCP 板与维护终端的接口，维护终端安装有相应的网管软件，遵循 TCP/IP 协议
S 接口	Agent 与 MCU 的接口，即 NCP 板与单板的通信接口。S 接口采用基于 HDLC 通信机制进行一点对多点的通信
ECC 接口	Agent 与 Agent 的接口，即网元与网元之间的通信接口。ECC 接口采用 DCC 进行通信，可考虑同时支持自定义通信协议和标准协议，在 Agent 上完成网桥功能

6.4　维护及故障排除

1. 维护

在 SDH 设备投入运行后，为了保证光传输设备正常运行，维护工作必不可少。如果能及时、高效地进行维护工作，可以使设备运行情况稳定，延长设备使用寿命。设备维护分为例行维护和突发维护等。

维护及故障排除

例行维护是日常的周期性维护，主要是对设备运行情况的周期性检查，对检查中出现的问题及时处理，以达到发现隐患、预防事故发生和及时发现故障尽早处理的目的。日常维护涉及的项目如表 6 - 3 所示。

突发性维护也称为故障处理，是指因为传输设备故障、网络调整等原因带来的维护任务。

表 6－3　SDH 日常维护项目列表

维 护 项 目		间隔周期
环境维护		1 天
设备维护	设备声音告警检查	1 天
	机柜指示灯观察	1 天
	单板指示灯观察	半天
	风扇检查和清理防尘网	2 周
	公务电话检查	2 周
	业务检查	2 周
网管维护	用户管理（更改登录口令）	1 月
	网管连接	1 天
	拓扑图监视	1 天
	告警监视	1 天
	性能监视	1 天
	查询系统配置	不定期
	查询用户操作日志	不定期
	报表打印	不定期
	备份数据	不定期

常用的维护操作有插拔尾纤、环回、复位、光功率测试、误码测试和网管诊断等。

1）单板维护的注意事项

（1）在设备维护中做好防静电措施，避免损坏设备。由于人体会产生静电电磁场并较长时间地在人体上保存，所以为防止人体静电损坏敏感元器件，在接触设备时必须佩带防静电手环，并将防静电手环的另一端良好接地。单板在不使用时要保存在防静电袋内。

（2）注意单板的防潮处理。备用单板的存放必须注意环境温、湿度的影响。保存单板的防静电保护袋中一般应放置干燥剂，以保持袋内的干燥。当单板从一个温度较低、较干燥的地方拿到温度较高、较潮湿的地方时，至少需要等 30 分钟以后才能拆封。否则，会导致水汽凝聚在单板表面，损坏器件。

（3）插拔单板时要小心操作。设备背板上对应每个单板板位有很多插针，如果操作中不慎将插针弄歪、弄倒，可能会影响整个系统的正常运行，严重时会引起短路，造成设备瘫痪。

2）光线路板/光接口板维护的注意事项

（1）光线路板/光接口板上未用的光口一定要用防尘帽盖住。这样既可以预防维护人员无意中直视光口损伤眼睛，又能起到对光口防尘的作用，避免灰尘进入光口后，影响发光口的输出光功率和收光口的接收灵敏度。

（2）日常维护工作中，如果拔出尾纤，必须立即为该尾纤接头佩戴防尘帽。

（3）严禁直视光线路板/光接口板上的光口，以防激光灼伤眼睛。

（4）清洗尾纤插头时，应使用无尘纸蘸无水酒精小心清洗，不能使用普通的工业酒精、医用酒精或水。

（5）更换光线路板/光接口板时，注意应先拔掉光线路板/光接口板上的尾纤，再拔光线路板/光接口板，禁止带纤插拔单板。

3）设备维护的注意事项

（1）上电步骤：

① 确认设备的硬件安装和线缆布放完全正确，设备的输入电源符合要求，设备内无短路现象。

② 接通机房对设备的供电回路开关。

③ 如果风扇有电源开关，将风扇电源开关置于"ON"。

④ 将电源分配箱空气开关置于"ON"，设备上电，观察机柜顶部的绿色指示灯是否点亮，风扇是否正常运转。

（2）下电步骤：

① 将电源分配箱空气开关置于"OFF"，设备下电。

② 如果设备风扇有电源开关，将风扇电源开关置于"OFF"。

③ 关闭机房对设备的供电回路开关，切断设备输入电源。

（3）严禁带电安装、拆除电源线。带电连接电源线时会产生电火花或电弧，可导致火灾或眼睛受伤。在进行电源线的安装、拆除操作之前，必须关掉电源开关。

（4）设备投入运行后，禁止无故关闭设备风扇，并应根据机房环境条件定期清洗风扇防尘网，以保证设备散热良好。

（5）在完成设备的维护操作后，应关上机柜前门，保证设备始终具有良好的防电磁干扰性能。

除设备维护外，对设备所处环境即机房环境的维护也很重要。良好的机房环境能保证设备正常运行。机房环境维护包括保持合适的温度和湿度、机房防尘、机房电源维护等。另外，机房的空调、消防等设施要齐全。

2. 故障排除

如果出现设备损坏、线路故障等原因导致设备无法正常运行，需进行故障的排除，使设备恢复正常运行状态。

常见故障原因有工程问题、外部原因、操作不当、设备对接问题以及设备原因。

工程问题是指由于工程施工不规范、工程质量差等原因造成的设备故障。此类问题有的在工程施工期间就暴露出来，有的可能在设备运行一段时间或某些外因作用下，才暴露出来。产品的工程施工规范是根据产品的自身特点并在一些经验教训的基础上总结出来的规范性说明文件。因此，严格按工程规范施工安装，认真细致地按规范要求进行单点和全网的调试和测试，是阻止此类问题出现的有效手段。

外部原因是指传输设备以外导致设备故障的环境、设备因素，如电源故障、交换机故障、光纤线路故障、电缆故障、设备周围环境劣化和接地不良等。

操作不当是指维护人员对设备缺乏深入了解，做出错误的判断和操作，从而导致设备故障。操作不当是设备维护工作中最容易出现的情况。

　　传输设备传送的业务种类繁多、对接设备复杂，而且各种业务对传输通道的性能要求也不完全相同，因此设备对接时常出现设备故障。对接问题主要有：线缆连接错误、设备接地问题、传输与交换网络之间时钟同步问题、SDH 帧结构中开销字节的定义不同等。

　　设备原因指由于传输设备自身的原因引发故障，主要包括设备损坏和板件配合不良。其中的设备损坏是指在设备运行较长时间后，因板件老化出现的自然损坏，其特点是：设备已使用较长时间，在故障之前设备基本正常，故障只是在个别点、个别板件出现，或在一些外因作用下出现。

　　进行故障定位和排除时，要遵循一定的原则和步骤。由于传输设备自身的应用特点——站与站之间的距离较远，因此在进行故障排除时，最关键的一步就是将故障点准确定位到单站。在将故障点准确地定位到单站后，就可以集中精力来排除该站的故障。

　　故障定位的常见方法有观察分析法、测试法、拔插法、替换法、配置数据分析法、更改配置法、仪表测试法以及经验处理法。

　　故障排除的一般步骤如下：

　　(1) 在排除故障时，应先排除外部的可能因素，如光纤断裂、交换故障或电源问题等，再考虑传输设备的问题。

　　(2) 在排除故障时，要尽可能准确地定位故障站点，再将故障定位到单板。

　　(3) 线路板的故障常常会引起支路板的异常告警，因此在故障排除时，先考虑排除线路故障，再考虑排除支路故障，在分析告警时，应先分析高级别告警，再分析低级别告警。

本 章 小 结

　　ZXMP S320 设备用于城域网的接入层，具有体积小、可靠性高、业务灵活和接口丰富等特点。

　　ZXMP S320 设备采用"平台"设计理念，拥有网元控制平台、通信处理平台、交叉连接平台、开销处理平台等。ZXMP S320 设备硬件由机箱、背板、风扇和单板等组成。

　　ZXONM E300 网管软件与设备硬件结合，能够完成强大的配置管理、安全管理、性能管理等功能。

　　ZXMP S320 设备的单板有多种类型。功能型单板有 NCP 板、OW 板、SCB 板等。线路及接口板有 ET1/ET3 板、OIB 板、SFE4 板等。另外，还有支路倒换板，能够与备份单板一起完成 1：4 单板保护。

习 　 题

一、填空题

　　1. 随着设备容量的逐渐增加，设备型号规格将_____。

　　2. 能够完成群路到群路、群路到支路、支路到支路的业务调度，并可实现通道和复用段业务的保护倒换功能板卡是_____。

　　3. ZXMP S320 设备中，不能和交叉板共存的是_____板卡。

　　4. 只能在 Windows NT 平台使用的网管软件是_____。

5. 网管结构分为_____、_____、_____和_____四层。

6. ZXONM E300 网管软件包含_____、_____、_____和_____四部分。

7. 正常工作环境下，温、湿度的测量点指在地板上面_____和在设备前_____处测量的数据。

8. 防雷地、设备系统地、−48 V GND 三者之间的电压差小于_____。

9. 防尘帽有_____的作用。

二、选择题

1. (_____)型号的设备上，每个槽位都可以提供 10 G 速率的光板。

A. ZXMP 390/380　　　　B. ZXMP 320　　　　C. ZXMP 330

2. 设备机框的宽×深是 300 mm×600 mm，则机框的高度有(_____)三种。(多选题)

A. 2000 mm　　　　B. 2200 mm　　　　C. 2400 mm　　　　D. 2600 mm

3. 下列关系描述正确的是(_____)。(多选题)

A. GUI 和 Manager 之间，GUI 是客户端，Manager 是服务端

B. Manager 和 DB 之间，Manager 是客户端，DB 是服务端

C. Manager 和 Agent 之间，Manager 是客户端，Agent 是服务端

D. GUI、Agent 和 Manager 之间没有关系

三、判断题

1. ZXMP 320 型号的设备体积小且具有强大的多业务接入功能。(_____)

2. ZXMP 330 型号的设备是在 2.5 G 速率的多业务传输平台上使用的。(_____)

3. 机柜指示灯中，绿灯是电源指示灯，亮起表示供电正常；黄灯是一般告警指示灯；红灯是重要告警指示灯。黄灯和红灯都会在出问题时亮起，但是红灯亮起时问题更严重。(_____)

实 验 与 实 训

实验一　传统 SDH 业务组网配置

(一) 实验目的

掌握根据给定组网要求，配备网元设备和单板的原理；掌握创建网元、配置单板、网元连纤的操作；掌握配置公务和时钟的操作；掌握配置传统电路业务的操作。

(二) 工具与器材

SDH 设备、电脑、ZXONM E300 网管软件。

(三) 实验步骤

1. 配置流程介绍

本节以离线网元组网为例，配置流程如下：

创建离线网元→选择接入网元→安装单板→网元连接→复用段保护配置→业务配置→开销配置→时钟源配置→公务配置。

配置完成后，将网元修改为在线，下载网元数据库，最后提取 NCP 时间。

2. 配置实例

有 A、B、C、D、E、F 六个站点，组网示意图如图 6 - 24 所示。

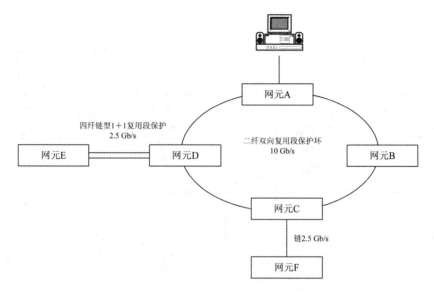

图 6 - 24 组网示意图

站点 E 和站点 F 间有 50 个 2 Mb/s 双向业务。选择站点 A 作为接入网元和网头网元，即在站点 A 接入网管终端并提供全网时钟。所有站点之间可以通公务电话。网元 A、网元 B、网元 C 和 D 构成二纤双向复用段保护环，网元 D 和网元 E 构成四纤链型 1＋1 复用段保护链。

3. 组网分析

(1) 站点 A、站点 B、站点 C 和站点 D 采用 ZXSM - 10G 设备。

· 10 Gb/s 速率配置 OL64 板。

· 2.5 Gb/s 速率配置 OL16 板。

· 公务电话配置 OW 板。

(2) 站点 E 采用 ZXSM - 2500(V10.0)设备。

· 2.5 Gb/s 速率配置 OL16 板。

· 2 Mb/s 业务配置 ET1 板。

· 公务电话配置 OW 板。

(3) 站点 F 采用 ZXSM - 150/600/2500 设备。

· 2.5 Gb/s 速率配置 OL16 板、LP16 板。

· 2 Mb/s 业务配置 EPIA 板。

· 公务电话配置 OHP 板。

根据业务及单板容量，配置如下单板，如表 6 - 4～表 6 - 6 所示。

表 6 - 4 A、B、C 和 D 网元单板配置

单板类型	单板数量			
	网元 A	网元 B	网元 C	网元 D
NCP	1	1	1	1
SC	2	2	2	2
OW	1	1	1	1
CSD	2	2	2	2
OL64	2	2	2	2
OL16	—	—	1	1

表 6 - 5 E 网元单板配置

单板类型	网元 E 单板数量
NCP	1
SC	2
OW	1
CSA	2
OL16	2
ET1	1

表 6 - 6 F 网元单板配置

单板类型	网元 F 单板数量
NCP	1
PWCK	2
OHP	1
CSC(带 8×8 时分模块)	2
OL16	1
LP16	2
EPIA	1

4. 配置步骤

(1) 创建网元 A、B、C、D、E、F。在客户端操作窗口中,选择[设备管理→创建网元]菜单,创建网元时所有需配置的网元参数如表 6 - 7 所示。

表 6 - 7 网 元 信 息 表

参数 \ 网元	A	B	C	D	E	F
网元名称	A	B	C	D	E	F
网元标识	51	52	53	54	55	56
网元地址	193.55.1.18	193.55.2.18	193.55.3.18	193.55.4.18	193.55.5.18	193.55.6.18
系统类型	ZXSM - 10G	ZXSM - 10G	ZXSM - 10G	ZXSM - 10G	ZXSM - 10G	ZXSM(II)
设备类型	ZXSM - 10G	ZXSM - 10G	ZXSM - 10G	ZXSM - 10G	ZXSM - 2500 (10.0)	ZXSM(II)
网元类型	ADM&REG	ADM&REG	ADM&REG	ADM&REG	TM	TM
速率等级	STM - 64	STM - 64	STM - 64	STM - 64	STM - 16	STM - 16
在线/离线	离线	离线	离线	离线	离线	离线
自动建链	自动建链	自动建链	自动建链	自动建链	自动建链	自动建链
配置子架	主子架	主子架	主子架	主子架	主子架	主子架

创建网元成功后，在客户端操作窗口中，选择［设备管理→网元配置→网元属性］菜单，可查询所配置网元参数是否为所需参数。

（2）配置接入网元。选择［设备管理→设置网关网元］菜单，将网元 A 设置为接入网元。配置接入网元成功后，网元 A 在网管客户端操作窗口上显示为接入网元。

（3）单板安装。在客户端操作窗口中，双击拓扑图中的网元图标，进入单板管理对话框，如图 6 - 25 所示。如果需要设置单板的重要参数，选中"预设属性"即可。

所有网元单板安装完成保存后，再次双击该网元，各网元的单板管理对话框应显示所安装单板。

（4）建立连接。在客户端操作窗口中，选择［设备管理→公共管理→连接配置］菜单，弹出如图 6 - 26 所示的"网元间连接配置"对话框。

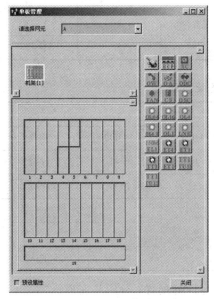

图 6 - 25　"单板管理"对话框　　　　　图 6 - 26　"网元间连接配置"对话框

按照表 6 - 8 所示的单板连接关系建立光连接。

表 6 - 8　连 接 配 置 表

序号	始　　　端	终　　　端	连接类型
1	网元 A 6♯OL64 板端口 1	网元 B 3♯OL64 板端口 1	双向光连接
2	网元 B 6♯OL64 板端口 1	网元 C 3♯OL64 板端口 1	双向光连接
3	网元 C 6♯OL64 板端口 1	网元 D 3♯OL64 板端口 1	双向光连接
4	网元 D 6♯OL64 板端口 1	网元 A 3♯OL64 板端口 1	双向光连接
5	网元 D 1♯OL64 板端口 1	网元 E 3♯OL16 板端口 1	双向光连接
6	网元 D 2♯OL16 板端口 1	网元 E 12♯OL16 板端口 1	双向光连接
7	网元 C 1♯OL16 板端口 1	网元 F 5♯OI16 板端口 1	双向光连接

完成连接设置后，返回客户端操作窗口，在拓扑图中，建立光连接的网元图标间有绿色连线相连。

（5）业务配置。按照业务配置要求，配置各网元的时隙。E、F 网元业务配置如表 6-9 和表 6-10 所示。

表 6-9　网元 E 业务配置表

支路板		光接口板				
支路板	2M(VC12)	光接口	端口→AUG→AU4	TUG3	TUG2	TU12
8♯ET1	1~50	3♯OL16	1	1	1~7	1~21
				2	1~7	1~21
				3	1	1~3
					2	1~3
					3	1~2

表 6-10　网元 F 业务配置表

支路板		光接口板				
支路板	2M(VC12)	光接口	端口→AUG→AU4	TUG3	TUG2	TU12
13♯EPIA	1~50	5♯OL16	1	1	1~7	1~21
				2	1~7	1~21
				3	1	1~3
					2	1~3
					3	1~2

（6）时钟源配置。时钟源配置包括定时源以及兼容性的配置，分两步完成。

第 1 步：对网络中各网元进行定时源配置，全网支持自动 SSM 字节，在客户端操作窗口中，选择［设备管理→SDH 管理→时钟源］菜单，按照表 6-11 中的规划完成时钟源配置。

表 6-11　定时源配置列表

网元名称	第一定时源	第二定时源	第三定时源
网元 A	外时钟，端口 1，支持成帧	内时钟	—
网元 B	3♯OL64 板端口 1 抽时钟	6♯OL64 板端口 1 抽时钟	内时钟
网元 C	3♯OL64 板端口 1 抽时钟	6♯OL64 板端口 1 抽时钟	内时钟
网元 D	6♯OL64 板端口 1 抽时钟	3♯OL64 板端口 1 抽时钟	内时钟
网元 E	3♯OL16 板端口 1 抽时钟	12♯OL16 板端口 1 抽时钟	内时钟
网元 F	7♯LP16 板端口 1 抽时钟	内时钟	—

第 2 步：本实例的组网由 ZXSM - 10G 和 ZXSM - 150/600/2500 两种网元构成，需要启用两种网元对接光接口的兼容性。操作菜单仍然是[设备管理→SDH 管理→时钟源]。

（7）公务配置。在客户端操作窗口中，选择[设备管理→公共管理→公务配置]菜单，为网元设置公务号码。

本实例的组网为环网，为防止公务电话成环，在公务对话框中选择"配置公务保护"，将网元 C 选择为控制点，控制点设为 1，其余设置使用系统默认值即可。

在客户端操作窗口中，选择[设备管理→SDH 管理→公务保护字节选择]菜单，为网元选择公务保护字节。ZXSM - 10G 网元 OL16 板的公务保护字节默认为 D12，ZXSM - 150/600/2500 网元板的公务保护字节默认为 R2C9，默认 ZXSM - 10G 网元的公务保护字节为 R2C9。

（8）修改网元状态。在客户端操作窗口中，选择[设备管理→网元配置→网元属性]菜单，将所有网元修改为在线状态。

（9）下载网元数据库。在客户端操作窗口中，选择[系统→NCP 数据管理→数据库下载]菜单，在数据库下载对话框中，将配置数据下发至 NCP 板。数据下载后设备即可正常运行。

实验二　保护配置

（一）实验目的

掌握配置复用段保护的操作；掌握配置通道保护的操作；理解返回与非返回的含义。

（二）工具与器材

SDH 设备、电脑、ZXONM E300 网管软件。

（三）实验步骤

仍然以实验一的组网实例为基础，配置复用段保护。

1. 二纤双向复用段保护

1）复用段保护组配置

选中需要配置复用段保护的网元，选择[设备管理→公共管理→复用段保护]菜单，创建一个二纤双向复用段保护环。

在图 6 - 27 所示对话框中，单击"新建"按钮，出现图 6 - 28 所示的"复用段保护组配置"对话框。按如下参数进行二纤双向复用段保护组配置。

- 保护组 ID：1。
- 保护组名称：1。
- 复用段保护类型：SDH 环型复用段二纤双向共享（不带额外业务）。

配置好后，单击"确定"按钮后显示图 6 - 29 所示的对话框。

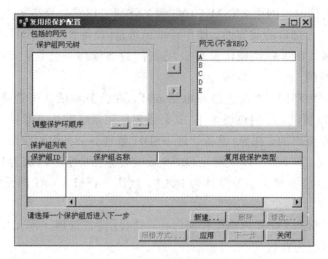

图 6 – 27 "复用段保护配置"对话框 1

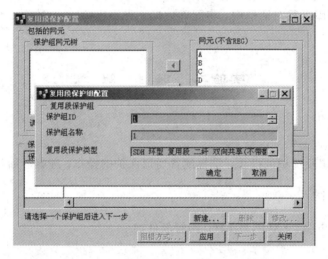

图 6 – 28 "复用段保护组配置"对话框

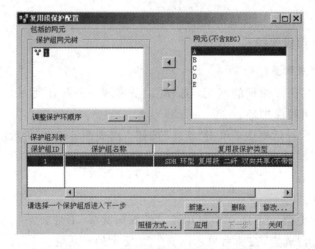

图 6 – 29 "复用段保护配置"对话框 2

图 6 - 29 中，"保护组列表"显示所配置的二纤双向复用段保护环。选中图 6 - 29 中"保护组网元树"与"网元"，配置该保护组中保护的网元，并选择"调整保护环顺序"调整该保护环的网元顺序。在本实例中配置参数如下。

- 包括的网元：网元 A、网元 B、网元 C 和网元 D。
- 保护环顺序：按从网元 A 至网元 D 的顺序排列。

配置好后单击"应用"按钮确定所配置参数，弹出"复用段保护组命令成功"信息对话框。

2）APS ID 配置

在图 6 - 29 中选中所配置的复用段保护组，单击"下一步"按钮，进入图 6 - 30 所示的"APS Id 配置"对话框。可采用默认系统设置，网元 A 到网元 D 均为非逻辑 REG，APS ID 分别为 0～3。

3）复用段保护关系配置

在图 6 - 30 所示对话框中单击"下一步"按钮，进入复用段保护关系配置对话框，分别配置各网元的东、西向光线路板端口连接。经过以上操作，网元 A、网元 B、网元 C 与网元 D 的二纤复用段保护环配置成功。

4）启动 APS

在客户端操作窗口中，选择［维护→诊断→APS 操作］菜单，在 APS 操作对话框中，启动 APS 协议处理器。

图 6 - 30　"APS Id 配置"对话框

2. 四纤双向 1＋1 复用段保护链

1）复用段保护组配置

与二纤双向复用段保护环的保护组配置操作类似，配置参数如下。

- 保护组 ID：2。
- 保护组名称：2。
- 复用段保护类型：四纤链路 1＋1 复用段保护。
- 包括的网元：网元 D 和网元 E。
- 保护环顺序：无顺序要求。

2）复用段保护关系配置

与二纤双向复用段保护环复用段保护关系配置操作类似。在复用段保护关系配置对话框中，按照表 6 - 12 完成保护关系的配置。

表 6 - 12　复用段保护关系配置表

网元名称	工作单元	保护单元
网元 D	1＃OL16 板端口 1	2＃OL16 板端口 1
网元 E	3＃OL16 板端口 1	12＃OL16 板端口 1

3）启动 APS

与二纤双向复用段保护环启动 APS 配置操作类似。在客户端操作窗口中，选择［维护

→诊断→APS 操作]菜单,在 APS 操作对话框中,启动 APS 协议处理器。

3. 二纤双向通道保护配置

若又需要为一条位于二纤 SDH 环网上的业务电路配置通道保护,只需另外建立一条路径不同的冗余路由即可。注意:该备份路由的起点与终点与被保护电路相同。

实验三　虚拟局域网业务配置

(一) 实验目的

熟悉配置 VLAN 的原理;掌握配置 VLAN、客户及 SFE 单板的操作。

(二) 工具与器材

SDH 设备、电脑、ZXONM E300 网管软件。

(三) 实验步骤

当网元配置有智能以太网板时,可传送虚拟局域网业务,以下介绍虚拟局域网业务的配置流程。

1. 网元单板安装

安装单板,除必需的功能单板之外,至少还应当安装用于上下以太网业务的光线路板和智能以太网板。"单板管理"对话框如图 6 - 31 所示。

2. 端口配置

进入智能以太网板的单板高级属性对话框,如图 6 - 32 所示。

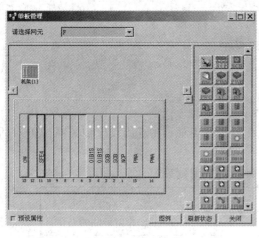
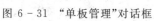
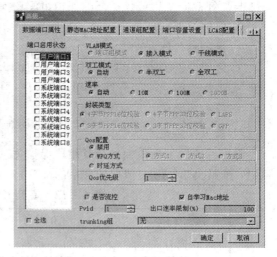

图 6 - 31　"单板管理"对话框　　　　　图 6 - 32　单板高级属性对话框

1) 端口设置

在对话框的数据端口属性页面中,根据以太网业务的需要,设置用户端口和系统端口属性，如果端口启用 QoS 的 WFO 方式处理拥塞，在数据端口属性页中，应为用户端口选择 QoS 优先级，为系统端口选择 WFO 方式，最后启用端口。在启用 QoS 的 WFO 方式的情况下，进入对话框的"数据单板属性"页面，进行带宽分配以及优先级映射的设置。

2）通道组设置

为了使以太网业务从用户端口接收后，能够通过系统端口进入 SDH 传输网，在对话框的通道组配置页面中，应根据以太网业务的容量，绑定 TU12 单元，如图 6 - 33 所示。

图 6 - 33　通道组配置页面

3）系统端口容量设置

在对话框的端口容量设置页面中，为系统端口指定通道组，如图 6 - 34 所示。

图 6 - 34　端口容量设置页面

4）数据单板属性设置

在对话框的数据单板属性页面中，为系统指定运行方式和 MAC 地址，如图 6 - 35 所示。

图 6 - 35　数据单板属性页面

注意：

（1）如果采用缺省模式，以太网端口根据查找 MAC 地址表进行包的转发。同一单板在该模式下启用 2 个以上的端口将可能形成广播风暴，导致业务不正常。

（2）如果采用虚拟局域网模式，数据帧的转发通过划分的虚拟局域网（VLAN）及 MAC 地址表的查找实现。不同 VLAN ID 间业务不可互通，具有安全隔离的作用。

（3）MAC 地址应设置为不同，避免发生广播风暴。

3. 创建用户

如果以太网板的运行方式为虚拟局域网模式，则选择［业务管理→客户管理］菜单创建用户。

4. 虚拟局域网配置

选择［设备管理→以太网管理→虚拟局域网配置］菜单，完成虚拟局域网的创建、网元及端口的选择。

注意：端口选择包括用户端口和系统端口。其中，用户端口所属的 VLAN 的 ID 必须与数据端口属性页面中该端口所设的 PVID 相同。

5. 配置 VLAN

选择［设备管理→以太网管理→虚拟局域网配置］菜单配置 VLAN。当以太网业务构成环形或网形网络时，为避免业务成环，建议配置虚拟网桥的生成树协议，将 VLAN 中成环的单板运行生成树协议。虚拟局域网配置对话框如图 6 - 36 所示。

（1）单击"增加 VLAN"按钮，在 VLAN 信息对话框中创建虚拟局域网。VLAN ID 与用户端口的 PVID 一致。

（2）选择新建的 VLAN，将"单板端口信息"中的端口添加至所选 VLAN 中。

（3）选中新建的 VLAN，运行 STP 协议。

图 6 - 36　"虚拟局域网配置"对话框

6. 业务配置

根据以太网业务要求,选择[设备管理→SDH 管理→业务配置]菜单,在业务配置对话框中,按照时隙交叉配置的方法,建立以太网板的系统端口与光线路板的连接。

实验四　维 护 操 作

(一) 实验目的

熟悉常用维护操作原理;掌握常用维护操作的步骤。

(二) 工具与器材

SDH 设备、电脑、ZXONM E300 网管软件。

(三) 实验步骤

1. 环回

环回控制对光线路或支路进行环回操作,目的是使信息从网元的发端口发送,再从自己的收端口接收,在分离通信链路的情况下检查网元自身问题,一般有线路侧环回和终端侧环回两种。光线路板或光支路板向光口环回的称为线路侧环回,反方向称终端侧环回;电支路板向电支路口环回的称终端侧环回,反方向称线路侧环回,如图 6 - 37 所示。

在客户端操作窗口中选择[维护→诊断→设置环回]菜单,进入"设置环回"对话框。以 2♯ET1 板的线路侧环回为例,各参数设置如下:

· 请选择网元:E。
· 检测板:ET1[1 - 1 - 2]。
· 环回类型:线路侧。

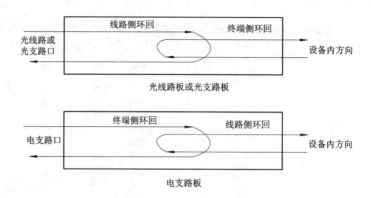

图 6 - 37　环回方向示意图

- 插入点类型：VC12。
- 端口号：1。

通过单击"应用"按钮下发命令。

2. 插入告警

插入告警是利用人为产生的告警来监测系统的一种方法。通过插入告警判断自愈环倒换是否正常。可通过网管客户端操作窗口中［维护→诊断→插入告警］菜单插入 AIS 告警，来判断自愈环网的倒换是否正常。

以在 C 网元 3♯OL64 插入复用段 AIS 告警为例。在客户端操作窗口中选择［维护→诊断→插入告警］菜单，进行如下设置：

- 请选择网元：C。
- 检测板：OL64［1 - 1 - 3］。
- 插入类型：AIS。
- 插入点类型：MS。
- 插入点端口号：1。

3. 插入误码

插入误码操作同插入告警操作。通过客户端操作窗口中的［维护→诊断→插入误码］菜单，可在光线路或支路上强制插入误码，如果插入成功，将在连接的对端查询到相应的误码性能值。人工插入的 B2/B3 误码对业务无影响，仪表不会检测到误码，仅能从网管终端查询。如果插入点为高阶 VC3 通道虚容器，且配置为双向业务，则插入点单板应检测到大致等量的远端误码。

4. 保护倒换

配置了复用段保护环的网元，通过保护倒换命令，可强制执行保护倒换动作，也可撤销或闭锁保护倒换动作。

在客户端操作窗口中选择［维护→诊断→保护倒换］菜单，在"复用段保护倒换设置"页面中，设置复用段保护倒换类型、倒换状态、倒换方式、来源板、端口号等，通过单击"应用"按钮，下发命令即可。

5. 单板复位

对单板进行复位，复位模式包括硬复位和软复位。硬复位是指对单板内所有芯片进行复位,软复位是指仅对单板内的应用程序进行复位。

通过客户端操作窗口中的[维护→诊断→单板复位]菜单,设置所需复位的网元、单板、CPU 号、复位模式及复位级别等,单击"复位"按钮下发命令即可。

6. 测试

测试操作包括通讯测试、公务自动故障定位和通道检测。

(1) 通讯测试。测试网元的通讯状态。

通过客户端操作窗口中的[维护→测试→通讯测试]菜单,根据需要选择网元、单板、CPU 号后,在发送报文输入框中输入下发的报文,开始测试。

(2) 公务自动故障定位。公务自动故障定位通过两种测试信令方式检测当前公务板运行是否正常。一种方式为 E1 和 E2,保护字节均为 F0;另一种方式为 E1 和 E2,保护字节为 0F。

在客户端操作窗口中选择[维护→测试→公务自动故障定位]菜单,根据需要进行如下配置:

① 选择待测试的网元以及测试信令。

② 开始测试,网元名称旁边的图标将显示当前的网元状态,网元的公务状态一一对应,灰色为未检测,红色为错误,黄色为未上报,绿色为正常。

(3) 通道检测。通过客户端操作窗口中的[维护→测试→通道检测]菜单选择网元,在"通道检测"页面设置检测板、检测点和检测内容,单击"应用"按钮,下发命令。

实验五 NCP 数据管理

(一) 实验目的

掌握 NCP 数据上/下载的操作。

(二) 工具与器材

SDH 设备、电脑、ZXONM E300 网管软件。

(三) 实验步骤

1. 数据库上载

将网元 NCP 板中的配置数据上传至网管,并存入网管数据库中,覆盖网管中该网元的原有数据。

在客户端操作窗口中,选择待上载数据的网元,选择[系统→NCP 数据管理→上载入库]菜单,弹出"上载入库"对话框,选择上载数据库类型,单击"应用"按钮,下发数据库上载命令。

2. 数据库上载比较

将所选网元 NCP 板中的数据上载至网管 Manager,与网管数据库中存储的相同类型数据做比较。对于不一致的数据,可继续选择下载或上载操作。

在客户端操作窗口中,选择网元,选择[系统→NCP 数据管理→上载比较]菜单,弹出"上载比较"对话框,选择数据库类型,单击"应用"按钮,下发上载比较命令。

3. 数据库下载

数据库下载用于将所选网元的配置维护数据载入网元控制板(NCP)中,再由 NCP 板将相应的数据发送到各相关单板进行配置。

在客户端操作窗口中,选择待下载数据的网元,选择[系统→NCP 数据管理→数据库下载]菜单,弹出"数据库下载"对话框,选择下载数据库类型,单击"应用"按钮,下发数据库下载命令。

4. 数据库自动上载比较(SDH 网元)

通过设置上载起始时间、周期、网元、数据类型,完成 SDH 网元数据自动上载比较功能的设置。

在客户端操作窗口中,选择 SDH 网元,选择[系统→NCP 数据管理→自动上载比较设置]菜单,弹出图 6-38 所示的"自动上载比较设置"对话框,选择上载的网元、数据库类型,设置自动上载的周期和开始时刻,单击"增加"按钮,增加一条自动上载比较记录,单击"应用"按钮,下发命令至所选网元。

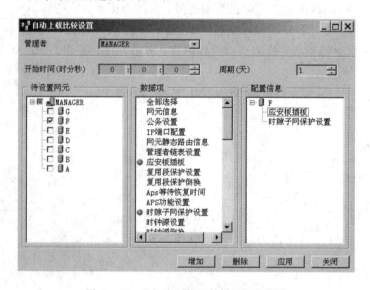

图 6-38　"自动上载比较设置"对话框

实验六　告　警　管　理

(一) 实验目的

熟悉告警上报及显示原理;掌握常用告警设置及查询操作。

(二) 工具与器材

SDH 设备、电脑、ZXONM E300 网管软件。

（三）实验步骤

在设备的日常维护中，为了迅速找到指定的告警信息，或者为了排除一些没有价值的告警信息的干扰，可以对告警进行定位和参数设定，其中包括通过网元、检测板、检测点、来源板以及告警名称等信息来定位告警。

1. 告警屏蔽

以屏蔽网元 D 的 1♯OL16 板 1♯端口上报"输入光功率越限"的告警信息为例。

在客户端操作窗口中，单击"告警"按钮选择［告警→告警设置→告警屏蔽设置］菜单，定位网元、检测板、检测点和告警原因，通过单击按钮屏蔽该告警。

在客户端操作窗口中，选择［告警→当前告警］菜单，查询网元 D 的当前告警，此时网元 D 1♯OL16 板 1♯端口不再上报"光功率越限告警"，且网元和单板将显示告警屏蔽状态标识 。

2. 告警可闻设置

在客户端操作窗口中，选择 SDH 网元后，选择［告警→告警设置→告警可闻］菜单，根据需要设置好网元、可闻设置（禁止、允许、复位），通过单击"应用"按钮下发该配置命令。

3. 告警过滤

在客户端操作窗口中，选择［告警→告警设置→告警过滤设置］菜单，过滤不需要的告警。通过设定告警单板、告警严重性、告警类型等过滤条件，使网管有选择地上报告警。

告警过滤配置成功后，选择［告警→当前告警］菜单，查询当前告警，网管将不再上报被过滤的告警。

4. 当前告警和历史告警查询

当前告警信息可在客户端操作窗口中选择［告警→当前告警］菜单查询，也可直接在告警浏览窗口中对所有网元的当前告警进行实时监视。以［告警→当前告警］菜单为例，根据所需设定检测板、检测点、告警原因、严重性等查询条件，单击"查询"按钮，下发命令，实现告警信息的快速查询。对于当前告警还可以进行刷新和保存操作，刷新告警可显示最新告警情况，保存当前告警报告以便于今后设备的维护和告警查询。

在客户端操作窗口中，选择［告警→历史告警］菜单，用户根据所需条件查询网络中曾经出现的告警信息，包括告警记录的浏览，查询某一时间段、某些单板的某一类告警或所有告警记录，故障信息汇总。查询历史告警可按以下单个或组合条件进行：时间范围（起止时间段内）、检测板、检测点、告警严重性等，并可打印告警报告，便于今后的维护和告警查询。

第 7 章　PTN 技 术

★ **本章目的**

掌握 PTN 的定义
掌握 PWE3 技术
掌握 TDM 业务
掌握 ATM 业务
掌握以太网业务仿真

☆ **知识点**

PTN 定义、技术
PWE3 技术
PTN 业务配置

7.1　PTN 基本概念

PTN 技术

1. PTN 的定义

分组传送网（Packet Transport Network，PTN）是指这样一种光
传送网络架构和具体技术：在 IP 业务和底层光传输媒质之间设置了一
个层面，该层面针对分组业务流量的突发性和统计复用传送的要求而设计；以分组为内
核，实现多业务承载；具有更低的总体使用成本（TCO）；秉承光传输的传统优势，包括高
可用性和可靠性、高效的带宽管理机制和流量工程、便捷的 OAM 和网管、可扩展、较高的
安全性等。

2. PTN 的发展背景

随着新兴数据业务的迅速发展和带宽的不断增长、无线业务的 IP（Internet Protocol，
互联网协议）化演进、商业客户的 VPN（Virtual Private Network，虚拟专用网络）业务应
用，对承载网的带宽、调度灵活性、成本和服务质量等的综合要求越来越高。传统的以电
路交叉为核心的 SDH 网络存在成本过高、带宽利用低、不够灵活的弊端，运营商陷入占用
大量带宽的数据业务收入微薄而网络建设的维护成本高昂的矛盾之中。同时，传统的非连
接特性的 IP 网络和产品，又难以严格保证重要业务的传送质量和性能，已不适应电信级业
务的承载。

现有传送网的弊端如下：

（1）TDM(Time Division Multiplex，时分多路复用)业务的应用范围正在逐渐减小。

（2）随着数据业务的不断增加，基于 MSTP(Multi-Service Transport Platform，多业务传输平台)设备的数据交换能力难以满足需求。

（3）业务的突发特性加大，MSTP 设备的刚性传送管道将导致承载效率的降低。

（4）随着对业务电信级要求的不断提高，传统的基于以太网、MPLS(Multi Protocol Label Switching，多协议标签变换)、ATM(Asynchronous Transfer Mode，异步传输模式)等技术的网络不能同时满足网络在 QoS(Quality of Service，服务质量)、可靠性、可扩展性、OAM 和时钟同步方面的需求。

综上所述，运营商急需一种可同时满足传统语音业务和电信级业务要求，低 OPEX(Operating Expenditure，运营成本)和 CAPEX(Capital Expenditure，资本性支出)的 IP 传送网，构建智能化、融合、宽带、综合的面向未来和可持续发展的电信级网络。

3. PTN 的产生

在电信业务 IP 化趋势推动下，传送网承载的业务从以 TDM 为主向以 IP 为主转变，这些业务不但包括固网宽带业务，更包括正在发展的 4G 业务。而目前的传送网现状是 SDH/MSTP、以太网交换机、路由器等多个网络分别承载不同业务，各自维护，难以满足多业务统一承载和降低运营成本的发展需求。因此，传送网需要采用灵活、高效和低成本的分组传送平台来实现全业务统一承载和网络融合，分组传送网(PTN)由此应运而生。

以 MPLS－TP(Multi-Protocol Label Switching-Transport Profile)为代表的 PTN 设备作为 IP/MPLS、以太网承载技术和传送网技术相结合的产物，是目前 CE (Carrier Ethernet，电信级以太网)的最佳实现技术之一。PTN 设备具有以下特征：

（1）面向连接。

（2）利用分组交换核心实现分组业务的高效传送。

（3）可以较好地实现电信级以太网(CE)业务的五个基本属性，包括标准化的业务、可扩展性、可靠性、严格的 QoS 和运营级别的 OAM。

4. PTN 的特点

PTN 网络是 IP/MPLS、以太网和传送网三种技术相结合的产物，具有面向连接的传送特征，适用于承载电信运营商的无线回传网络、以太网专线、L2 VPN 以及 IPTV(Internet Protocol Television，交互式网络电视)等高品质的多媒体数据业务。PTN 网络具有以下特点：

（1）基于全 IP 分组内核。

（2）秉承 SDH 端到端连接、高性能、高可靠、易部署和维护的传送理念。

（3）保持传统 SDH 优异的网络管理能力和良好体验。

（4）融合 IP 业务的灵活性和统计复用、高带宽、高性能、可扩展的特性。

（5）具有分层的网络体系架构。

（6）传送层划分为段、通道和电路各个层面，每一层的功能定义完善，各层之间的相互接口关系明确清晰，使得网络具有较强的扩展性，适合大规模组网。

（7）采用优化的面向连接的增强以太网、IP/MPLS 传送技术，通过 PWE3 适配多业务承载，包括以太网帧、IP/MPLS、ATM、PDH、FR(Frame Relay，帧中继)等。

（8）为 L3(Layer 3)/L2(Layer 2)乃至 L1(Layer 1)用户提供符合 IP 流量特征而优化的传送层服务，可以构建在各种光网络/L1/以太网物理层之上。

（9）具有电信级的 OAM 能力，支持多层次的 OAM 及其嵌套，为业务提供故障管理和性能管理。

（10）提供完善的 QoS 保障能力，将 SDH、ATM 和 IP 技术中的带宽保证、优先级划分、同步等技术结合起来，实现承载在 IP 之上的 QoS 敏感业务的有效传送。

（11）提供端到端(跨环)业务的保护。

5. PTN 的应用

1) PTN 的网络定位

PTN 技术主要定位于城域的汇聚接入层，其在网络中的定位主要满足以下需求：

（1）多业务承载。PTN 承载无线基站回传的 TDM/ATM 以及今后的以太网业务、企事业单位和家庭用户的以太网业务。

（2）业务模型。城域的业务流向大多是从业务接入节点到核心/汇聚层的业务控制和交换节点，为点到点(P2P)和点到多点(P2MP)汇聚模型，业务路由相对确定，因此中间节点不需要路由功能。

（3）严格的 QoS。TDM/ATM 和高等级数据业务需要低时延、低抖动和高带宽保证，而宽带数据业务峰值流量大且突发性强，要求具有流分类、带宽管理、优先级调度和拥塞控制等 QoS 能力。

（4）电信级可靠性。需要可靠的、面向连接的电信级承载，提供端到端的 OAM 能力和网络快速保护能力。

（5）网络扩展性。在城域范围内业务分布密集且广泛，要求网络具有较强的扩展性。

（6）网络成本控制。大中型城市现有的传送网都具有几千个业务接入点和上百个业务汇聚节点，因此要求网络具有低成本、可统一管理和易维护的优势。

2) PTN 的组网应用

PTN 主要用于城域接入汇聚和核心网的高速转发。

（1）移动 Backhaul 业务承载。PTN 针对移动 2G/3G 业务，提供丰富的业务接口 TDM/ATM/IMA E1/STMn/POS/FE/GE，通过 PWE3(端到端的伪线仿真)接入 TDM、ATM、Ethernet 业务，并将业务传送至移动核心网一侧，如图 7-1 所示。

（2）核心网高速转发。PTN 在核心网高速转发的应用如图 7-2 所示。

核心网由 IP/MPLS 路由器组成，对于标签交换路由器 LSR(Label Switched Router)，其功能是对 IP 包进行转发，该转发是基于三层的，协议处理复杂。可以用 PTN 来完成 LSR 分组转发的功能，由于 PTN 是基于二层进行转发的，协议处理层次低，因此转发效率高。基于 IP/MPLS 的承载网对带宽和光缆消耗严重，其面临着路由器不断扩容、网络保护、故障定位、故障快速恢复、操作维护等方面的压力；而 PTN 网络能够很好地解决这些问题，提高链路的利用率，显著降低网络建设成本。

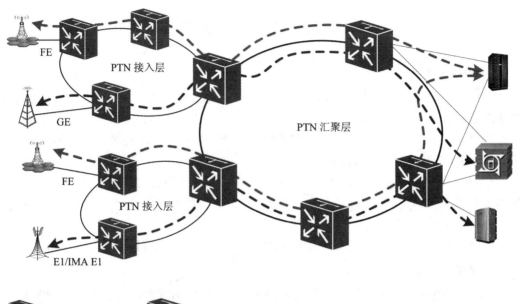

ZXCTN 6000系列　　ZXCTN 9000系列　　aGW

NodeB　　eNB　　BTS　　RNC　　BSC

图 7-1　PTN 移动 Backhaul 应用示意图

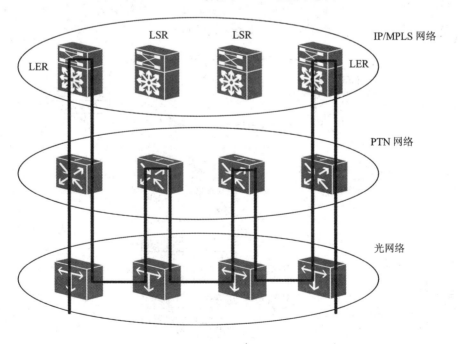

图 7-2　PTN 在核心网高速转发的应用示意图

7.2 PWE3 技术

1. PWE3 概述

PWE3(Pseudo Wire Edge to Edge Emulation，端到端的伪线仿真)是一种端到端的二层业务承载技术。

PWE3 在 PTN 网络中，可以真实地模仿 ATM、帧中继、以太网、低速 TDM 电路和 SONET/SDH 等业务的基本行为和特征。

PWE3 以 LDP(Label Distribution Protocol，标签分发协议)为信令协议，通过隧道(如 MPLS 隧道)模拟 CE(Customer Edge，用户边缘)端的各种二层业务，如各种二层数据报文、比特流等，使 CE 端的二层数据在网络中透明传递。

PWE3 可以将传统的网络与分组交换网络连接起来，实现资源共享和网络的拓展。

2. PWE3 原理

PW 是一种通过分组交换网(Packets Switch Network，PSN)把一个承载业务的关键要素从一个 PE(Provider Edge，服务提供商网络设备)运载到另一个或多个 PE 的机制。通过 PSN 网络上的一个隧道(IP/L2TP/MPLS)对多种业务(ATM、FR、HDLC、PPP、TDM、Ethernet)进行仿真，PSN 可以传输多种业务的数据净荷，这种方案里使用的隧道定义为伪线(Pseudo Wires，PW)。

PW 所承载的内部数据业务对核心网络是不可见的，从用户的角度来看，可以认为 PWE3 模拟的虚拟线是一种专用的链路或电路。PE1 接入 TDM/IMA/FE 业务，将各业务进行 PWE3 封装，以 PSN 网络的隧道作为传送通道传送到对端 PE2，PE2 将各业务进行 PWE3 解封装，还原出 TDM/IMA/FE 业务。封装过程如图 7-3 所示。

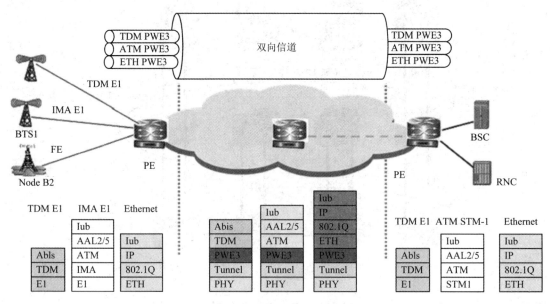

图 7-3 PWE3 的数据封装

PWE3 业务网络的基本传输构件包括：接入链路（Attachment Circuit，AC）、伪线（Pseudo Wire，PW）、转发器（Forwarders）、隧道（Tunnels）、封装（Encapsulation）、PW 信令协议（Pseudowire Signaling）和服务质量（Quality of Service，QoS）。

下面详细解释 PWE3 业务网络基本传输构件的含义及作用。

（1）接入链路（AC）。接入链路是指终端设备到承载接入设备之间的链路，或 CE 到 PE 之间的链路。AC 上的用户数据可根据需要透传到对端 AC（透传模式），也有的需要在 PE 上进行解封装处理，将 Payload 解出再进行封装后传输（终结模式）。

（2）伪线（PW）。伪线也可以称为虚连接（Virtual Connection，VC）。简单地说，伪线就是 VC 加隧道，隧道可以是 LSP、L2TP、GRE 或者 TE。虚连接是有方向的，PWE3 中虚连接的建立是需要通过信令（LDP 或者 RSVP）来传递 VC 信息，将 VC 信息和隧道管理形成一个 PW。PW 对于 PWE3 系统来说，就像是一条本地 AC 到对端 AC 之间的直连通道，完成用户的二层数据透传。

（3）转发器。PE 收到 AC 上传送的用户数据，由转发器选定转发报文使用的 PW，转发器事实上就是 PWE3 的转发表。

（4）隧道。隧道用于承载 PW，一条隧道上可以承载一条 PW，也可以承载多条 PW。隧道是一条本地 PE 与对端 PE 之间的直连通道，完成 PE 之间的数据透传。

（5）封装。PW 上传输的报文使用标准的 PW 封装格式和技术。PW 上的 PWE3 报文封装有多种，在 draft-ietf-pwe3-iana-allocation-x 文件中有具体的定义。

（6）PW 信令协议。PW 信令协议是 PWE3 的实现基础，用于创建和维护 PW，目前，PW 信令协议主要有 LDP 和 RSVP。

（7）服务质量。根据用户二层报文头的优先级信息，映射成在公用网络上传输的 QoS 优先级来转发。

3. 报文转发

PWE3 建立的是一个点到点通道，通道之间互相隔离，用户二层报文在 PW 间透传。

对于 PE 设备，PW 连接建立后，用户接入接口（AC）和虚链路（PW）的映射关系就已经完全确定了；对于 P 设备，只需要依据 MPLS 标签进行 MPLS 转发，不关心 MPLS 报文内部封装的二层用户报文。

下面以图 7-4 中 CE1 到 CE2 的 VPN1 报文流向为例，说明基本数据流走向。CE1 上送二层报文，通过 AC 接入 PE1，PE1 收到报文后，由转发器选定转发报文的 PW，系统再

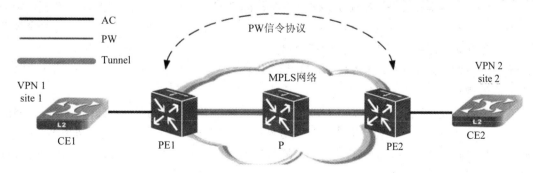

图 7-4　报文转发示意图

根据 PW 的转发表项加入 PW 标签，并送到外层隧道，经公网隧道到达 PE2 后，PE2 利用 PW 标签转发报文到相应的 AC，将报文最终送达 CE2。

7.3　TDM 业务仿真

TDM(Time Division Multiplexing，时分复用)业务仿真的基本思想就是在分组交换网络上搭建一个"通道"，在其中实现 TDM 电路(如 E1 或 T1)，从而使网络任一端的 TDM 设备不必关心其所连接的网络是否是一个 TDM 网络。分组交换网络被用来仿真 TDM 电路的行为称为"电路仿真"。

TDM 业务仿真示意图如图 7-5 所示。

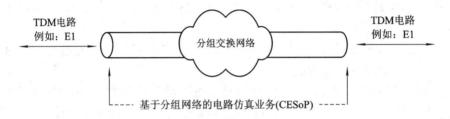

图 7-5　TDM 业务仿真示意图

TDM 业务仿真的技术标准包括：

(1) SAToP(Structured Agnostic TDM-over-Packet)。该方式不关心 TDM 信号(E1、E3 等)采用的具体结构，而是把数据看作给定速率的纯比特流，这些比特流被封装成数据包后在伪线上传送。

(2) 结构化的基于分组的 TDM(Structure-Aware TDM-over-Packet)。这种方式提供了 N×DS0 TDM 信令封装结构有关的分组网络在伪线传送的方法，支持 DS0 (64 K)级的疏导和交叉连接应用。这种方式降低了分组网上丢包对数据的影响。

(3) TDM over IP，即所谓的"AALx"模式。这种模式利用基于 ATM 技术的方法将 TDM 数据封装到数据包中。

1. 结构化与非结构化

下面以 TDM 业务应用最常见的 E1 业务来说明，E1 业务分为非结构化业务和结构化业务。对于非结构化业务，整个 E1 作为一个整体来对待，不对 E1 的时隙进行解析，把整个 E1 的 2 M 比特流作为需要传输的 payload 净荷，以 256 bit(32 byte)为一个基本净荷单元的业务处理，即必须以 E1 帧长的整数倍来处理，净荷加上 VC、隧道封装，经过承载网络传送到对端，去掉 VC、隧道封装，将 2 M 比特流还原，映射到相应的 E1 通道上，就完成了传送过程，如图 7-6 所示。

对于结构化 E1 业务，需要对时隙进行解析，只需要对有业务数据流的时隙进行传送，实际可以看成 n×64 k 业务，对于没有业务数据流的时隙可以不传送，这样可以节省带宽。此时是从时隙映射到隧道，可以多个 E1 的时隙映射到一条 PW 上，可以一个 E1 的时隙映射到一条 PW 上，也可以一个 E1 上的不同时隙映射到不同的多个 PW 上，这需要根据时隙的业务需要进行灵活配置，如图 7-7 所示。

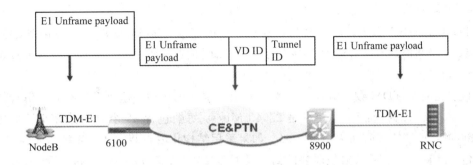

图 7-6　TDM 非结构化传送示意图

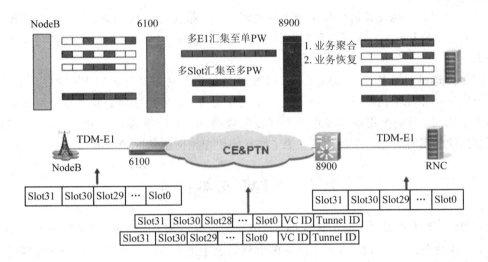

图 7-7　TDM 结构化传送示意图

2. 时钟同步

TDM 业务对于时钟同步有严格要求，如果时钟同步无法保障，那么传输质量就会下降，从而影响业务质量，一般来说，时钟同步的实现有以下几种方式。

（1）自适应时钟。采用自适应包恢复算法在 PW 报文出口通过时间窗平滑和自适应算法来提取同步定时信息，使重建的 TDM 业务数据流获得一个与发送端大致同步的业务数据流。该方法同步精度比较低，尤其在网络动荡比较大的情况下，难以满足高精度时钟同步要求的业务需求。

（2）包交换网同步技术。采用同步以太网、IEEE 1588 等时钟技术来传输时钟，目前精度方面已经有很大的提高，全网支持的情况下可以满足时钟精度要求。目前标准在进一步发展，重点是穿越原有网络的情况下如何保证时钟精度。

（3）外时钟同步技术。PWE3 TDM 电路仿真通道只负责传送业务数据，同步定时信息依靠另外的同步定时系统来传送，例如 GPS 系统传送时钟或者同步时钟网传送时钟，两端用户/网络设备分别锁定外同步时钟。

3. 时延与抖动

TDM 业务对于数据流的时延与抖动有严格的要求，而 TDM 业务流采用 PWE3 方式穿越 PSN 网络时，不可避免地会引入时延与抖动。时延主要有封装延时、业务处理延时和网络传送延时。

封装延时是 TDM 数据流被封装为 PW 报文引入的延时，这是 TDM 电路仿真技术特有的延时。以 E1 为例：E1 的速率是 2.048 Mb/s，每帧包含 32 个时隙共 256 bit，每秒传输 8000 帧，每帧持续时间为 0.125 ms，如果采用结构化的封装方式每 4 帧封装为 1 个 PW 数据包，封装 1 个 PW 数据包需要的封包延时是 4×0.125 ms＝0.5 ms。PW 内封装数据帧的数量越多的帧，封装延时就越大；但是封装数据帧的数量少又要增加带宽开销，需要根据网络情况和业务要求综合平衡。

业务处理延时是设备进行报文处理的时间，包括报文合法性检查、报文过滤、校验和计算、报文封装和收发。这部分延时与设备业务处理能力有关，对于某个设备是基本固定不变的。

网络传送延时是指 PW 报文从入口 PE 经过包交换网络到达出口 PE 所经历的延时，这部分随网络拓扑结构以及网络业务流量不同变化很大，而且这部分延时也是引入业务抖动的主要原因。目前采用抖动缓存技术可以吸收抖动，但是吸收抖动又会造成延时加大。T 缓存深度与延时也是一个平衡的关系，同样需要根据网络状况和业务需求综合考量。

7.4　ATM 业务仿真

ATM 业务仿真通过在分组传送网 PE 节点上提供 ATM 接口接入 ATM 业务流量，然后将 ATM 业务进行 PWE3 封装，最后映射到隧道中进行传输。利用外层隧道标签将数据从源节点转发到目的节点，从而实现 ATM 业务流量的透明传输。

对于 ATM 业务在 IP 承载网上有两种处理方式。

1. 隧道透传模式

隧道透传模式类似于非结构化 E1 的处理，将 ATM 业务整体作为净荷，不解析内容，加上 VC、隧道封装后，通过承载网传送到对端，再对点进行解 VC/隧道封装，还原出完整的 ATM 数据流，交由对端设备处理。

隧道透传可以分为：基于 VP 的隧道透传（ATM VP 连接作为整体净荷）、基于 VC 的隧道透传（ATM VC 连接作为整体净荷）和基于端口的隧道透传（ATM 端口作为整体净荷）。

在隧道透传模式下，ATM 数据到伪线的映射有两类不同的方式：

（1）N∶1 映射。N∶1 映射支持多个 VCC（Virtual Channel Connection，虚信道连接）或者 VPC（Virtual Path Connection，虚通道连接）映射到单一的伪线，即允许多个不同的 ATM 虚连接的信元封装到同一个 PW 中去。这种方式可以避免建立大量的 PW，节省接入设备与对端设备的资源，同时，通过信元的串接封装，提高了分组网络带宽利用率。

（2）1∶1 映射。1∶1 映射支持单一的 VCC 或者 VPC 数据封装到单一的伪线中去。采用这种方式，建立了伪线和 VCC 或者 VPC 之间一一对应的关系，在对接入的 ATM 信元进行封装时，可以不添加信元的 VCI（Virtual Channel Identifier，虚信道标识符）或 VPI

（Virtual Path Identifier，虚通道标识符）字段，在对端根据伪线和 VCC 或者 VPC 的对应关系恢复出封装前的信元，完成 ATM 数据的透传。这样，再辅以多个信元串接封装可以进一步节省分组网络的带宽。

2. 终结模式

AAL5 即 ATM 适配层 5，支持面向连接的 VBR（Variable Bit Rate，可变比特率）业务。

AAL5 主要用于在 ATM 网及 LANE 上传输标准的 IP 业务，将应用层的数据帧分段重组形成适合在 ATM 网络上传送的 ATM 信元。

AAL5 采用了 SEAL 技术，并且是目前 AAL 推荐中最简单的一个。AAL5 提供低带宽开销和更为简单的处理需求以获得简化的带宽性能和错误恢复能力。

ATM PWE3 处理的终结模式对应于 AAL5 净荷虚信道连接（VCC）业务，它是把一条 AAL5 VCC 的净荷映射到一条 PW 的业务。

7.5　以太网业务仿真

PWE3 对以太网业务的仿真与 TDM 业务和 ATM 业务类似，下面分别按上行业务方向和下行业务方向介绍 PWE3 对以太网业务的仿真。

1. 上行业务方向

在上行业务方向，按照以下顺序处理接入的以太网数据信号：

（1）物理接口接收到以太网数据信号，提取以太网帧，区分以太网业务类型，并将帧信号发送到业务处理层的以太网交换模块进行处理。

（2）业务处理层根据客户层标签确定封装方式，如果客户层标签是 PW，将由伪线处理层完成 PWE3 封装；如果客户层标签是 SVLAN，将由业务处理层完成 SVLAN 标签的处理。

（3）伪线处理层对客户报文进行伪线封装（包括控制字）后上传至隧道处理层。

（4）隧道处理层对 PW 进行隧道封装，完成 PW 到隧道的映射。

（5）链路传送层为隧道报文封装上段层，封装后发送出去。

2. 下行业务方向

在下行业务方向，按照以下顺序处理接入的网络信号：

（1）链路传送层接收到网络侧信号，识别端口进来的隧道报文或以太网帧。

（2）隧道处理层剥离隧道标签，恢复出 PWE3 报文。

（3）伪线处理层剥离伪线标签，恢复出客户业务，下行至业务处理层。

（4）业务处理层根据 UNI（User Network Interface，用户网络接口）或 UNI＋CE VLAN 确定最小 MFDFr（Matrix Flow Domain Fragment，矩阵流域片断）并进行时钟、OAM 和 QoS 的处理。

（5）物理接口层接收由业务处理层的以太网交换模块送来的以太网帧，通过对应的物理接口发往用户设备。

本 章 小 结

　　PTN(分组传送网，Packet Transport Network)是一种以分组作为传送单位，承载电信级以太网业务为主，兼容 TDM(时分复用)、ATM(异步传输)和 FC(Fibre Channel)等业务的综合传送技术。PTN 是在 IP 业务和底层光传输媒质之间设置了一个层面，它针对分组业务流量的突发性和统计复用传送的要求而设计，以分组业务为核心并支持多业务提供，具有更低的总体使用成本(TCO)，同时秉承光传输的传统优势，包括高可用性和可靠性、高效的带宽管理机制和流量工程、便捷的 OAM 和网管、可扩展、较高的安全性等。

　　PTN 是针对无线业务回传、集客专线等综合应用场景进行优化定制的路由器整体解决方案，具备 L2/L3 VPN、电路仿真、同步等能力，提高了 OAM 和保护能力。

　　PTN 是综合业务承载应用场景进行优化定制的路由器整体解决方案，其主要特征是增加了具有传输特性的分组承载技术，增加了 OAM 能力、多业务承载、时钟同步功能以及多业务保护能力。

习　　题

一、填空题

1. TDM 业务仿真的基本思想就是在分组交换网络上搭建一个"＿＿＿＿＿"，在其中实现 TDM 电路(如＿＿＿＿或＿＿＿＿)，从而使网络任一端的 TDM 设备不必关心其所连接的网络是否是一个 TDM 网络。分组交换网络被用来仿真 TDM 电路的行为称为"电路仿真"。

2. 隧道透传模式类似于非结构化＿＿＿＿的处理，将 ATM 业务整体作为净荷，不解析内容，加上＿＿＿＿、＿＿＿＿后，通过承载网传送到对端，再对点进行解 VC/隧道封装，还原出完整的 ATM 数据流，交由对端设备处理。

3. PTN 的英文全称是＿＿＿＿＿＿＿＿＿，中文翻译为分组传送网。

4. PTN 常采用的两大主流技术是＿＿＿＿和＿＿＿＿。

5. PTN 中使用＿＿＿＿区别 Tunnel，使用＿＿＿＿标签区别 PW。

二、选择题

1. PTN 网络具有以下特点(　　　　)。(多选题)

A. 基于全 IP 分组内核

B. 秉承 SDH 端到端连接、高性能、高可靠、易部署和维护的传送理念

C. 保持传统 SDH 优异的网络管理能力和良好体验

D. 融合 IP 业务的灵活性和统计复用、高带宽、高性能、可扩展的特性

E. 具有分层的网络体系架构

2. PWE3 业务网络的基本传输构件包括(　　　　)。(多选题)

① 接入链路(Attachment Circuit，AC)；② 伪线(Pseudo wire，PW)；③ 转发器(Forwarders)；④ 隧道(Tunnels)；⑤ 封装(Encapsulation)；⑥ PW 信令协议(Pseudowire

Signaling)；⑦ 服务质量(Quality of Service)

  A. ①②③④⑤　　　B. ①②③④⑤⑥⑦　　　C. ②④⑥　　　D. ①③⑤⑦

3. T - MPLS 网络分层结构依次分为以下三层(　　　　)。

  A. 光纤、TMP、TMC　　　　　　　　B. Tunnel、PW、流

  C. TMS、TMP、TMC　　　　　　　　D. Tunnel、VPWS、流

4. 下列说法不正确的是(　　　　)。

  A. MSTP 传送网电路配置业务灵活和实时性较差，对数据业务的调整变化缺乏足够的动态适应能力

  B. MSTP 传送网能够为高等级业务提供 1＋1 保护或者 1：1 保护，并能支持多等级业务和服务质量

  C. PTN 组网调度灵活，比传统的 MSTP 光纤传输利用率高

  D. 目前的 PTN 设备是基于 T - MPLS 体系构架的

三、判断题

1. PTN 网络可以感知 PWE3 所承载的业务。(　　　　)

2. TRUNK 模式的端口可以通过带 VLAN TAG 或者不带 VLAN TAG 的数据包。(　　　　)

3. 分组传送网(PTN)是指这样一种传送网络架构和具体技术：在 IP 业务和底层光传输媒质之间设置了一个层面，该层面针对分组业务流量的突发性和统计复用传送的要求而设计。(　　　　)

4. PWE3(Pseudo Wire Edge to Edge Emulation，端到端的伪线仿真)是一种端到端的二层业务承载技术。PWE3 在 PTN 网络中可以真实地模仿 ATM、帧中继、以太网、低速 TDM 电路和 SONET/SDH 等业务的基本行为和特征。(　　　　)

实 验 与 实 训

实验一　PTN 基础配置

(一) 实验目的

  了解 PTN 业务；熟悉 PTN 业务配置。

(二) 工具与器材

  仿真软件及辅助耗材。

(三) 实验原理

1. 监控 VLAN

  PTN 网络中，各网元的管理信息即 MCC(Management Communication Channel，管理

通信通道）信息需要绑定一个 VLAN（Virtual Local Area Network，虚拟局域网），这个 VLAN 称为监控 VLAN。网络中各网元间的 MCC 信息均借助监控 VLAN 进行传送。监控 VLAN 的取值范围为 3001～4093。

2. 封装 VLAN

网络中各业务接口需要绑定一个 VLAN，这个 VLAN 称为封装 VLAN。为使业务能够在网元之间传递，直连的两个业务接口需绑定在同一个封装 VLAN 下，即每一个封装 VLAN 上绑定的业务接口会成对出现。封装 VLAN 的取值范围为 2～3000，工程现场一般使用 17～3000。

3. IP 地址

设备组网时，需要划分 IP（Internet Protocol，因特网协议）地址、网管监控 VLAN 和封装 VLAN。

为使由设备组成的网络正常运行，设备需要配置的 IP 地址如表 7-1 所示。

表 7-1　IP 地址类型说明

IP 地址类型	说　　明
网元 IP	网元 IP 地址
业务接口 IP	三层接口 IP
环回 IP	设备的环回 IP 地址，唯一标识设备
网管主机 IP	网管服务器的 IP 地址
网管接口 IP	设备上的、与网管服务器直连的接口 IP 地址

4. 监控拓扑

监控拓扑用于传送监控信息，实现网管对网络的管理，如图 7-8 所示。

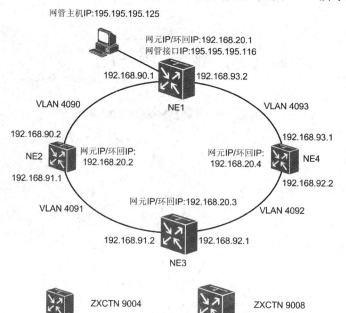

图 7-8　监控拓扑图

5. 业务拓扑

业务拓扑用于传送业务信息，承载业务流的信息，如图 7-9 所示。

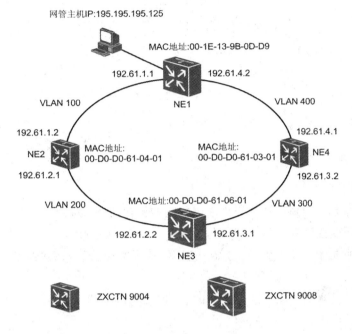

图 7-9　业务拓扑图

6. 单板配置需求

网元 NE1 和 NE3 配置的单板如图 7-10 所示。

网元 NE2 和 NE4 配置的单板如图 7-11 所示。

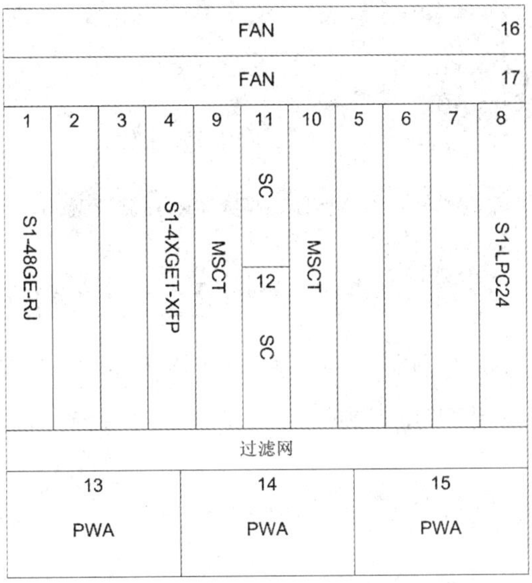

图 7-10　网元 NE1 和 NE3 的单板配置图 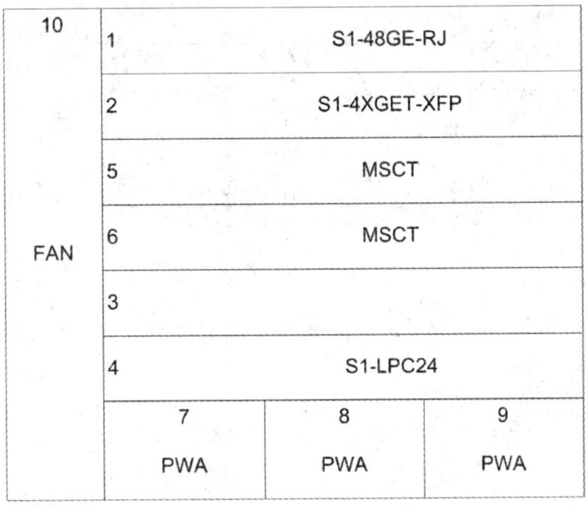　　　　图 7-11　网元 NE2 和 NE4 的单板配置图

网元 NE1、NE2、NE3 和 NE4 都配置有母板 P90S1 - LPC24，母板上可以配置相应的子板。母板上配置的子板如图 7 - 12 所示。

1	4COC3-SFP	2	24E1-CX
3	4OC3-SFP	4	

图 7 - 12　母板的子板配置图

（四）实验步骤

1. 网元初始化

1）启动超级终端

启动超级终端后，用户可在超级终端中输入初始化命令，对设备进行初始化。

（1）用串口线连接网管主机串行口与设备的 CONSOLE 口。

（2）在网管主机上，单击菜单［开始→程序→附件→通讯→超级终端］，弹出"连接描述"对话框，如图 7 - 13 所示。

（3）在"名称"文本框中输入新建连接的名称，如：ZXCTN。

（4）在"图标"栏中任选一个图标。

（5）单击"确定"按钮，弹出"连接到"对话框，如图 7 - 14 所示。

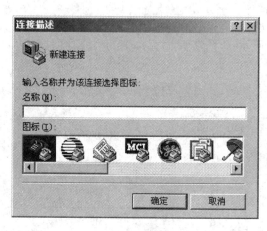

图 7 - 13　"连接描述"对话框

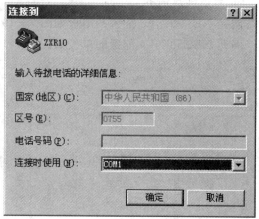

图 7 - 14　"连接到"对话框

（6）根据网管主机串行口编号，在"连接时使用"下拉列表框中选择相应的串行口，如 COM1。

（7）单击"确定"按钮，弹出"COM1 属性"对话框，如图 7 - 15 所示。

（8）按表 7 - 2 设置所选串行口的属性。

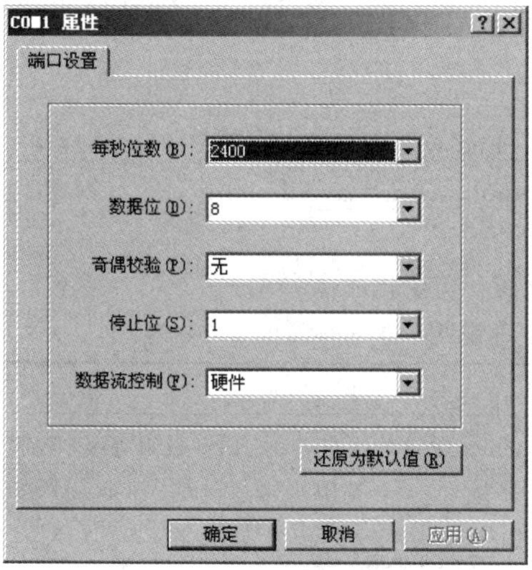

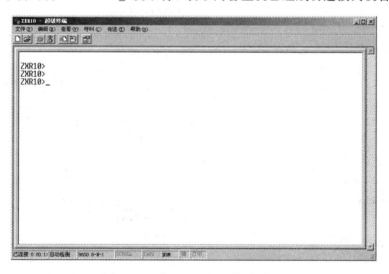

图 7 - 15　"COM1 属性"对话框

表 7 - 2　串行口属性

参　数	值
每秒位数(B)	9600
数据位(D)	8
奇偶校验(P)	无
停止位(S)	1
数据流控制(F)	无

（9）单击"确定"按钮，进入"ZXR10 -超级终端"窗口，如图 7 - 16 所示。在"ZXR10 -超级终端"窗口中会出现"ZXR10＞_"提示符，表示网管主机已经成功连接到设备。

图 7 - 16　"ZXR10 -超级终端"窗口

2）初始化网元

对设备进行初始化是为了创建设备的管理通道。初始化设备后，网管可通过管理通道对设备进行管理。初始化网元的前提是：网管主机的超级终端已经启动。以网元 NE1 为例，网元初始化步骤及命令如下：

（1）进入"超级终端"窗口，在提示符 ZXR10＞后输入 enable，按 Enter 键。

（2）输入密码 zxr10（出厂默认），按 Enter 键，进入特权模式。

　　　ZXR10＞en

　　　Password：

　　　ZXR10＃_

（3）在特权模式下，输入 config terminal，按 Enter 键，进入提示符为 ZXR10(config)
♯的全局配置模式。

ZXR10♯config terminal

Enter configuration commands，one per line. End with CTRL/Z. ZXR10(config)♯
con0(0.0.0.0) has entered the configure mode，must avoid conflict.

ZXR10(config)♯

（4）在全局配置模式下，完成 NE1 的初始化配置。初始化命令参见表 7 - 3。

表 7 - 3 初始化命令说明

初始化命令	说　　明
username who password who privilege 15	设置 telnet 登录的用户名、密码和权限等级，权限级别范围为 1～15，权限级别数值越大，权限级别越高
multi-user configure	允许其他的 telnet 用户进入配置模式
snmp-server view AllView internet included	定义 SNMP 的视图
snmp-server community public view AllView ro	设置 SNMP 报文团体串，ro 表示对 MIB 对象进行只读访问
snmp-server community private view AllView rw	设置 SNMP 报文团体串，rw 表示对 MIB 对象进行读写访问
snmp-server host 195.195.195.125 trap version 2c public udp-port 162	当网元产生告警时，该网元主动捕获告警并将告警转发给拥有这个 IP 地址的设备（这里是网管服务器的 IP 地址：195.195.195.125），以及指定 SNMP 版本号和通信端口号。
snmp-server enable trap SNMP snmp-server enable trap VPN snmp-server enable trap BGP snmp-server enable trap OSPF snmp-server enable trap RMON snmp-server enable trap STALARM	打开代理发送陷阱的开关并设置代理能发送的陷阱类型。陷阱类型包括 BGP、OSPF、RMON、SNMP、Stalarm、VPN
snmp-server trap-source 192.168.20.1	设置本网元向网管发送 PDU 报文的源地址
logging on logging trap-enable informational	开启告警功能，并上报 informational 及以上级别的日志告警
interface qx_9/2 ip address 195.195.195.116 255.255.255.0 exit	配置网元 Qx 口的 IP 地址，IP 地址需要与 Qx 口相连的网管服务器的 IP 地址处于同一个网段
interface loopback1 ip address 192.168.20.1255.255.255.255 exit	设置设备的环回 IP 地址为 192.168.20.1

续表

初始化命令	说　　明
vlan 4090 exit interface vlan 4090 ip address 192.168.90.1 255.255.255.0 exit	配置 MCC 接口：创建 MCC VLAN 4090，并配置 VLAN 的 IP 地址为 192.168.90.1
vlan 4093 exit interface vlan 4093 ip address 192.168.93.2 255.255.255.0 exit	配置 MCC 接口：创建 MCC VLAN 4093，并配置 VLAN 的 IP 地址为 192.168.93.2
interface xgei_4/1 mcc-vlan 4090 mcc-bandwidth 10 switchport mode trunk switch-port trunk vlan 4090 exit	进入 xgei_4/1 端口模式，设置网管 MCC 管理通道的 VLAN 和通道带宽，配置端口的 VLAN 链路工作在 trunk 模式，并将端口 xgei_4/1 绑定到 VLAN 4090
interface xgei_4/2 mcc-vlan 4093 mcc-bandwidth 10 switchport mode trunk switch-port trunk vlan 4093 exit	进入 xgei_4/2 端口模式，设置网管 MCC 管理通道的 VLAN 和通道带宽，配置端口的 VLAN 链路工作在 trunk 模式，并将端口 xgei_4/2 绑定到 VLAN 4093
router ospf 1 network 192.168.20.1 0.0.0.0 area 0.0.0.0 net-work 192.168.90.0 0.0.0.255area 0.0.0.0 network 192.168.93.0 0.0.0.255 area 0.0.0.0 network 195.195.195.116 0.0.0.255area 0.0.0.0 exit	配置所有 IP 地址网段的路由通告，使不同网段可以互通
tmpls lsr-id loopback1	使能 loopback1，以便后续能进行隧道的创建

（5）初始化完成后，输入 exit 并按 Enter 键，退出全局配置模式，进入特权模式。

（6）输入 write 并按 Enter 键，保存配置信息。

　　ZXR10(config)♯exit

　　ZXR10♯write

　　Building configuration...

　　[OK] ZXR10♯

（7）重复步骤（1）～（6），对网元 NE2、NE3 和 NE4 进行初始化。

网元 NE2、NE3 和 NE4 的初始化命令与网元 NE1 相似，不同之处在于：网元 NE2、

NE3 和 NE4 作为非接入网元，初始化命令中不需要设置 Qx 端口的 IP 地址；网元 NE2、NE3 和 NE4 需要配置本网元的网元 IP、环回 IP 和向网管发送 PDU(Packet Data Unit)报文的源地址。

如果网元初始化数据保存成功，在特权模式下进入 cfg 目录，能够查询到 startrun. dat 文件，命令如下：

　　　ZXR10♯cd cfg

　　　ZXR10♯dir

　　　Directory of flash：/cfg

2. 启动并登录网管

启动网管服务器端和客户端软件后，可在网管客户端上进行配置操作。

启动并登录网管前，应确认完成以下操作：NetNumen U31 网管软件已经正确安装在网管主机上；客户端拥有登录服务器的权限，即客户端拥有服务器分配的用户名和密码，以及服务器的 IP 地址。

具体步骤如下：

(1) 启动 NetNumen U31 服务器端。在网管主机中，单击菜单[开始→程序→NetNumen 统一网管系统→NetNumen 统一网管系统控制台]，弹出"NetNumen 统一网管系统-控制台"窗口。

说明：当控制台的进程图标全部显示为 📇 时，说明网管服务器启动成功。

(2) 登录 NetNumen U31 客户端。

① 在网管主机中，单击菜单[开始→程序→NetNumen 统一网管系统→NetNumen 统一网管系统客户端]，弹出"登录"窗口。

② 输入服务器地址、用户名和密码，单击"确定"按钮，进入网管客户端的拓扑管理视图。

说明：缺省用户名为"admin"，无密码。

3. 创建网元

创建网元是指在网管上创建逻辑网元，逻辑网元是物理网元在网管上的逻辑映射。网管通过管理和维护逻辑网元，可实现对物理网元的管理和维护。根据"网络拓扑图"，需要创建 4 个网元。4 个网元的参数设置参见表 7-4。

表 7-4　网元的参数设置

网元名称 参数	NE1	NE2	NE3	NE4
网元类型	NA	NA	NA	NA
IP 地址	192.168.20.1	192.168.20.2	192.168.20.3	192.168.20.4
子网掩码	255.255.255.0	255.255.255.0	255.255.255.0	255.255.255.0
在线/离线	在线	在线	在线	在线
硬件版本	V2.08.33R1	V2.08.33R1	V2.08.33R1	V2.08.33R1
软件版本	V2.20	V2.20	V2.20	V2.20
设备层次	不关心	不关心	不关心	不关心

步骤：

（1）在拓扑管理视图中，单击菜单［配置→承载传输网元配置→创建网元］，弹出"创建承载传输网元"对话框。

（2）在对话框左侧的 CTN 设备导航树中，选择 ZXCTN 9008 节点（或 ZXCTN 9004 节点）。

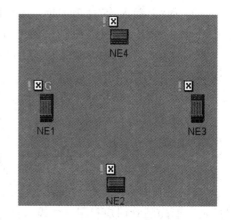

提示：创建 NE1、NE3 时，选择 ZXCTN 9008；创建 NE2、NE4 时，选择 ZXCTN 9004。

（3）按照表 7 - 4 设置网元 NE1 的参数。

（4）单击"应用"按钮，弹出"提示"对话框，单击"确定"按钮，完成网元 NE1 的创建。

（5）重复步骤（2）～（4），按照表 7 - 4 创建网元 NE2、NE3 和 NE4。

（6）单击"关闭"按钮，返回拓扑管理视图。

创建网元成功后，拓扑管理视图中将显示创建的网元图标，如图 7 - 17 所示。

图 7 - 17　网元创建成功

4. 配置单板

配置单板是指在网管上为网元配置逻辑单板，逻辑单板是物理单板在网管上的逻辑映射。

单板配置的前提是：配置单板前，应了解各网元对应的物理设备的单板配置信息；网管操作人员必须具有"系统操作员"及以上的网管用户权限。

具体配置步骤如下：

（1）在拓扑管理视图中，双击网元 NE1，弹出"单板视图"窗口。

（2）单击 按钮，在"单板视图"窗口中显示"插板类型"页面。

（3）在"插板类型"页面中，单击待配置的单板按钮。

说明：单击所要插入的单板按钮后，在"单板视图"窗口内的模拟子架中，可安装该单板的槽位以黄色显示，提醒操作人员所选单板只能插入黄色槽位。在网管上，默认电源板和风扇已经安装完成。

（4）单击对应黄色槽位，添加单板。

（5）参照图 7 - 10 安装所有单板。

（6）在单板视图窗口内右击 S1 - LPC24 单板，在快捷菜单中选择"子板管理"，弹出"子板管理"对话框。

（7）参照图 7 - 12 安装所有子板。

（8）单击"关闭"按钮，返回"单板视图"窗口。

（9）重复步骤（1）～（8），参照图 7 - 10 和图 7 - 11，为网元 NE2、NE3 和 NE4 配置单板。

5. 上载数据库

上载数据库是指将设备上保存的各种数据上载到网管数据库中，保证设备与网管的数据一致。

步骤如下：

（1）在拓扑管理视图中，右击网元 NE1，在弹出的快捷菜单中选择"数据同步"，弹出"数据同步"对话框。

（2）在"上载入库"选项卡里，选择上载数据项区域框内的 NE1。

（3）单击"上载入库"按钮，弹出"确认"对话框。

（4）单击"是"按钮，弹出"提示"对话框，单击"确定"按钮，完成网元 NE1 的上载数据库操作。

（5）单击"关闭"按钮，退出"数据同步"对话框。

（6）重复步骤（1）～（5），上载网元 NE2、NE3 和 NE4 的数据。

6. 创建纤缆连接

创建纤缆连接是在网管上，为物理网元之间的纤缆连接创建对应的逻辑纤缆连接。纤缆连接的前提是：网元已经在网管上配置了相关单板，网管操作人员必须具有"系统操作员"及以上的网管用户权限。纤缆连接的参数说明参见表 7－5。

表 7－5　纤缆连接配置参数说明

参　数	值　　域	说　明
网元	例如：NE1	选择需创建纤缆连接的网元
单板	例如：S1-4XGET-XFP［0-1-4］	选择需创建纤缆连接的单板
端口	例如：S1-4XGET-XFP［0-1-4］-用户以太网端口：1	选择需创建纤缆连接的端口

网元 NE1、NE2、NE3、NE4 通过 P90 S1-4XGET-XFP 相连。4 个网元间的纤缆连接关系参见表 7－6。

表 7－6　网元纤缆连接配置表

A 端口			Z 端口		
网元	单板	端口	网元	单板	端口
NE1	S1-4XGET-XFP［0-1-4］	用户以太网端口：1	NE2	S1-4XGET-XFP［0-1-2］	用户以太网端口：1
NE2	S1-4XGET-XFP［0-1-2］	用户以太网端口：2	NE3	S1-4XGET-XFP［0-1-4］	用户以太网端口：2
NE3	S1-4XGET-XFP［0-1-4］	用户以太网端口：1	NE4	S1-4XGET-XFP［0-1-2］	用户以太网端口：1
NE4	S1-4XGET-XFP［0-1-2］	用户以太网端口：2	NE1	S1-4XGET-XFP［0-1-4］	用户以太网端口：2

步骤如下：

（1）在拓扑管理视图中，选择待创建纤缆连接的所有网元，右击任一选中的网元，在快捷菜单中选择"纤缆连接"，弹出"纤缆连接"窗口。

（2）参照表 7－6 配置网元 NE1 和 NE2 之间的纤缆连接。

在 A 端口中，选择网元 NE1、单板 S1-4XGET-XFP[0-1-4]及用户以太网端口:1。

在 Z 端口中，选择网元 NE2、单板 S1-4XGET-XFP[0-1-2]及用户以太网端口:1。

（3）单击"应用"按钮，完成一条纤缆连接的创建。（提示：纤缆连接创建成功后，端口将处于占用的状态，用户不能再次选择该端口。只有将占用该端口的纤缆连接删除，用户才能选择该端口。）

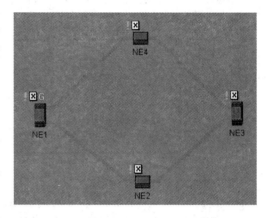

（4）重复步骤（1）～（3），参照表 7－6，建立网元 NE2 和 NE3、NE3 和 NE4 以及 NE4 和 NE1 之间的纤缆连接。

（5）单击"关闭"按钮，退出"纤缆连接"窗口。

结果：在拓扑管理视图中，成功建立纤缆连接的网元图标间有连线相连，如图 7－18 所示。

图 7－18　纤缆连接创建成功示意图

7. 配置基础数据——配置端口 VLAN 模式

用户需要根据端口的应用场景来设置端口的 VLAN 模式，以保证端口能正常工作。

通过网管可将业务端口的 VLAN 模式设置为表 7－7 所列的三种模式。

表 7－7　VLAN 模式的分类

模式	端口对数据帧的处理方式（接收方向）	端口对数据帧的处理方式（发送方向）
接入	数据帧携带 VLAN 标签时，端口直接丢弃数据帧； 数据帧不携带 VLAN 标签时，端口为该数据帧添加 PVID 并转发	端口会剥离数据帧的 VLAN 标签并转发
干线	数据帧携带的 VLAN 标签允许进入端口时，端口直接转发数据帧，否则丢弃； 数据帧不携带 VLAN 标签时，端口为该数据帧添加 PVID 并转发	数据帧携带的 VLAN 标签值与端口的 PVID 值相等时，端口会剥离数据帧的 VLAN 标签并转发； 数据帧携带的 VLAN 标签值与端口的 PVID 值不相等时，端口直接转发数据帧
混合干线	数据帧携带的 VLAN 标签允许进入端口时，端口直接转发数据帧，否则丢弃； 数据帧不携带 VLAN 标签时，端口为该数据帧添加 PVID 并转发	数据帧携带的 VLAN 标签值的属性为 un-tag 时，端口会剥离数据帧的 VLAN 标签并转发； 数据帧携带的 VLAN 标签值的属性为 tag 时，端口直接转发数据帧

端口 VLAN 模式的参数说明参见表 7－8。

表 7 - 8　　VLAN 模式的参数说明

参　数	值　　域	说　　明
选择单板	例如：S1-4XGET-XFP[0-1-4]	选择需要设置 VLAN 模式的单板
端口	例如：用户以太网端口：1	选择单板上的端口
VLAN 模式	接入	"接入"模式用于 UNI 端口
	干线	"干线"模式用于 NNI 端口
	混合干线	"混合干线"模式既可用于 NNI 端口，也可用于 UNI 端口。端口默认的 VLAN 模式为"接入"

网元 NE1、NE2、NE3、NE4 上的以太网端口用于 NNI 侧时，需将这些端口的"VLAN 模式"设置为"干线"。以太网端口用于 UNI 侧时，需将这些端口设置为"接入"模式。4 个网元的 VLAN 模式配置参见表 7 - 9。

表 7 - 9　　VLAN 模式配置参数表

网元	选择单板	端口	VLAN 模式
NE1	S1-4XGET-XFP[0-1-4]	用户以太网端口：1	干线
		用户以太网端口：2	干线
NE2	S1-4XGET-XFP[0-1-2]	用户以太网端口：1	干线
		用户以太网端口：2	干线
NE3	S1-4XGET-XFP[0-1-4]	用户以太网端口：1	干线
		用户以太网端口：2	干线
NE4	S1-4XGET-XFP[0-1-2]	用户以太网端口：1	干线
		用户以太网端口：2	干线

步骤如下：

（1）在拓扑管理视图中，右击网元 NE1，在快捷菜单中选择"网元管理"，弹出"网元管理"窗口。

（2）在窗口左侧的网元操作导航树中，选择［接口配置→以太网端口基本属性配置］节点，进入"以太网端口基本属性配置"窗口。

（3）参照表 7 - 9，配置网元 NE1 的端口 VLAN 模式。

（4）单击"应用"按钮，弹出"提示"对话框，单击"确定"按钮，返回以太网端口基本属性配置窗口。

（5）单击"关闭"按钮，退出"以太网端口基本属性配置"窗口。

（6）重复步骤（1）～（5），参照表 7 - 9，配置网元 NE2、NE3、NE4 的端口 VLAN 模式。

8. 配置基础数据——配置 VLAN

本任务中配置的 VLAN 为封装 VLAN，通过同一段纤缆相连的两个以太网端口需配置相同的 VLAN。

网元 NE1、NE2、NE3、NE4 间需创建 4 个 VLAN，并将相应的 NNI 端口加入到 VLAN 中。4 个网元的 VLAN 配置参见表 7－10。

表 7－10　网元 VLAN 接口配置说明

网元	接口 ID	端　口　组
NE1	100	4XGET-XFP[0-1-4]-用户以太网端口:1
	400	4XGET-XFP[0-1-4]-用户以太网端口:2
NE2	200	4XGET-XFP[0-1-2]-用户以太网端口:2
	100	4XGET-XFP[0-1-2]-用户以太网端口:1
NE3	300	4XGET-XFP[0-1-4]-用户以太网端口:1
	200	4XGET-XFP[0-1-4]-用户以太网端口:2
NE4	400	4XGET-XFP[0-1-2]-用户以太网端口:2
	300	4XGET-XFP[0-1-2]-用户以太网端口:1

步骤如下：

（1）在拓扑管理视图中，右击网元 NE1，在快捷菜单中选择"网元管理"，弹出"网元管理"窗口。

（2）在窗口左侧的网元操作导航树中，选择［接口配置→VLAN 接口配置］节点，进入"VLAN 接口配置"窗口。

（3）单击"增加"按钮，弹出"创建 VLAN 接口"对话框。

（4）参照表 7－10，配置网元 NE1 的 VLAN 接口。

（5）在"接口 ID"文本框中输入 100，单击"确定"按钮，生成一个 VLAN 接口。

（6）在"接口 ID"文本框中输入 400，单击"确定"按钮，生成另一个 VLAN 接口。

（7）单击"取消"按钮，返回"VLAN 接口配置"窗口。

（8）选择新增加的 VLAN，参照表 7－10，选择右侧端口列表中待添加的端口，单击 ⬅️ ，将端口添加到 VLAN 中。

（9）单击"应用"按钮，弹出"提示"对话框，单击"确定"按钮，返回"VLAN 接口配置"窗口。

（10）单击"关闭"按钮，退出"VLAN 接口配置"窗口。

（11）重复步骤（1）～（10），参照表 7－10，配置网元 NE2、NE3 和 NE4 的 VLAN 接口。

9. 配置基础数据——配置 IP 接口

本任务配置的 IP 地址为业务 IP 地址，直连且绑定同一个 VLAN 的两个 IP 接口需配置相同网段的 IP 地址。

连接网元 NE1、NE2、NE3、NE4 的数据链路层是以太网,配置 IP 接口时,IP 接口需与 VLAN 端口绑定。4 个网元的 IP 接口配置参见表 7 - 11。

表 7 - 11　IP 接口配置表

网元	绑定端口类型	绑定端口	是否指定IP 地址	主 IP 地址	主子网掩码
NE1	VLAN 端口	NE1-VLAN 端口:100	√	192.61.1.1	255.255.255.0
	VLAN 端口	NE1-VLAN 端口:400	√	192.61.4.2	255.255.255.0
NE2	VLAN 端口	NE2-VLAN 端口:200	√	192.61.2.1	255.255.255.0
	VLAN 端口	NE2-VLAN 端口:100	√	192.61.1.2	255.255.255.0
NE3	VLAN 端口	NE3-VLAN 端口:300	√	192.61.3.1	255.255.255.0
	VLAN 端口	NE3-VLAN 端口:200	√	192.61.2.2	255.255.255.0
NE4	VLAN 端口	NE4-VLAN 端口:400	√	192.61.4.1	255.255.255.0
	VLAN 端口	NE4-VLAN 端口:300	√	192.61.3.2	255.255.255.0

具体配置步骤如下:

(1) 在拓扑管理视图中,右击网元 NE1,在快捷菜单中选择"网元管理",弹出"网元管理"窗口。

(2) 在窗口左侧的网元操作导航树中,选择[接口配置→三层接口/子接口配置]节点,进入"三层接口/子接口配置"窗口。

(3) 在"三层接口"页面中,单击"增加"按钮,弹出"增加"对话框。

(4) 参照表 7 - 11,配置网元 NE1 的 IP 接口。

(5) 单击"确定"按钮,返回"三层接口"页面。

(6) 参照表 7 - 11,重复步骤(3)~(5),配置 NE1 的另一个 IP 接口。

(7) 单击"应用"按钮,弹出"提示"对话框,单击"确定"按钮,返回"三层接口"页面。

(8) 单击"关闭"按钮,退出"三层接口/子接口配置"窗口。

(9) 重复步骤(1)~(8),参照表 7 - 11,配置网元 NE2、NE3 和 NE4 的 IP 接口。

10. 配置基础数据——配置 ARP

配置 ARP 是为网元创建永久性 ARP 表项。ARP 的参数说明参见表 7 - 12。

表 7 - 12　ARP 参数说明

参　　数	值　　域	说　　明
绑定端口	例如:NE1-VLAN 端口:100-(L3)	选择本网元已配置的 VLAN 端口
对端 IP 地址	例如:192.61.1.2	输入与本网元相连的对端网元的VLAN 端口的 IP 地址
对端 MAC 地址	例如:00-D0-D0-61-04-01	输入与本网元相连的对端网元的MAC 地 址

表 7 - 12 中的对端 MAC 地址是指对端设备的系统 MAC 地址,用户可通过 CLI 方式登录到设备的全局模式下,使用命令 show lacp sys 查看。查询到的 MAC 地址加 1 为该设备的系统 MAC 地址。即如果查询到的 MAC 为 00d0.d0c0.0100,则该设备的系统 MAC 为 00d0.d0c0.0101。注意:在配置 MAC 地址时,须根据对端设备的系统 MAC 地址进行填写。4 个网元的 ARP 配置参见表 7 - 13。

表 7 - 13　ARP 配置说明

网元	绑定端口	对端 IP 地址	对端 MAC 地址
NE1	NE1-VLAN 端口:100-(L3)	192.61.1.2	00-D0-D0-61-04-01
	NE1-VLAN 端口:400-(L3)	192.61.4.1	00-D0-D0-61-03-01
NE2	NE2-VLAN 端口:200-(L3)	192.61.2.2	00-D0-D0-61-06-01
	NE2-VLAN 端口:100-(L3)	192.61.1.1	00-1E-13-9B-0D-D9
NE3	NE3-VLAN 端口:300-(L3)	192.61.3.2	00-D0-D0-61-03-01
	NE3-VLAN 端口:200-(L3)	192.61.2.1	00-D0-D0-61-04-01
NE4	NE4-VLAN 端口:400-(L3)	192.61.4.2	00-1E-13-9B-0D-D9
	NE4-VLAN 端口:300-(L3)	192.61.3.1	00-D0-D0-61-06-01

具体配置步骤如下:

(1) 在拓扑管理视图中,右击网元 NE1,在快捷菜单中选择"网元管理",弹出"网元管理"窗口。

(2) 在窗口左侧的网元操作导航树中,选择[协议配置→ARP 配置]节点,进入"ARP 配置"窗口。

(3) 参照表 7 - 13,在"ARP 条目配置"页面中,从下拉列表框中选择绑定端口。

(4) 单击"增加"按钮,弹出"增加"对话框。

(5) 参照表 7 - 13,配置网元 NE1 的 ARP 条目。

(6) 单击"确定"按钮,ARP 表中将新增一条记录。

(7) 单击"应用"按钮。

(8) 重复步骤(3)～(7),配置网元 NE1 的另一条 ARP 条目。

(9) 单击"关闭"按钮,退出"ARP 配置"窗口。

(10) 重复步骤(1)～(9),参照表 7 - 13,配置 NE2 和 NE3、NE4 的 ARP 条目。

11. 配置基础数据——配置静态 MAC 地址

配置静态 MAC 地址是为本端网元配置 MAC 地址转发条目,是为了将本端网元的 VLAN 端口、转发端口与对端网元的 MAC 地址关联起来。静态 MAC 地址的参数说明参见表 7 - 14。4 个网元的静态 MAC 地址配置参见表 7 - 15。

表 7 - 14　静态 MAC 地址参数说明

参　　数	值　　　　　域	说　　　明
VLAN 接口	例如：VLAN 端口：100	选择 VLAN 端口
MAC 地址配置	例如：00-D0-D0-61-03-01	填写对端设备的系统 MAC 地址
转发端口类型	以太网物理端口	设置端口类型
	聚合端口	
转发端口	例如：S1-4XGET-XFP[0-1-4]-用户以太网端口：1	选择本网元的转发端口

表 7 - 15　静态 MAC 地址配置说明

网元	VLAN 接口	MAC 地址配置	转发端口类型	转发端口
NE1	VLAN 端口：400	00-D0-D0-61-03-01	以太网物理端口	4XGET-XFP[0-1-4]-用户以太网端口：2
	VLAN 端口：100	00-D0-D0-61-04-01		4XGET-XFP[0-1-4]-用户以太网端口：1
NE2	VLAN 端口：100	00-1E-13-9B-0D-D9		4XGET-XFP[0-1-2]-用户以太网端口：1
	VLAN 端口：200	00-D0-D0-61-06-01		4XGET-XFP[0-1-2]-用户以太网端口：2
NE3	VLAN 端口：200	00-D0-D0-61-04-01		4XGET-XFP[0-1-4]-用户以太网端口：2
	VLAN 端口：300	00-D0-D0-61-03-01		4XGET-XFP[0-1-4]-用户以太网端口：1
NE4	VLAN 端口：300	00-D0-D0-61-06-01		4XGET-XFP[0-1-2]-用户以太网端口：1
	VLAN 端口：400	00-1E-13-9B-0D-D9		4XGET-XFP[0-1-2]-用户以太网端口：2

具体配置步骤如下：

（1）在拓扑管理视图中，右击网元 NE1，在快捷菜单中选择"网元管理"，弹出"网元管理"窗口。

（2）在窗口左侧的网元操作导航树中，选择［协议配置→静态 MAC 地址配置］节点，进入"静态 MAC 地址配置"窗口。

（3）在"MAC 地址转发条目"页面中，单击"增加"按钮，增加一条 MAC 地址转发条目。

（4）单击"增加"按钮，增加另一条 MAC 地址转发条目。

（5）参照表 7 - 15，设置网元 NE1 的静态 MAC 地址。

（6）单击"应用"按钮，弹出"提示"对话框，单击"确定"按钮，返回"静态 MAC 地址配置"窗口。

（7）单击"关闭"按钮，退出"静态 MAC 地址配置"窗口。

（8）重复步骤（1）～（7），参照表 7 - 15，配置网元 NE2、NE3 和 NE4 的静态 MAC 地址。

12. 配置 MPLS - TP 静态隧道

采用端到端方式配置隧道时,仅需要在一个配置页面里设置隧道的源节点和宿节点的属性。采用端到端方式创建隧道时,隧道的参数说明参见表 7 - 16。

表 7 - 16　隧道配置参数说明(端到端方式)

参　数	值　域	说　明
创建方式	静态	选择隧道创建的方式。创建 MPLS - TP 静态隧道时,须选择静态
	动态	
组网类型	线型	选择隧道的组网方式
	环型	
	全连通	
	树型	
保护类型	—	选择隧道的保护方式。根据组网类型的不同,可选择不同的保护类型
终结属性	—	选择隧道的终结方式。根据组网类型和保护类型的不同,可选择不同的终结属性
组网场景	—	选择隧道的使用场景,即隧道的类型。根据组网类型、保护类型和终结属性的不同,可选择不同的组网场景
A1 端点	例如:NE1-4XGET-XFP[0-1-4]-用户以太网端口:1	选择隧道源端口
Z1 端点	例如:NE2-4XGET-XFP[0-1-2]-用户以太网端口:1	选择隧道宿端口
用户标签	0~80 个字符	用于标识隧道,方便用户识别
配置 MEG	勾选	勾选时表示为隧道配置 OAM。当创建方式设置为静态时,该属性有效
	不勾选	
带宽资源预留	勾选	勾选时表示为隧道预留带宽资源
	不勾选	
隧道模式	管道	用户业务进入运营商的管道模式隧道后,按照运营商的 QoS 进行调度。用户业务出隧道后按照自己的 QoS 进行调度。
	短管道	用户业务进入运营商的管道模式隧道后,从隧道头节点到倒数第二跳节点,按照运营商的 QoS 进行调度。从隧道倒数第二跳节点开始,用户业务按照自己的 QoS 进行调度。
	统一	用户业务进入运营商的统一模式隧道后,根据自己的 QoS 进行调度

配置一条网元 NE1 到 NE2 的 MPLS - TP 静态隧道，MPLS - TP 静态隧道的参数设置参见表 7 - 17。

表 7 - 17　　MPLS - TP 静态隧道的参数设置(端到端方式)

参　　　数	值
创建方式	静态
组网类型	线型
保护类型	无保护
终结属性	终结
组网场景	普通线型无保护
A1 端点	NE1-4XGET-XFP[0-1-4]-用户以太网端口:1
Z1 端点	NE2-4XGET-XFP[0-1-2]-用户以太网端口:1
用户标签	Tunnel-E2E
配置 MEG	不勾选
带宽资源预留	不勾选
隧道模式	管道

具体配置步骤如下：

(1) 在业务视图中，单击菜单[业务→新建→新建隧道]，进入"新建隧道"窗口。

(2) 参照表 7 - 16，设置端到端隧道的属性。

(3) 在"静态路由"页面中，单击"计算"按钮，完成路由计算和标签分配。

(4) 单击"应用"按钮，弹出"确认"对话框，单击"否"按钮，完成端到端隧道的配置。

13. 端到端方式配置伪线

采用端到端方式配置伪线时，仅需要在一个配置页面里设置伪线的源节点和宿节点的属性。端到端创建伪线时，伪线的参数说明参见表 7 - 18。

表 7 - 18　　伪线配置参数说明(端到端方式)

参　　　数	值　　域	说　　　明
创建方式	静态	选择伪线的创建方式
	动态	
用户标签	0~80 个字符	用于标识伪线，方便用户识别
隧道绑定策略	基于双向隧道	将伪线与已存在的双向隧道绑定
	基于单向隧道	将伪线与已存在的单向隧道绑定
	基于 LDP 隧道	将伪线与 LDP 隧道绑定
A1 端点	例如：NE1	选择伪线源节点
Z1 端点	例如：NE2	选择伪线宿节点
配置 MEG	勾选	勾选时表示为伪线配置 OAM。当创建方式设置为静态时，该属性可设置
	不勾选	

续表

参　　数	值　　域	说　　明
信令类型	PWE3	选择创建动态伪线时所使用的信令类型。当创建
	MARTINI	方式设置为动态时,该属性可设置
正向标签	16～ 1 048 575	设置伪线的本地标签值
反向标签	16～ 1 048 575	设置伪线的远端标签值
请选择使用的隧道	例如：E2E-Tunnel（双向）	选择与伪线绑定的隧道

配置一条网元 NE1 到 NE2 的伪线,伪线的参数设置参见表 7 - 19。

表 7 - 19　伪线的参数设置(端到端方式)

参　　数		说　　明
创建方式		静态
用户标签		E2E-PW
隧道绑定策略		基于双向隧道
A1 端点		NE1
Z1 端点		NE2
配置 MEG		不配置
隧道绑定页面	正向隧道	Tunnel-E2E(双向)
	控制字支持	不勾选

正向标签和反向标签可以不设置,在单击“应用”按钮后,系统会为该伪线自动生成标签。具体步骤如下：

(1)在业务视图中,单击菜单［业务→新建→新建伪线］,进入“新建伪线”窗口。

(2)参照表 7 - 19,配置端到端伪线。

(3)单击“应用”按钮,弹出“确认”对话框。

(4)单击“是”按钮,弹出“确认”对话框,单击“否”按钮,完成端到端伪线的创建。

(五) 实验要求

配置完成之后,在网管服务器上分别 ping 4 台设备的主机 IP。如果能 ping 通,表明 MCC 通道配置成功,网管服务器能够管理 4 台网元。同时在网管操作中能够看到已经成功配置连通的隧道和伪线。

【任务拓展】

(1)如果单板安装错误,如何修改?

(2)拓扑连接完成后,如何查看光纤连接信息?

(3)如何修改不正确的网元间连接关系?

(4)网元时间同步有几种方式?

实验二　PTN 业务配置——EPL

(一) 实验目的

了解 PTN 业务；熟悉 PTN 业务配置——EPL。

(二) 工具与仪器

仿真软件及辅助耗材。

(三) 实验内容及步骤

1. 任务简介

位于 NE1 的银行 A 与位于 NE2 的银行 B 有业务往来，两家银行的交换机均与本地的 ZXCTN 设备连接。A、B 两家银行之间的业务均为数据业务，用户要求独占用户侧端口。业务需求参见表 7-20。

表 7-20　EPL 业务需求表

用　户	业务分类	业务节点 （占端口数）	业务节点 （占端口数）	带宽需求
银行 A，银行 B	数据业务	NE1(1)	NE2(1)	CIR=50 Mb/s PIR=100 Mb/s

2. 任务分析

根据业务需求，两银行之间的数据业务需要透明传送。经过分析，可通过 ZXCTN 设备搭建点到点网络，配置 EPL(Ethernet Private Line，以太网私有专线)业务，实现以太网业务的传送。

EPL 业务组网如图 7-19 所示。

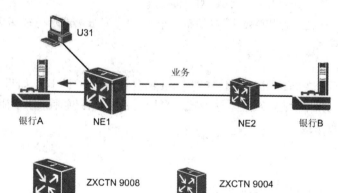

图 7-19　业务组网拓扑示意图（EPL 业务）

根据业务组网拓扑，EPL 业务的网络规划如图 7 - 20 所示。

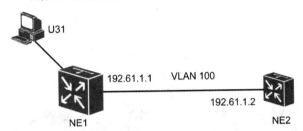

图 7 - 20　网络规划示意图（EPL 业务）

根据业务类型和业务量，为网元配置单板。网元 NE1 的单板配置信息如图 7 - 21 所示，网元 NE2 的单板配置信息如图 7 - 22 所示。

图 7 - 21　网元 NE1 的单板配置示意图　　　　图 7 - 22　网元 NE2 的单板配置示意图
　　　　　　（EPL 业务）　　　　　　　　　　　　　　　（EPL 业务）

由于两网元之间的银行业务只包含数据业务，因此业务规划如下：

（1）配置一条 PW 承载银行 A、银行 B 的数据业务。

（2）配置一条隧道承载该 PW。

（3）根据业务对带宽的需求，采用设置 PW 带宽的方式实现。

3. 支撑知识

EPL 业务如图 7-23 所示，UNI 口不存在复用，PE 设备的一个 UNI 口只接入一个用户，也就是说不按 VLAN 区分 UNI 口接入的用户。

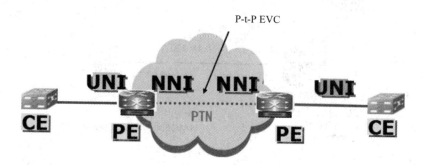

图 7-23　EPL 业务

PE—PE 之间的连接有 QoS 保证，不同用户的业务在 PE—PE 之间传送时，各业务的保证带宽都得到保障。PE—PE 之间的以太网连通性为点到点(P-t-P)。

4. 任务实施

1) 配置前提

配置 EPL 业务时，需要配置 EPL 业务的基本属性、用户侧端点和网络侧路由。前提是已完成网元的基础数据配置，已完成承载业务的隧道的创建，网管操作人员必须具有"系统操作员"及以上的网管用户权限。

2) 配置步骤

（1）在业务视图中，单击菜单［业务→新建→新建以太网业务］，进入"新建以太网业务"窗口。

（2）参照表 7-21 设置业务 Service-EPL 的基本属性。

表 7-21　EPL 业务的基本属性配置

	Service-EPL
业务类型	EPL
用户标签	Service-EPL

（3）参照表 7-22 设置业务 Service-EPL 的用户侧端点。

表 7-22　EPL 业务的用户侧端点配置

	Service-EPL
A 端点	NE1-S1-48GE-RJ［0-1-1］-用户以太网端口:1
工作业务 Z 端点	NE2-S1-48GE-RJ［0-1-1］-用户以太网端口:1

（4）配置网络侧路由。

① 在"网络侧路由配置"页面中，单击"添加"下拉列表按钮，选择"新建伪线"，弹出"伪线配置"对话框。

② 参照表 7 - 23 设置伪线的属性。

表 7 - 23　设置伪线的属性

	Service-EPL
保护类型	无保护
A 网元	NE1
工作 Z 网元	NE2

③ 单击"确定"按钮，弹出"伪线配置"对话框，参照表 7 - 24 配置业务 Service-EPL 的伪线。

表 7 - 24　伪 线 配 置

		Service-EPL
伪线配置页面	隧道策略	使用已有隧道
	隧道选择	Tunnel - EPL
	用户标签	PW - EPL
带宽参数页面	正向带宽限制	√
	正向 CIR(kb/s)	限速，50 000
	正向 CBS(Kbytes)	1000
	正向 PIR(kb/s)	限速，100 000
	正向 PBS(Kbytes)	1000
	反向带宽限制	√
	反向 CIR(kb/s)	限速，50 000
	反向 CBS(Kbytes)	1000
	反向 PIR(kb/s)	限速，100 000
	反向 PBS(Kbytes)	1000

④ 单击"确定"按钮，返回"网络侧路由配置"页面。

（5）单击"应用"按钮，弹出"确认"对话框，单击"否"按钮，完成 EPL 业务的配置。

5. 任务小结

在网元 NE1 和网元 NE2 的以太网用户端口上各连接一台计算机，将两台计算机的 IP 地址设置在同一个网段内，通过在两台计算机上执行 ping 操作，验证 EPL 业务配置是否成功。

步骤如下：

（1）使用直通或交叉网线，连接网元 NE1 的单板 P90S1-48GE-RJ 的端口 1 和计算机 A。

（2）使用直通或交叉网线，连接网元 NE2 的单板 P90S1-48GE-RJ 的端口 1 和计算机 B。

（3）设置计算机的 IP 地址，使计算机 A 和计算机 B 的 IP 地址处于同一个网段。

（4）在计算机 A 的 cmd 窗口中，输入"ping＋计算机 B 的 IP 地址"，计算机 A 应能够收到计算机 B 的响应数据包。

（5）在计算机 B 上用 ping 命令测试计算机 A 的 IP 地址，计算机 B 应能够收到计算机 A 的响应数据包。

【任务拓展】

端口的"干线模式"与"接入模式"有何区别？

实验三　PTN 保护配置

（一）实验目的

了解 PTN 业务；熟悉 PTN 业务配置。

（二）工具与器材

仿真软件及辅助耗材。

（三）实验内容及步骤

1. 任务简介

在电信级分组网络中，对于业务的中断和恢复时间有着相比传统数据网络更为严格的时间要求，通常情况下都要求达到 50 ms 的倒换时间要求。需满足下列网络目标：

（1）实现快速自愈（达到现有 SDH 网络保护的级别）。

（2）与客户层可能的机制协调共存，可以针对每个连接激活或禁止 MPLS‐TP 保护机制。

（3）可抵抗单点失效。

（4）一定程度上可容忍多点失效。

（5）避免对与失效无关的业务产生影响。

（6）尽量减少需要的保护带宽。

（7）尽量减小信令复杂度。

（8）支持优先通路验证。

（9）需要考虑 MPLS‐TP 环网的互通。

（10）需要考虑 MPLS‐TP 网状网及其互通。

这就对分组传送网的保护技术提出了更高的要求。在分组传送网中可用的保护技术种类繁多，按照保护方式来分类，常用的保护技术又分为以下几种：线性保护、环形保护、双归保护、FRR(Fast Reroute，快速重路由)保护等。

本任务要求给网络配置保护措施，选择合适的技术方案，并进行相应硬件连接与配置。本任务以线性保护为例进行配置。

2. 任务分析

图 7-24 是一个线性保护常见的应用场景，TUNNEL2(隧道 2) 对 TUNNEL1(隧道 1)形成保护。当 TUNNEl1 路径上出现故障时，倒换至 TUNNEL2。此时 PW1(伪线 1)并未中断，业务并未中断。

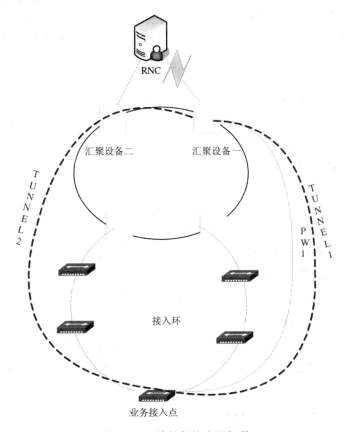

图 7-24 线性保护应用场景

图 7-24 所示是端点到端点的全路径保护，用于当工作路径发生故障时，将业务直接倒换到保护路径上传输。配置要点如表 7-25 所示。

表 7-25 线性保护的配置顺序与要点

配置顺序	配 置 内 容
1	以端到端的方式配置 TUNNEL1、TUNNEL2
2	以端到端的方式配置 PW1
3	以端到端的方式配置"业务接入点"到"汇聚设备一"的业务
4	创建 TUNNEL1、TUNNEL2 保护组(此时会自动创建 TNP 的 OAM)

3. 支撑知识

1) 线性保护倒换

MPLS-TP 线性保护倒换结构可以是 G.8131 定义的路径保护和子网连接保护。

下面详细介绍线性保护倒换的网络目标。

(1) 倒换时间。用于路径保护和子网连接保护的 APS(Automatic Protection Switching，自动保护倒换)算法应尽可能快，建议倒换时间不大于 50 ms。保护倒换时间不包括启动保护倒换必需的监测时间和拖延时间。

(2) 传输时延。传输时延依赖于路径的物理长度和路径上的处理功能。对于双向保护倒换操作，应该考虑传输时延；对于单向保护倒换，由于不需要传送 APS 信令，因此不存在信令的传输时延。

(3) 倒换类型。1+1 路径保护和 SNC(Sub-Network Protection，子网连接保护)应该支持单向倒换；1:1 路径保护和 SNC 应该支持双向倒换。

(4) APS 协议和算法。对于所有的网络应用，路径保护和 SNC 的 APS 协议应相同。仅仅双向保护倒换需要使用 APS 协议。

(5) 操作方式。1+1 单向保护倒换应该支持返回操作和非返回操作；1:1 保护倒换应该支持返回操作。

(6) 人工控制。通过操作系统，可使用外部发起的命令人工控制保护倒换。支持的外部命令有：清除、保护锁定、强制倒换、人工倒换、练习倒换。

(7) 倒换发起准则。对于相同类型的路径保护和子网连接保护，倒换发起准则相同。

支持的自动发起倒换的命令包括：信号失效(工作和保护)、保护劣化(工作和保护)、返回请求、无请求。对于信号失效和/或信号劣化准则应该与 G.8121 标准定义一致。

2) MPLS-TP 路径保护

MPLS-TP 路径保护用于保护一条 MPLS-TP 连接，它是一种专用的端到端保护结构，可以用于不同的网络结构，如网状网、环网等。MPLS-TP 路径保护又具体分为 1+1 和 1:1 两种类型。

(1) 单向 1+1 MPLS-TP 路径保护。

在 1+1 结构中，保护连接是每条工作连接专用的，工作连接与保护连接在保护域的源端进行桥接。业务在工作连接和保护连接上同时发向保护域的宿端，在宿端，基于某种预先确定的准则，例如缺陷指示，选择接收来自工作或保护连接上的业务。为了避免单点失效，工作连接和保护连接应该走分离的路由。

1+1 MPLS-TP 路径保护的倒换类型是单向倒换，即只有受影响的连接方向倒换至保护路径，两端的选择器是独立的。1+1 MPLS-TP 路径保护的操作类型可以是非返回或返回的。

1+1 MPLS-TP 路径保护倒换结构如图 7-25 所示。

在单向保护倒换操作模式下，保护倒换由保护域的宿端选择器完全基于本地(即保护宿端)信息来完成。工作业务在保护域的源端永久桥接到工作和保护连接上。若使用连接性检查包检测工作和保护连接故障，则它们同时在保护域的源端插入到工作和保护连接上，并在保护域宿端进行检测和提取。需注意无论连接是否被选择器所选择，连接性检查包都会在上面发送。

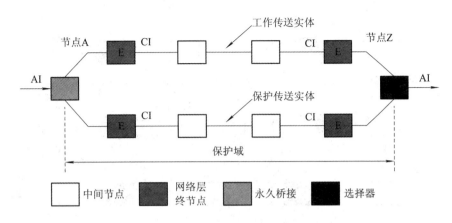

图 7-25　单向 1+1 路径保护倒换结构

如果工作连接上发生单向故障(从节点 A 到节点 Z 的传输方向),此故障将在保护域宿端节点 Z 被检测到,然后节点 Z 选择器将倒换至保护连接,如图 7-26 所示。

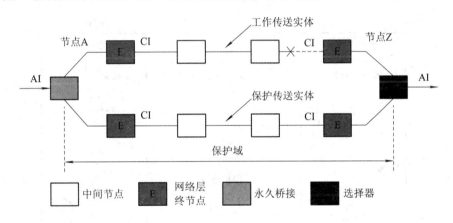

图 7-26　单向 1+1 路径保护倒换(工作连接失效)

(2) 双向 1:1 MPLS-TP 路径保护。

在 1:1 结构中,保护连接是每条工作连接专用的,被保护的工作业务由工作连接或保护连接进行传送。工作连接和保护连接的选择方法由某种机制决定。为了避免单点失效,工作连接和保护连接应该走分离路由。

1:1 MPLS-TP 路径保护的倒换类型是双向倒换,即受影响的和未受影响的连接方向均倒换至保护路径。双向倒换需要自动保护倒换(APS)协议用于协调连接的两端。双向 1:1 MPLS-TP 路径保护的操作类型应该是可返回的。

1:1 MPLS-TP 路径保护倒换结构如图 7-27 所示。在双向保护倒换模式下,基于本地或近端信息和来自另一端或远端的 APS 协议信息,保护倒换由保护域源端选择器桥接和宿端选择器共同来完成。

若使用连接性检查包检测工作连接和保护连接故障,则它们同时在保护域的源端插入到工作连接和保护连接上,并在保护域宿端进行检测和提取。需要注意的是,无论连接是否被选择器选择,连接性检查包都会在上面发送。

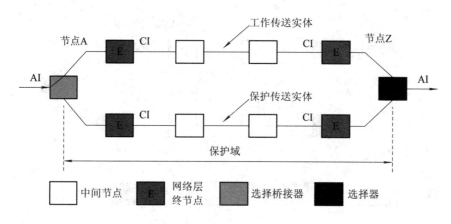

图 7-27　双向 1:1 路径保护倒换结构（单向表示）

　　若在工作连接 Z-A 方向上发生故障，则此故障将在节点 A 检测到，然后使用 APS 协议触发保护倒换，如图 7-28 所示。

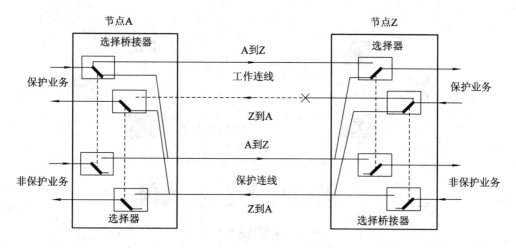

图 7-28　双向 1:1 路径保护倒换（工作连接 Z-A 故障）

　　协议流程如下：

　　① 节点 A 检测到故障；

　　② 节点 A 选择器桥接倒换至保护连接 A-Z（即在 A-Z 方向，工作业务同时在工作连接 A-Z 和保护连接 A-Z 上进行传送），并且节点 A 并入选择器倒换至保护连接 A-Z；

　　③ 从节点 A 到节点 Z 发送 APS 命令请求保护倒换；

　　④ 当节点 Z 确认了保护倒换请求的优先级有效之后，节点 Z 并入选择器倒换至保护连接 A-Z（即在 Z-A 方向，工作业务同时在工作连接 Z-A 和保护连接 Z-A 上进行传送）；

　　⑤ APS 命令从节点 Z 传送至节点 A 用于通知有关倒换的信息；

　　⑥ 最后，业务流在保护连接上进行传送。

　　3）环网保护

　　环网保护是一种链路保护技术，该保护的对象是链路层，在 MPLS-TP 技术中保护段层的失效和劣化。

环网保护的网络目标如下:

(1) 环网保护可保护以下事件(故障类型):服务层失效;MPLS - TP 层失效或性能劣化(由 MPLS - TP 段的 OAM 检测)。

(2) 环网保护被保护的实体是点到点连接和点到多点连接。

(3) 环网保护的倒换时间:在拖延时间为 0 的情况下,对以上任何失效事件的保护倒换完成时间应小于 50 ms。

(4) 环网保护被保护和不保护的业务类型包括:

• 被保护的连接:在任何单点失效事件下正常的业务都应能被保护。

• 不保护的连接:对非预清空的无保护业务不进行任何保护操作,并且除非其通道发生故障,否则也不会被清空。

• CIR 和 EIR 业务类型:可以被保护或无保护。

(5) 拖延时间:当使用了与 MPLS - TP 层保护机制相冲突的底层保护机制时,设置拖延时间的目的是为了避免在不同的网络层次之间出现保护倒换级联。使用拖延定时器允许在 MPLS - TP 层激活其保护动作前先通过底层保护机制恢复工作业务。

(6) 等待恢复时间:设置等待恢复时间的目的是避免在不稳定的网络失效条件下发生保护倒换。

(7) 保护的扩展:对单点失效,环将恢复所有通过失效位置的被保护的业务;在多点失效条件下,环应尽量恢复所有被保护的业务。

(8) 环网保护是通过运行在相应段层上的 APS 协议来完成保护倒换动作的,在 MPLS - TP 机制下运行的 APS 协议机制要求如下:

• APS 协议应支持一个环上至少 255 个节点;

• APS 协议和相关的 OAM 功能应具有支持环升级(插入/去除节点)的能力,并限制保护倒换对现有业务可能的影响和冲击;

• 在多点失效的情况下,环上的所有跨段应具有相同的优先级;

• 由于多个失效组合和人工/强制请求可能导致环被分为多个分离部分,因此 APS 协议应允许多个环倒换请求共存;

• APS 协议应具有足够的可靠性和可用性,以避免任何倒换请求丢失或对请求的错误解释。

(9) 业务误连接:MPLS - TP 共享保护的一个目标是避免与保护倒换相关的误连接。

(10) 操作模式:应提供可返回的倒换操作模式。

(11) 保护倒换模式:应支持双端倒换。

(12) 人工控制,应支持下列外部触发命令:锁定到工作、锁定到保护、强制倒换、人工倒换、清除。

(13) 倒换触发准则,应支持下列自动触发倒换的命令:信号失效(SF)、信号劣化(SD)、等待恢复、无请求。

(14) 在多环情况下,应支持双节点互连来实现可靠的多环保护。

4) Wrapping 保护

当网络上节点检测到网络失效时,故障侧相邻节点通过 APS 协议向相邻节点发出倒换请求。

当某个节点检测到失效或接收到倒换请求时，转发至失效节点的普通业务将被倒换至另一个方向(远离失效节点)。当网络失效或 APS 协议请求消失时，业务将返回至原来路径。

正常情况下的业务传送如图 7-29 所示。信号失效情况下的业务传送如图 7-30 所示。

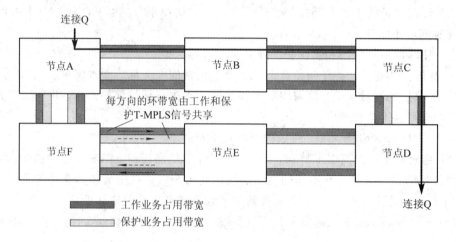

图 7-29　正常状态下的 Wrapping 保护

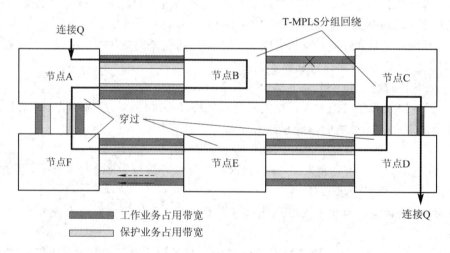

图 7-30　故障状态下的 Wrapping 保护

5) Steering 保护

当网络上节点检测到网络失效时，通过 APS 协议向环上所有节点发送倒换请求。点到点连接的每个源节点执行倒换，所有受到网络失效影响的 MPLS-TP 连接从工作方向倒换到保护方向；当网络失效或 APS 协议请求消失后，所有受影响的业务恢复至原来路径。

正常状态下的 Steering 保护如图 7-31 所示。故障状态下的 Steering 保护如图 7-32 所示。

6) 点到多点业务的 Wrapping 保护

正常状态下的点到多点业务的 Wrapping 保护如图 7-33 所示。故障状态下的点到多点业务的 Wrapping 保护如图 7-34 所示。

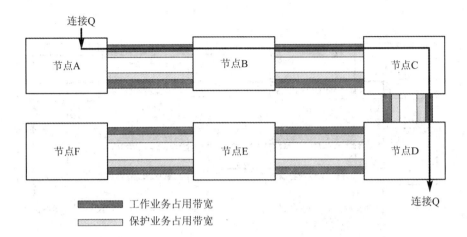

图 7 - 31　正常状态下的 Steering 保护

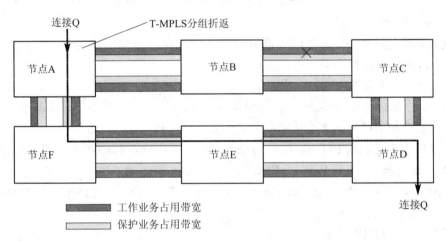

图 7 - 32　故障状态下的 Steering 保护

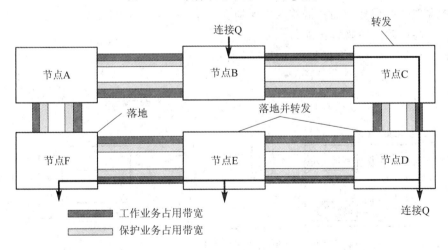

图 7 - 33　正常状态下的点到多点业务的 Wrapping 保护

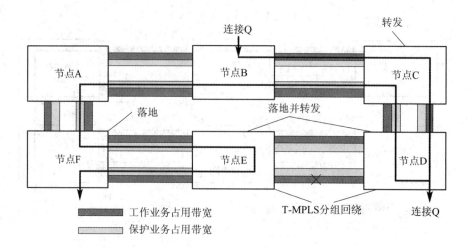

图 7 - 34 故障状态下的点到多点业务的 Wrapping 保护

7) 端口保护

端口保护包括了链路聚合(Trunk)保护、LCAS 保护和 IMA 保护。

(1) 链路聚合保护。

链路聚合(Link Aggregation)又称 Trunk，是指将多个物理端口捆绑在一起成为一个逻辑端口，以实现增加带宽及出/入流量在各成员端口中的负荷分担，设备根据用户配置的端口负荷分担策略决定报文从哪一个成员端口发送到对端的设备。

链路聚合采用 LACP(Link Aggregation Control Protocol，链路聚合控制协议)实现端口的 Trunk 功能，该协议是基于 IEEE 802.3ad 标准的实现链路动态汇聚的协议。LACP 通过 LACPDU(Link Aggregation Control Protocol Data Unit，链路聚合控制协议数据单元)与对端交互信息。

链路聚合的功能如下：

① 控制端口到聚合组的添加、删除。

② 实现链路带宽增加和链路双向保护。

③ 提高链路的故障容错能力。

设备支持的链路聚合保护如图 7 - 35 所示。

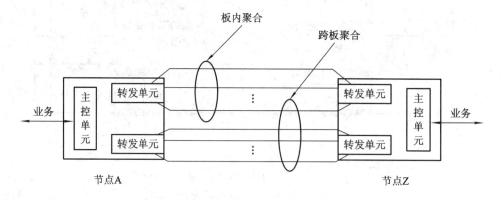

图 7 - 35 链路聚合保护

当本地端口启用 LACP 后，端口将通过发送 LACPDU 向对端端口通告自己的系统优先级、系统 MAC 地址、端口优先级、端口号和操作 Key。对端端口接收到这些信息后，将这些信息与其他端口所保存的信息比较以选择能够汇聚的端口，从而双方可以对端口加入或退出某个动态汇聚组达成一致。

（2）LCAS 保护。

LCAS（Link Capacity Adjustment Scheme，链路容量调整机制）是一种在虚级联技术基础上的调节机制。LCAS 技术就是建立在源和目的之间双向往来的控制信息系统。这些控制信息可以根据需求，动态地调整虚容器组中成员的个数，以此来实现对带宽的实时管理，从而在保证承载业务质量的同时，提高网络利用率。

LCAS 的功能如下：

① 在不影响当前数据流的情况下通过增减 VCG（Virtual Concatenation Group，虚级联组）中级联的虚容器个数动态调整净负载容量；

② 无需丢弃整个 VCG，即可动态地替换 VCG 中失效的成员虚容器；

③ 允许单向控制 VCG 容量，支持非对称带宽；

④ 支持 LCAS 功能的收发设备可与旧的不支持 LCAS 功能的收发设备直接互连；

⑤ 支持多种用户服务等级。

设备支持的 LCAS 保护如图 7-36 所示。

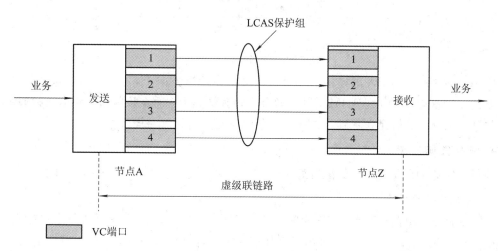

图 7-36　LCAS 保护

可以看出，LCAS 技术具有带宽灵活和动态调整等特点，当用户带宽发生变化时，可以调整虚级联组 VC-n 的数量，这一调整不会对用户的正常业务产生中断。此外，LCAS 技术还提供一种容错机制，可增强虚级联的健壮性。当虚级联组中有一个 VC-n 失效时，不会使整个虚级联组失效，而是自动地将失效的 VC-n 从虚级联组中剔除，剩下的正常的 VC-n 继续传输业务；当失效 VC-n 恢复后，系统自动地又将该 VC-n 重新加入虚级联组。

（3）IMA 保护。

IMA（Inverse Multiplexing for ATM，ATM 反向复用）技术是将 ATM 信元流以信元为基础，反向复用到多个低速链路上来传输，在远端再将多个低速链路的信元流复接在一起恢复出与原来顺序相同的 ATM 信元流。IMA 能够将多个低速链路复用起来，实现高速宽带 ATM 信元流的传输，并通过统计复用，提高链路的使用效率和传输的可靠性。

IMA 适用于在 E1 接口和通道化 VC12 链路上传送 ATM 信元，它只是提供一个通道，对业务类型和 ATM 信元不作处理，只为 ATM 业务提供透明传输。当用户接入设备后，反向复用技术把多个 E1 的连接复用成一个逻辑的高速率连接，这个高的速率值等于组成该反向复用的所有 E1 速率之和。ATM 反向复用技术包括复用和解复用 ATM 信元，完成反向复用和解复用的功能组称为 IMA 组。

IMA 保护是指：如果 IMA 组中一条链路失效，信元会被负载分担到其他正常链路上进行传送，从而达到保护业务的目的。

IMA 传输过程如图 7-37 所示。

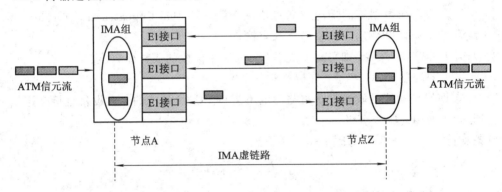

图 7-37　IMA E1 保护

IMA 组在每一个 IMA 虚连接的端点处终止。在发送方向上，从 ATM 层接收到的信元流以信元为基础，被分配到 IMA 组中的多个物理链路上。而在接收端，从不同物理链路上接收到的信元，以信元为基础，被重新组合成与初始信元流一样的信元流。

4. 任务实施

该任务实施的前提是：已经配置好工作隧道、保护隧道、伪线以及相应的业务。

1）线性保护的配置方法

（1）在业务视图单击菜单[业务管理→TNP 管理]，也可以在业务视图单击鼠标右键，在快捷菜单中选择"TNP 管理"，弹出"TNP 管理"对话框，如图 7-38 所示。

（2）点击"添加"按钮，填写保护组的名称，选择事先创建好的两个隧道，一条为工作隧道，另一条为保护隧道，如图 7-39 所示。

具体参数说明如下：

• 开放类型："开放"指一条 TNP 配置中一端保护组不在管理域中（工作业务的 A 端点和保护业务的 A 端点组成一个保护组，同理工作和保护的 Z 端点也组成一个保护组）；"不开放"指一条 TNP 配置中的保护组都在管理域中。

• 倒换迟滞时间：出现 SF 或者 SD 条件到实施保护倒换算法初始化之间的时间，单位为毫秒。

• 返回方式："返回式"指当工作路径从故障中恢复正常后，业务信号会从保护路径切换到工作路径；"非返回式"指当工作路径从故障中恢复正常后，业务信号仍然在保护路

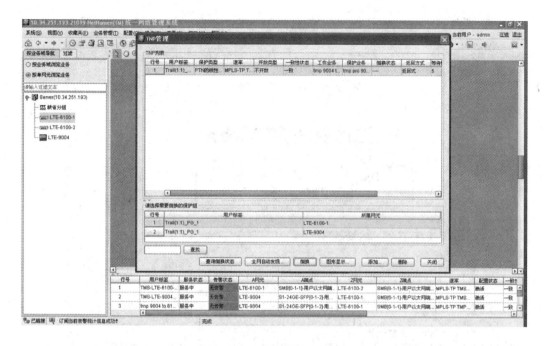

图 7 - 38　创建 TNP 保护组

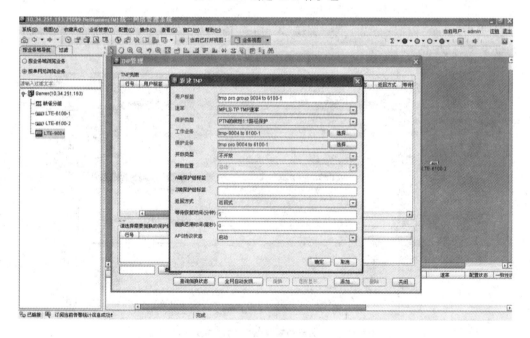

图 7 - 39　TNP 保护组配置

径，不切换回工作路径。

2) 自动发现 TNP

TNP 自动发现：将设备上存在的 TNP 保护信息收集到 TNP 中。

(1) 单击菜单[业务管理→TNP 管理]，在"TNP 管理"对话框中点击"全网自动发现"按钮，弹出"自动发现 TNP"窗口，如图 7 - 40 所示。

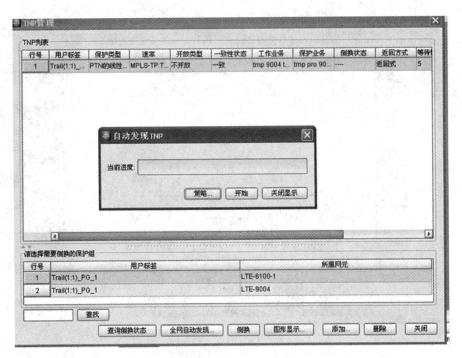

图 7－40 "自动发现 TNP"窗口

（2）单击"策略"按钮，弹出"策略选择"窗口，如图 7－41 所示，在"保护子网策略"中选择"增量发现"，点击"确认"按钮。

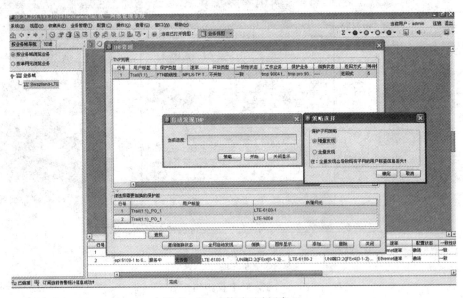

图 7－41 "策略选择"窗口

具体参数说明如下：

· 增量发现：发现过程不清除当前 TNP 管理中存在的 TNP 配置信息，发现范围不包括在 TNP 管理中存在的路径保护数据。

· 全量发现：发现过程清除当前 TNP 管理中存在的 TNP 配置信息，发现范围包括全网设备中的 TNP 配置数据。

3) TNP 查询

通过 TNP 查询，可以查询到网络保护的工作路径和保护路径的图像显示。

(1) 在业务视图单击菜单[业务管理→TNP 管理]，进入"TNP 管理"对话框，如图 7-42所示。

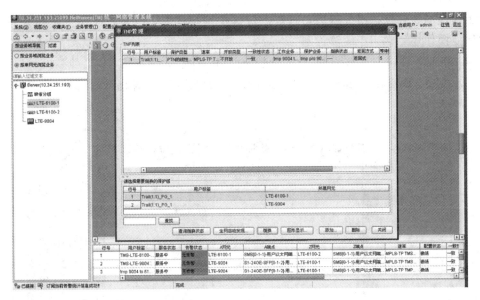

图 7-42　"TNP 管理"对话框

(2) 在"TNP 列表"中选择 TNP 信息，单击"图形显示"按钮，弹出"TNP 显示"窗口，如图 7-43 所示。

图 7-43 中，路径①(蓝色)表示配置的工作路径，路径②、③(橙黄色)表示配置保护

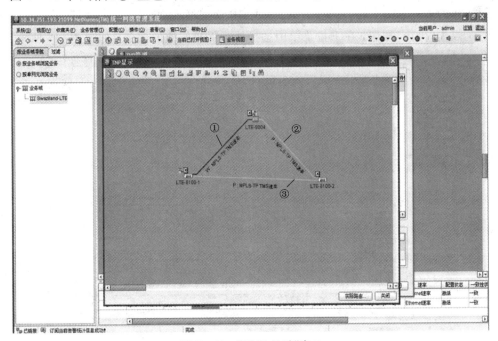

图 7-43　"TNP 显示"窗口

业务。选择实际路由显示出当前倒换状态下对应的路由。根据当前倒换状态，用绿色路径标识当前的有业务运行的路由。

5. 任务小结

1）设置保护组的倒换

工程现场做好保护组配置后，通常进行保护倒换操作，用来验证保护倒换是否正常，保护倒换操作还经常用于故障诊断。

（1）在业务视图中单击菜单［业务管理→TNP 管理］，进入"TNP 管理"对话框。

（2）在"TNP 列表"中选择 TNP 信息，单击"倒换"按钮，弹出"保护倒换设置"对话框，如图 7 - 44 所示。

图 7 - 44 "保护倒换设置"对话框

（3）点击"倒换"按钮，在下拉菜单中选择执行保护倒换的命令，如图 7 - 45 所示。

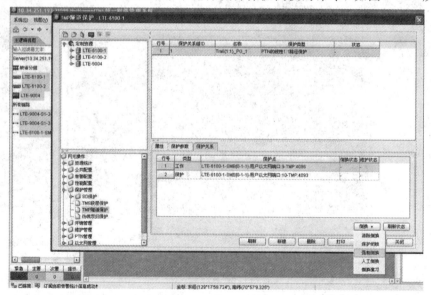

图 7 - 45 选择保护倒换命令

具体参数说明如下：

• 清除倒换：将保护倒换设置重置为保护建立时的初始状态。

• 保护闭锁：禁止进行工作业务和保护业务之间的保护倒换。

• 强制倒换：当保护业务未被更高级别请求占用时，执行工作到保护的业务倒换。

• 人工倒换：当保护业务未被更高级别请求占用且未出现信号劣化时，执行工作到保护的业务倒换。

• 倒换演习：对设置的保护倒换进行连续，检查倒换相应情况，不影响实际的工作或保护业务。

2）校验 TNP

比较路径网络保护中保护倒换配置数据与网元上实际的保护倒换配置数据是否一致，为执行校正做准备。

（1）在菜单中选择[业务管理→TNP 管理]，进入"TNP 管理"界面。

（2）在"TNP 列表"中选择待校验的记录，在右击菜单中选择"校验一致性"，弹出"校验一致性"对话框，如图 7 - 46 所示。

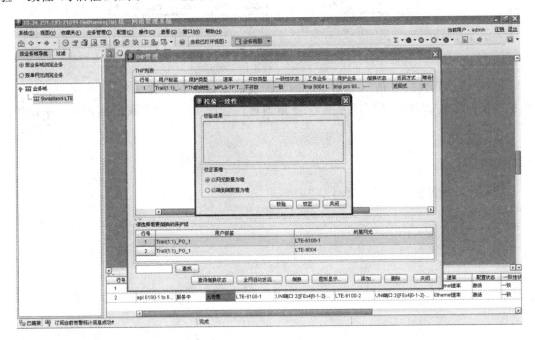

图 7 - 46　"校验一致性"对话框

（3）单击"校验"按钮得出校验结果。

3）校正 TNP

对于执行完校验 TNP 的结果，按以实际网元数据为准或以端到端数据为准的原则进行数据校正。

（1）单击菜单[业务管理→TNP 管理]，进入"TNP 管理"界面。

（2）在"TNP 列表"中选择待校验的记录，右击选择"校验一致性"，弹出"校验一致性"对话框。

（3）单击"校正"按钮得出校正结果，如图 7－47 所示。

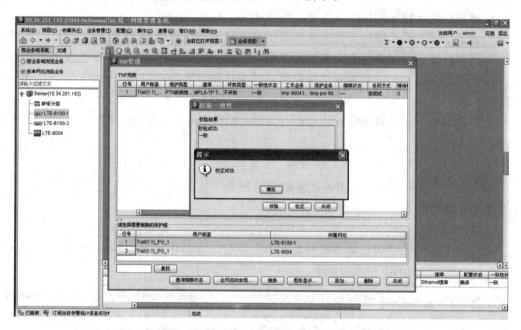

图 7－47　校正结果显示

选择"以网元数据为准"，是指通过网元配置数据修正在网管 TNP 管理中配置的路径保护数据；选择"以端到端数据为准"，是指通过网管配置的 TNP 数据修正网元中配置的路径保护数据。

【任务拓展】

隧道保护倒换的触发条件是什么？

第 8 章 OTN 技术

★ 本章目的

理解 OTN 网络的特点

了解 OTN 组网应用及掌握 OTN 在系统中的位置

掌握 ZXMP M820 机柜、子架结构和板位资源

理解波分系统硬件结构分类和各子系统常用单板的功能

掌握波分系统信号流与设备光纤连接

掌握光功率的计算，熟悉各单元光功率的相关指标

掌握 OTN 系统光功率联调和计算

了解色散补偿的处理

掌握光层和电层 1+1 保护原理与单板类型

☆ 知识点

OTN 网络的特点

OTN 组网应用

ZXMP M820 的板位资源和常用单板

波分系统信号流与光纤连接关系

光功率常用单位

信号流中光功率调试点

各单元光功率的工作指标

OTN 系统光功率联调和计算

色散补偿处理

光层和电层 1+1 保护原理与单板类型

8.1 OTN 技术概述

1. OTN 基本概念

1）OTN 的技术背景

SDH 最大的优点是具有丰富的网络保护和管理功能，SDH 开始主要是为语音业务设计的，后来随着 IP 业务的增多，产业界把 SDH 升级为 MSTP，开始支持多种业务的传送。

SDH 以电层处理为主，不符合未来全光网络的发展趋势，其从本质上讲依然是时分复

用的网络，对 IP 业务的支持"力不从心"，另外 SDH 继续提速越来越难，无法满足业务流量高速增长的需要。

WDM 网络的最大优点是极大地提升了单芯传输速率，但是缺点也很显著，如缺乏QoS 保障、OAM 和灵活的调度能力。

综上所述，SDH 已经完成了历史使命，而 WDM 技术需要演进。为了克服 WDM 网络的缺点，产业界提出了 OTN 技术标准。OTN(Optical Transport Network，光传送网)是基于 DWDM 网络，再融合复用、路由、管理、监控、保护等功能形成的传送标准。

2) OTN 网络特点

相较于 SDH 和 WDM 两位前辈，OTN 具有以下优点：

(1) 支持多种业务信号的封装透明传输。

(2) 具备大容量调度能力。

(3) OAM 功能强大。

(4) 保护机制完善。

(5) 具有强大的前向纠错功能，提升 OSNR(光信噪比)达 5 dB。

另外，最新的 OTN 技术也开始融入 PTN 的分组处理能力，逐步发展为 POTN。SDH、WDM 与 OTN 技术的比较如表 8-1 所示。

表 8-1　SDH、WDM 与 OTN 技术比较

	SDH/SONET	传统 WDM	OTN
调度功能	支持 VC12/VC4 等颗粒的电层调度	支持波长级别的光层调度	统一的光电交叉平台，交叉颗粒为 ODUk/波长
系统容量	容量受限	超大容量	超大容量
传输性能	距离受限，需要全网同步	长距离传输，有一定的FEC 能力，不需要全网同步	长距离传输，更强大的FEC，不需要全网同步
监控能力	OAM 功能强大，不同层次的通道实现分离监控	只能进行波长级别监控或者简单的字节检测	通过光电层开销，可实现对各层级网络的监控；6 级串行连接管理，适用于多设备商/多运营商网络的监控管理
保护功能	电层通道保护、SDH 复用段保护	光层通道保护、线路侧保护	丰富的光层和电层通道保护，共享保护
智能特性	支持电层智能调度	对智能兼容性差	支持波长级别和 ODUk级别的智能调度

3) OTN 协议框架

国际电信联盟针对 OTN 制订了很多种协议，对 OTN 的设备管理、网络保护等进行了规范，如图 8-1 所示。

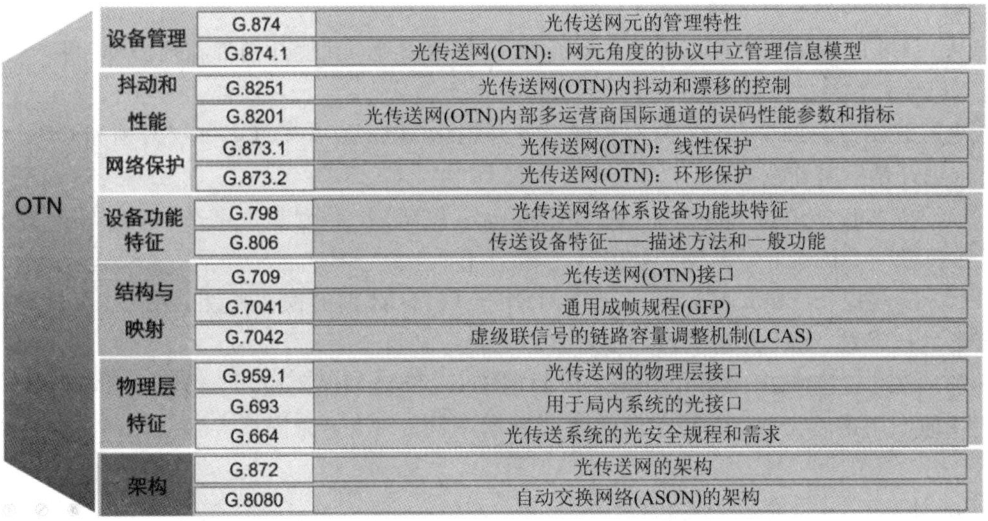

OTN
设备管理
G.874
光传送网元的管理特性
G.874.1
光传送网(OTN)：网元角度的协议中立管理信息模型
抖动和性能
G.8251
光传送网(OTN)内抖动和漂移的控制
G.8201
光传送网(OTN)内部多运营商国际通道的误码性能参数和指标
网络保护
G.873.1
光传送网(OTN)：线性保护
G.873.2
光传送网(OTN)：环形保护
设备功能特征
G.798
光传送网络体系设备功能块特征
G.806
传送设备特征——描述方法和一般功能
结构与映射
G.709
光传送网(OTN)接口
G.7041
通用成帧规程(GFP)
G.7042
虚级联信号的链路容量调整机制(LCAS)
物理层特征
G.959.1
光传送网的物理层接口
G.693
用于局内系统的光接口
G.664
光传送系统的光安全规程和需求
架构
G.872
光传送网的架构
G.8080
自动交换网络(ASON)的架构

图 8－1　OTN 协议框架

2. OTN 帧结构与开销

1) OTN 帧结构

OTN 开销分成电层和光层两种。电层开销在 OTN 成帧时加入；光层开销由 OSC (Optical Supervisory Channel，光监控信道)传送。OTN 电层对客户信号的处理分为光通道净荷单元(OPU)、光通道数据单元(ODU)和光通道传送单元(OTU)三个子层，各子层的 OH 和 FEC 字节就是电层开销。

OTN 的帧结构与三个子层有明确的对应关系。其中 OPU 子层对应着 OPU 开销和客户信号；ODU 子层又增加了 ODU 开销；OTU 子层增加了帧对齐、OTU 开销和 FEC 部分。OTN 帧结构如图 8－2 所示。

1
7
8
14
15
16
17
3824
3825
4080
1
2
3
4
帧对齐
OTUk
开销
ODUk
开销
OPUk开销
客户信号
OTUk
FEC
客户信号
OPUk：光通道净荷单元开销
ODUk：光通道数据单元开销
OTUk：光通道传送单元开销
帧对齐开销
k的取值：1—2.5 G；2—10 G；3—40 G

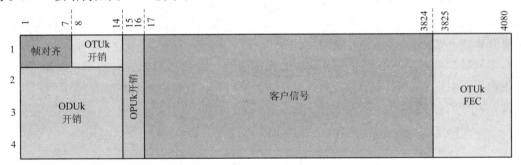

图 8－2　OTN 帧结构

2）OTN 电层开销

从 OTN 的帧结构中可以看出，除了 FEC 开销以外，其他开销都在前面 16 列，大小为 4 行×6 列字节。

电层开销分为四个部分，分别是帧对齐开销、OTU 层开销、ODU 层开销和 OPU 层开销。常见开销字节作用如下：

（1）帧对齐开销（Frame Alignment Signal，FAS）长度为 6 个字节，用于帧对齐和定位。它就像一个国王，带领整个帧进行传输。

（2）段监控（Section Monitoring，SM）用于 OTU 级别的误码检测，在 OTU 信号组装和分解处被终结。SM 开销就像一个警察，使命是监测违法分子。

（3）通道监控（Path Monitoring，PM）用于 ODU 级别误码检测，作用与 SM 类似。SM 和 PM 的作用虽然类似，但是它们的生命周期不同，SM 生命周期要短于 PM，如图 8-3 所示。

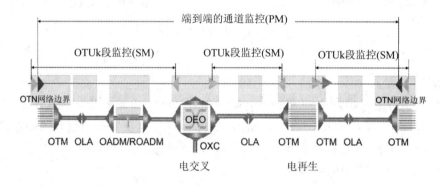

图 8-3　SM 与 PM 的生命周期

3）光层开销

与电层开销不同，OTN 的光层开销（OOS）为非随路开销，通过 OSC 传输。光层开销包括光传送段（OTS）、光复用段（OMS）和光信道（OCh）开销，以及厂商自定义的通用管理信息开销。

不同层次的光层开销产生不同层次的光层告警，也有不同的生命周期，比如 OTS 开销生命周期对应着 OTS 的长度；类似地，OMS 和 OCh 的开销分别对应着 OMS 和 OCh 的长度，如图 8-4 所示。

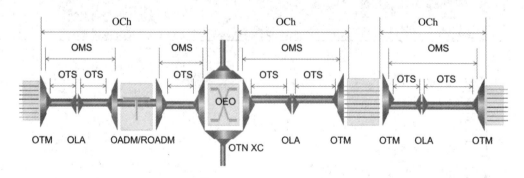

图 8-4　光层开销生命周期

4) OTN 速率等级

客户信号的类型和速率均不同，OTN 提供不同的速率等级予以适配。

SDH 的客户信号速率分别是 STM-16(2.5 G)、STM-64(10 G)、STM-256(40 G)，OTNk 分别提供了 1、2、3 三个速率等级进行适配，输出速率分别是 2.7 Gb/s、10.7 Gb/s 和 43 Gb/s。

随着电信业务的 IP 化，OTN 重点增强了对 IP 业务的支持，针对 10 G、40 G、100 G 以太网客户信号，增加了 2、3、4 三个 OTU 速率等级。

OTN 的帧结构是 4 行×4080 列，并且帧大小固定不变。OTN 通过改变帧的发送周期实现速率的变化。比如 OTU2 的帧周期约为 OTU1 的四分之一。

3. OTN 复用与映射

OTN 客户业务信号处理反映在图 8-5 的 OTN 复用与映射结构中，客户信号从右侧映射入 OPU，经过一系列的映射和复用操作，最终形成主光通道信号传输。

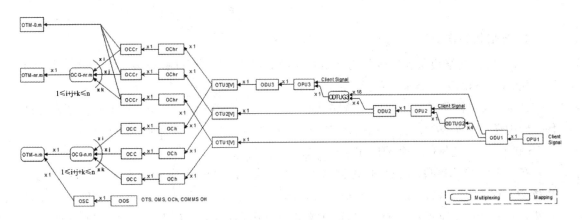

图 8-5　OTN 复用与映射

在 SDH 系统中，对客户信号的成帧处理全部在电层实现，光层仅负责传输。而 OTN 不仅在电层进行信号处理，在光层同样进行业务信号的处理。

OTN 的电层分为 OPU、ODU、OTU 三个子层，实现客户信号适配、子波长交叉、数据成帧等功能；OTN 的光层包含 OCh、OMS、OTS 三个子层，完成波长级交叉、光路复用、信号传送等功能。

OTN 电层和光层各司其职，共同完成客户信号的适配。首先客户信号作为净荷，适配入 OPU 子层，OPU 子层加入本层开销 OH 字段；ODU 子层加入该层 OH 开销，OTU 子层除加入 OH 开销外，还加入 FEC 纠错开销。在 OTU 子层，客户信号变成了 OTN 数据帧。光层的各子层也会加入开销，但是于电层不同，光层的开销由专门的光监控信道 OSC 传输。OTN 客户信号适配如图 8-6 所示。

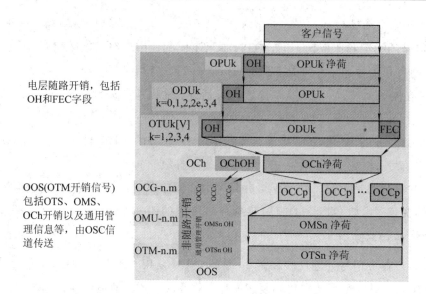

图 8-6   OTN 客户信号适配

4. 光层网络模型

OTN 的光网络模型和波分复用网络是相同的，也包括 OTU 光转发、OM/OD 复用和解复用、OA 光放大三类主要单元。

其中，各光网络单元之间的光链路被称为 OTS（光传送段）；光（解）复用器和光交叉设备之间的链路称为 OMS（光复用段）；OTU 单元之间的光链路称为 OCh（光信道）。OTS、OMS 和 OCh 与光域的三个子层相对应。

在 OTS、OMS、OCh 三种传送链路中，OTS 是最短的，负责管理光部件之间的光纤链路；OMS 管理光（解）复用器和光交叉设备之间的链路，因此 OMS 一般开始于 OM 器件，终止于光分插复用设备（OADM）或者光分用器（OD），对于直通光来说，OMS 会跨过 OADM 器件；OCh 对应着单束光，位于 OTU 单元之间。OTN 光网络模型如图 8-7 所示。

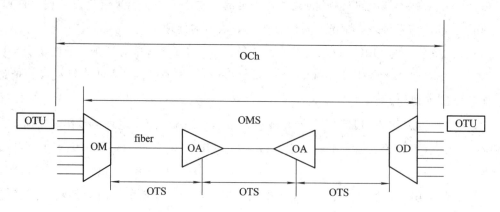

图 8-7   OTN 光网络模型

8.2　常用 OTN 设备简介

1. ZTE OTN 产品概述

1) IP 承载网现状

传统业务正在向 IP 转型，主要表现在：PSTN（Public Switched Telephone Network，公共交换电话网）在全球范围内升级为 NGN（Next Generation Network，下一代网络），实现 VOIP；2G 等传统基站在一些发达运营商中开始 IP 化；大客户专线业务 IP 化份额也越来越大，二层 VPN 业务盛行。

新型业务天然具备 IP 血统，主要表现在：3G/4G 等移动核心网、Backhaul（回程）在 R5 版本后全面实现 IP 化；IPTV 等视频业务是天然的 IP 业务；Ethernet 商业应用和 IP 化存储类业务兴起。

无论对固网或移动网络，在 IP 骨干层和城域核心层，业务承载在核心路由器上，通常采用 DWDM/MSTP/ASON 传送；在固网的接入汇聚层，业务通过边缘路由器、交换机、PON 承载，传送层面采用 CWDM、光纤直连的方式；在移动网络的接入汇聚层即 Backhaul 层，传送网络主要采用 MSTP 组网。

2) 传送平台需求

IP 承载网的现状和未来发展趋势，对传送平台提出了以下要求。

（1）面向全 IP 承载：传送平台要顺应业务的 IP 化，同时兼容传统的 TDM 业务，成为新旧业务的统一传送平台；传送平台要顺应 IP 网络的演进，在现在和未来网络中有更多应用。

（2）智能化：全面 OTN 化，实现传送层面更精细的网络管理；满足动态 IP 业务在各个层面、各种颗粒的智能化调度需求；加载控制平面，实现业务的快速开通、智能化的保护恢复。

（3）高度集成：单板集成更多接口，子架集成更多槽位，同等系统容量下，设备紧凑度更高，占用空间更小；绿色环保，低功耗、低辐射、无毒、材料可再生。

3) 多种业务统一传送模式

中兴通讯新一代 iOTN 系列产品支持多业务统一传送，具备以下特征：固网和移动网的大多数业务都是 IP 业务，iOTN 可以满足对 IP 业务的各种需求；带宽高速增长，透明传送，大颗粒灵活调度，光层保护等。iOTN 的 OTN 封装可以更透明高效地传送长距离的 SAN 业务；iOTN 可实现 FC 业务的最长传输距离为 3000 km；iOTN 为传统语音交换业务的 SDH/SONET/ASON 网络提供节约光纤、海量带宽的承载方案。

4) ZTE 波分产品发展历程

中兴通讯的波分产品具有悠久的历史，早期有点到点的 WDM 产品，后来较早研发生产了 OTN 产品，现在更是具有新一代智能化高集成度的 iOTN 产品。本书主要以现网广泛应用的 ZXMP M820 产品为例进行介绍。

2. OTN 组网应用

OTN 支持点到点、链型、环型和 Mesh 型组网，如图 8 - 8 所示。

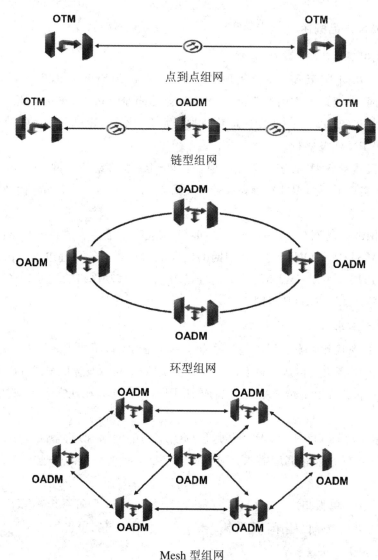

图 8 - 8　OTN 组网拓扑结构

其中，环型具备较好的自愈保护能力，同时又节约光缆和设备，是城域波分网络中的主要组网类型。Mesh 型组网就是网状组网，它的优点是无节点瓶颈，灵活并具备良好的扩展性，可以用于构建基于波长的智能网；缺点是会占用更多光缆和设备资源，成本较高。

3. ZXMP M820 的板位资源

1）分类

ZXMP M820 设备机柜统一采用标准化机柜，具有优良的电磁屏蔽性能和散热性能。机柜结构如图 8 - 9 所示，各部分详细说明参见表 8 - 2。

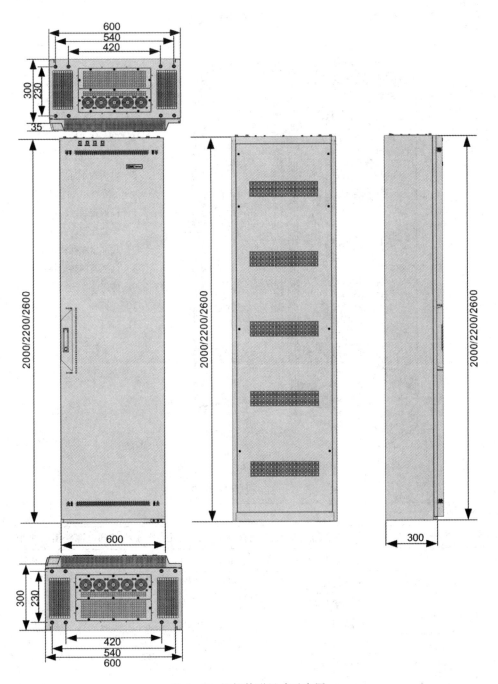

图 8-9　机柜外形尺寸示意图

表 8-2　机柜外形尺寸、重量一览表

外形尺寸（高×宽×深，mm）	重量（kg）
2000×600×300	59.0
2200×600×300	64.5
2600×600×300	74.0

机柜配件示意图如图 8-10 所示，配件说明见表 8-3。

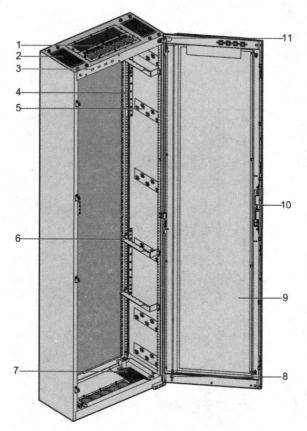

1—电源线出线孔；
2—顶部出线孔；
3—机柜指示灯；
4—后立柱；
5—机柜走线区；
6—安装托架；
7—底部出线孔；
8—机柜前门接地柱；
9—前门；
10—门锁；
11—轴套

图 8-10　机柜配件示意图

表 8-3　机柜配件说明

序号	机柜配件	说　明
1	电源线出线孔	在机柜顶部、底部均设有电源线出线孔，用于将外部电源线引入机柜
2	顶部出线孔	位于机柜顶部，通常在上走线方式时，采用该出线孔引出和引入机柜线缆
3	机柜指示灯	位于机柜上部，用于指示机柜内设备的工作状态
4	后立柱	固定采用后支耳安装的设备子架，并具有接地排功能。机柜后立柱通过接地线缆与机柜侧门、前门、子架、电源告警箱等组件的接地端子相连，实现整个设备机柜外壳的良好电气连接
5	机柜走线区	机柜内紧贴侧门处为机柜走线区
6	安装托架	固定于机柜框架的任意位置，用于放置设备子架、电源分配箱等组件
7	底部出线孔	位于机柜底部，通常在下走线方式时，采用该出线孔引出或引入机柜线缆
8	机柜前门接地柱	实现整个设备机柜外壳的良好电气连接
9	前门	机柜前门带有门锁，前门右上方附有蓝底白字的设备标牌，标识设备类型
10	门锁	位于机柜前门左侧，用于锁定机柜门
11	轴套	与轴颈组成滑动轴承，连接机柜与前门

2）传输子架

　　ZXMP M820 的子架大致分为两类：无交叉功能的和有交叉功能的。无交叉功能的子架用于安装光复用/解复用单元、光放大单元、光保护单元以及一些业务接入单板，例如 NX4 子架。NX4 子架外形结构如图 8 - 11 所示。

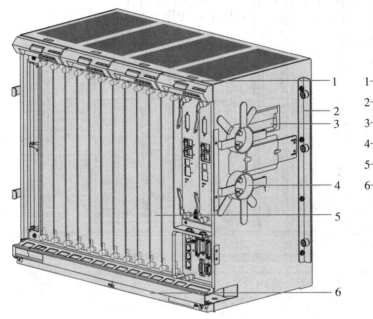

1—风扇单元；

2—安装支耳；

3—把手；

4—盘纤盘；

5—处理板插板区；

6—防尘网

图 8 - 11　NX4 子架外形结构图

NX4 子架结构介绍见表 8 - 4。

表 8 - 4　NX4 子架结构介绍

结　　构	描　　述
风扇单元	位于子架顶部。每个子架配置四个独立风扇单元，以确保子架的散热
安装支耳	分为左、右安装支耳，通过在这两个支耳上的松不脱螺钉将子架固定在机柜上。根据子架固定方式和安装支耳的位置分两种类型： • 前固定方式，安装支耳位于子架侧面的前部； • 后固定方式，安装支耳位于子架侧面的后部
把手	用于移动子架
盘纤盘	位于子架的左、右侧面，用于光纤的预留盘绕、连接和调度
处理板插板区	业务单板安装区域
防尘网	位于走线槽的下部，防止灰尘进入设备内部

　　NX4 子架板位资源如图 8 - 12 所示。

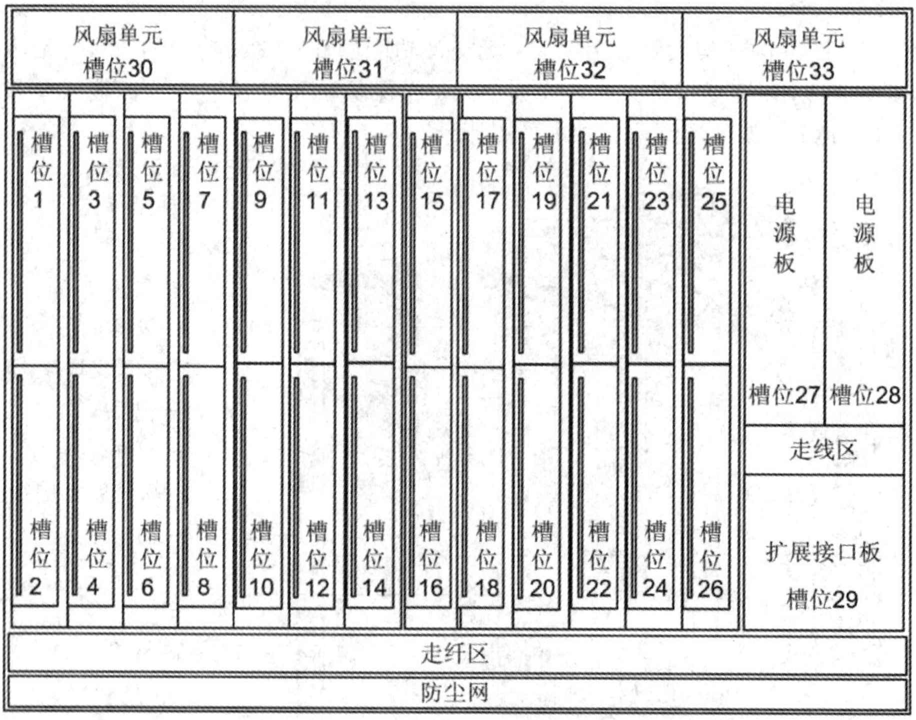

风扇单元 槽位30				风扇单元 槽位31				风扇单元 槽位32				风扇单元 槽位33	
槽位1	槽位3	槽位5	槽位7	槽位9	槽位11	槽位13	槽位15	槽位17	槽位19	槽位21	槽位23	槽位25	电源板 电源板
													槽位27 槽位28
													走线区
槽位2	槽位4	槽位6	槽位8	槽位10	槽位12	槽位14	槽位16	槽位18	槽位20	槽位22	槽位24	槽位26	扩展接口板 槽位29
走纤区													
防尘网													

图 8-12　NX4 子架板位资源

3) 集中交叉子架

当用到电交叉功能时,要用交叉子架。交叉子架又分为集中交叉子架和分布式交叉子架,区别在于集中交叉子架通过交叉板来完成子架中所有业务单板的电交叉,而分布式交叉子架没有交叉板,是把交叉功能做在子架背板中,如 CX4 子架。CX4 子架外形结构示意图如图 8-13 所示。CX4 子架结构说明见表 8-5。

表 8-5　CX4 子架结构说明

结　　构	描　　述
盘纤盘	位于子架的左、右侧面,用于光纤的预留盘绕、连接和调度
安装支耳	分为左、右安装支耳,通过两个支耳上的松不脱螺钉将子架固定在机柜上
业务板区	用于插装各类功能单板
子架接地柱	位于传输子架左侧面的下部,用于连接子架接地线
防尘网	位于走线槽的下部,配合风扇单元形成子架内部的一个冷热空气循环系统
走纤区	位于处理板插板区的下部,用于布放进出单板面板的光纤
接口板区	用于安装扩展接口板,提供子架级联接口、网口、透明用户通道接口、告警输入/告警输出接口
走线槽	位于接口板上部,用于规范布放机架面板上的电缆
电源板区	位于子架右侧,提供 2 个电源板槽位,支持电源板的 1+1 热备份
风扇区	用于插装子架的风扇单元,以确保子架的散热

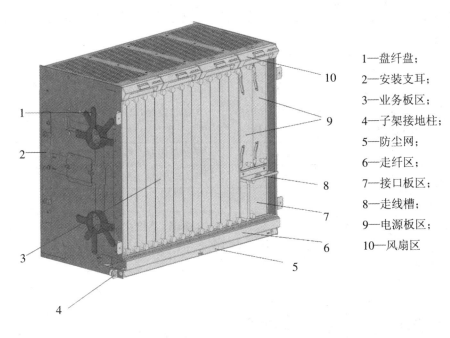

1—盘纤盘；

2—安装支耳；

3—业务板区；

4—子架接地柱；

5—防尘网；

6—走纤区；

7—接口板区；

8—走线槽；

9—电源板区；

10—风扇区

图 8 - 13　CX4 子架结构示意图

CX4 板位资源如图 8 - 14 所示，数字表示槽位号。

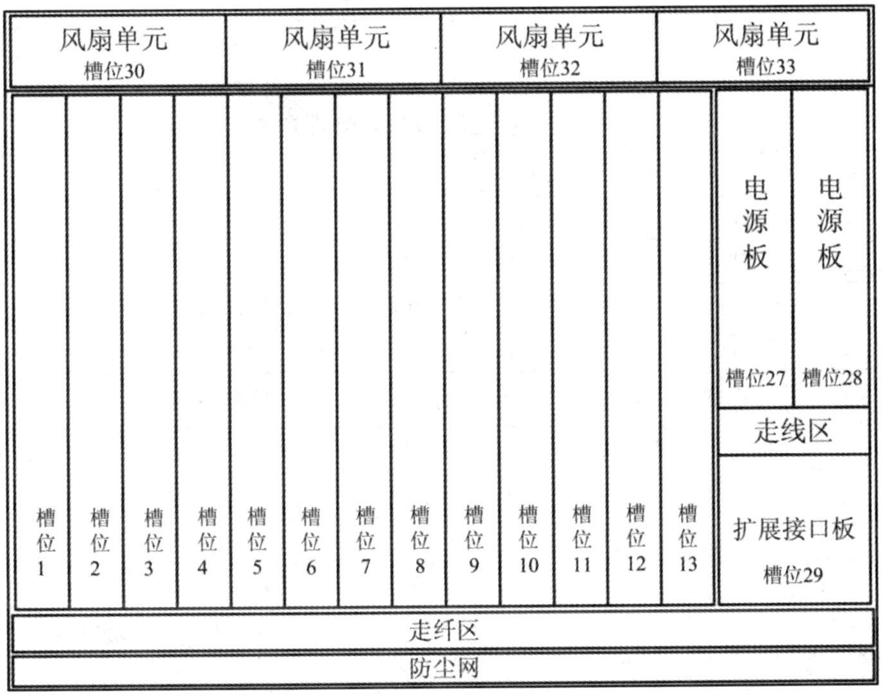

风扇单元 槽位30	风扇单元 槽位31	风扇单元 槽位32	风扇单元 槽位33	
槽位1　槽位2　槽位3　槽位4　槽位5　槽位6　槽位7　槽位8　槽位9　槽位10　槽位11　槽位12　槽位13			电源板 槽位27	电源板 槽位28
			走线区	
			扩展接口板 槽位29	
走纤区				
防尘网				

图 8 - 14　CX4 集中交叉子架板位排列示意图

CX4 子架单板与槽位的对应关系见表 8 - 6。

表 8 - 6　CX4 子架单板与槽位的对应关系

槽位号	可插单板		备　注
7, 8	CSU、CSUB（两槽位单板类型必须相同）		默认槽位 7 为主用插槽，槽位 8 为备用插槽
1～6, 9～13	推荐配置汇聚类单板	DSAC、SMUB、SAUC、COM	无槽位限制，与 CSU 单板配合使用
		SRM41、SRM42	
		COMB、LD2、CD2	无槽位限制，与 CSUB 单板配合使用
1～6, 9～13	LQ2、CQ2		与 CSUB 单板配合使用

4）风扇与防尘单元

风扇单元是子架的散热降温部件，位于子架的顶部。M820 采用独立风扇单元，如图 8-15 所示。独立风扇单元组件功能如表 8-7 所示。风扇单元指示灯与面板状态对应关系如表 8-8 所示。

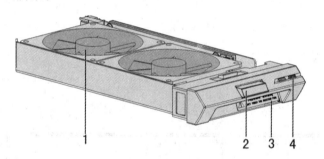

1—风扇；
2—锁定按钮；
3—警告标识；
4—指示灯

图 8-15　独立风扇单元结构

表 8 - 7　独立风扇单元组件功能

序号	组　件	功　能
1	风扇	采用抽风方式工作
2	锁定按钮	用于将风扇单元锁紧在子架中
3	警告标识	提醒维护人员在风扇转动时，不可以触摸风扇
4	指示灯	指示风扇板的工作状态，详细描述参见表 8-8

表 8 - 8　风扇单元指示灯与面板状态对应关系

指示灯	指示灯颜色	指示灯状态	单板状态
运行指示灯 NOM	绿	正常闪烁	正常上电状态
		灭	单板未上电
故障指示灯 ALM	红	亮	单板业务有告警
		慢闪	单板硬件故障或硬件自检失败
		快闪	单板软件故障
		灭	单板无告警

注：正常闪烁（1 次/秒）表示指示灯 0.5 秒亮，0.5 秒灭；慢闪（1 次/2 秒）表示指示灯 1 秒亮，1 秒灭；快闪（5 次/秒）表示指示灯 0.1 秒亮，0.1 秒灭。

防尘单元用于保证设备子架内的清洁，避免灰尘堆积影响设备散热，如图 8-16 所示。

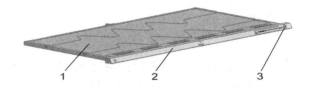

1—防尘网；2—面板；3—防静电手环插孔

图 8-16　防尘单元示意图

防尘单元各组件的功能参见表 8-9。

表 8-9　防尘单元组件功能

组　件	功　能
防尘网	用于阻止灰尘进入设备子架，防尘网中的海绵空气滤片可拆卸
面板	位于插箱正面，带有提示清洗标识
防静电手环插孔	用于安装防静电手环

8.3　OTN 系统常用单板

1. 业务接入与汇聚子系统

业务接入与汇聚子系统单板的主要功能是把客户侧业务接入封装到 OTN 帧中，并调制到符合波分系统要求的波长上，从线路侧接口输出。在接收侧，则把线路侧收到的 OTN 帧解复用成客户侧信号送到客户侧接口。

业务接入单板和汇聚子系统单板的重要区别在于，业务接入单板实现的是客户侧到线路侧的一对一转换，即一路客户侧业务，转换成一路线路侧 OTN 帧信号。但对于 GE、2.5 G 等低速业务，一对一地转换到线路侧并占用一个波道未免会造成浪费。因此汇聚类单板把多路客户侧的业务汇聚到一路线路侧 OTN 帧，再调制到某一个波道上，实现多个客户业务共用一个波长，以此节省波道资源。汇聚类单板的客户侧和线路侧接口是多对一的关系。

1) SOTU10G 业务接入单板

SOTU10G 单板采用光/电/光转换方式完成信号之间的波长转换和数据再生，支持 FEC 或超强 FEC(AFEC)编解码，支持 G.709 开销处理功能。SOTU10G 包括单路双向终端 SOTU10G 和单路单向中继 SOTU10G。SOTU10G 单板的主要功能如下：

(1) 实现 STM-64(9.953 Gb/s)、OTU2(10.709 Gb/s)、10GE-LAN(10.3125 Gb/s)速率光信号到 OTU2(10.709 Gb/s)、OTU2e(11.1 Gb/s)、OTU2e(AFEC)(11.1 Gb/s)的波长转换。

(2) 客户侧支持 STM-64、OTU2 或 10GE 光信号。

(3) 线路侧光信号满足 G.694.1 要求，支持 FEC 或 AFEC 功能。

单路双向终端 SOTU10G 单板面板示意图如图 8-17 所示。面板说明见表 8-10。

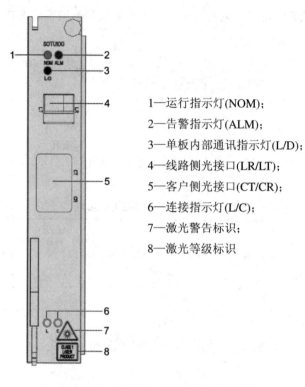

1—运行指示灯(NOM)；

2—告警指示灯(ALM)；

3—单板内部通讯指示灯(L/D)；

4—线路侧光接口(LR/LT)；

5—客户侧光接口(CT/CR)；

6—连接指示灯(L/C)；

7—激光警告标识；

8—激光等级标识

图 8 - 17 SOTU10G 单板面板示意图

表 8 - 10 SOTU10G 单板面板说明

项 目		描 述	
单板类型		单路双向终端 SOTU10G	单路单向中继 SOTU10G
面板标识		SOTU10G	
标签		T/R	G
指示灯	NOM	绿灯，正常运行指示灯	
	ALM	红灯，告警指示灯	
	L/D	绿灯，单板内部通讯指示灯	
	L	绿灯，线路侧光接口接收状态指示灯	
	C	绿灯，客户侧光接口接收状态指示灯	
光接口	CR	客户侧输入接口，LC/PC 接口	
	CT	客户侧输出接口，LC/PC 接口	
	LR/LT	线路侧输入/输出接口，LC/PC 接口	
激光警告标识		提示操作人员插拔尾纤时不要直视光接口，以免灼伤眼睛	
激光等级标识		指示 SOTU10G 板的激光等级为 CLASS 1	

SOTU10G 单板实现业务接入(终端型)和业务电再生(中继型)功能，在波分系统中的应用如图 8-18 所示。

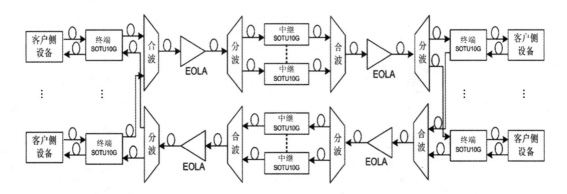

图 8-18　SOTU10G 单板应用示意图

2) FCA 汇聚单板

FCA 单板采用光/电/光的转换方式实现 2 路 4GFC、4 路 2GFC、8 路 1GFC 或者 8 路
GE 业务的接入，完成 FC 信号与 OTU2 信号的复用和解复用功能。

支路侧功能：

- 接入 2 路 4GFC、4 路 2GFC 或者 8 路 1GFC 光信号业务。
- 接入 8 路 GE 业务。
- 支持 GFP 相关性能检测。
- 支持 FC 拉远功能。

群路侧功能：

- 光信号符合 G.694.1 和 G.709 标准规定的 OTU2 信号结构。
- 支持 G.709 标准中定义的 OTU2 接口和相关性能检测，FEC 可设置为标准 FEC
或超强 FEC(AFEC)。
- 支持 GFP-T 数据包封装功能，符合 G.704.1 要求。

FCA 单板面板示意图如图 8-19 所示，面板说明参见表 8-11。

表 8-11　FCA 单板面板说明

项　　目		描　　述
面板标识		FCA
指示灯	NOM	绿灯，运行指示灯
	ALM	红灯，告警指示灯
	支路光口指示灯	绿灯，光接口区下方。与支路光接口一一对应
光接口	IN	线路侧输入接口，光纤连接器类型为 LC/PC
	OUT	线路侧输出接口，光纤连接器类型为 LC/PC
	DRPn	数据业务支路光输出接口，n＝1～8，LC/PC 接头
	ADDn	数据业务支路光输入接口，n＝1～8，LC/PC 接头
激光警告标识		提醒操作人员谨防激光灼伤人体
激光等级标识		指示单板的激光等级为 CLASS 1

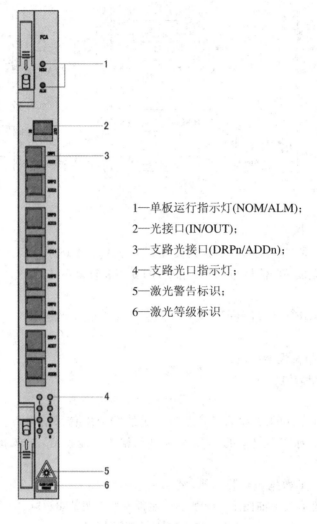

1—单板运行指示灯(NOM/ALM);

2—光接口(IN/OUT);

3—支路光接口(DRPn/ADDn);

4—支路光口指示灯;

5—激光警告标识;

6—激光等级标识

图 8-19　FCA 单板面板示意图

汇聚类单板的应用场景在终端与业务接入类单板相似,只是汇聚类单板有更多低速业务接口而已。

2. 合分波子系统

合分波子系统是将多个单波业务合成一路合波信号或将一路合波信号分成多个单波信号。目前最常用的合分波单板主要是 OMU40 单板和 ODU40 单板。

1) OMU40 单板

OMU 板实现合波功能并且提供合路光的在线监测口。OMU40 单板(C 波段)的主要功能指标有:

- 合波数量为 40 波。
- 合波器类型为 AWG(阵列波导型)或 TFF(薄膜型)。
- 工作波长:192.10~196.05 THz。

OMU 板将不同波长的光信号通过合波器合到一根光纤中。在合路输出前,部分光送入光功率监测模块,由光功率监测模块提供在线监测口,并通过控制与通信单元向网管上报输出光总功率。OMU 板工作原理如图 8-20 所示。

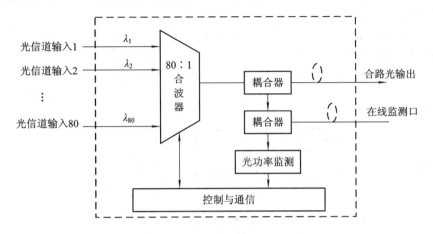

图 8-20　OMU 板工作原理(以 OMU80 板为例)

以 OMU40 板为例,OMU 面板示意图如图 8-21 所示。

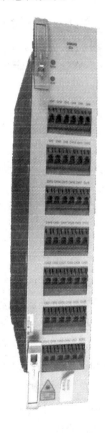

图 8-21　OMU40 板面板示意图

OMU 面板说明如下:

· 指示灯:NOM(绿灯)为正常运行指示灯;ALM(红灯)为告警指示灯。

- 光接口：CHn，光通道输入接口（n＝1～40），LC/PC 接口。
- 激光警告标识（左下黄色三角形）：同 FCA 单板。
- 激光等级标识（左下黄色长方形）：同 FCA 单板。

OMU 板的 CHn 接口与 OTU 类型单板的线路侧接口、汇聚类单板（如 SRM/GEM/DSA 板）的群路接口连接，接入符合 G.694.1 波长要求的光信号。

OMU 板 OUT 接口与 EOBA 板的 IN 接口相连，OMU 板的光纤连接关系如图 8－22 所示。

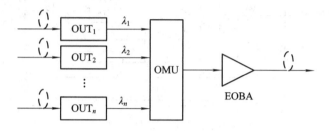

图 8－22　OMU 板光纤连接关系

2）ODU40 单板

ODU 单板与 OMU 在原理、结构和外形方面都很相似，不同之处在于，ODU 单板实现的是分波功能，方向与 OMU 相反，甚至本节提到的 AWG 和 TFF 两种原理的合分波单板可以互换使用（当然，基于方便维护的考虑，一般不这么做）。

ODU40 板面板示意图如图 8－23 所示，面板说明与 OMU40 板一致。

OUD 板的光纤连接关系如图 8－24 所示。与图 8－22 相比区别仅在于光方向与 OMU 相反。EONA 为一种放大器，我们将在下节讲到。

3. 光放大子系统

光放大子系统在整个波分系统中起到补偿线路损耗、放大光信号功率的作用。本章主要介绍目前波分网络中常用的掺铒光纤放大器单板。掺铒光纤放大器单板根据输出光功率和接收灵敏度的不同，又分为常用于发送端的紧凑型增强光功率放大板（SEOBA）、常用于接收端的紧凑型增强光前置放大板（SEOPA）以及常用于光中继或接收端的增强型光节点放大板（EONA）。值得一提的是，中兴的 OTN 设备中光放类单板集成了放大光信号和合/分监控光的功能。

图 8－23　ODU40 板面板示意图

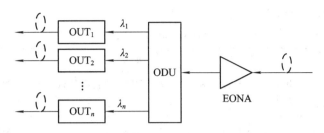

图 8-24　ODU 板光纤连接关系

1）光放大单板功能

SEOA 单板具体功能如下：

（1）SEOA 板使用 C 波段的掺铒光纤放大器（EDFA）实现对光信号的全光放大，补偿 DWDM 系统中的光器件插入损耗或光纤线路的衰减损耗，延长系统的无电中继距离。

（2）具有高瞬态响应特性，满足大带宽和中长距的传输需求。

（3）具有自动功率减弱（APR）功能。即系统在探测到链路上输入无光时，自动减弱 SEOA 板的输出光功率；信号恢复时，系统重新启动，恢复 SEOA 板的工作。保证在线路光纤的检修过程中，光功率电平处于安全范围之内。

（4）APR 作用于一个光传输段（OTS）。当任何一个 OTS 出现故障时，不影响其他 OTS 段以及下游的告警。处理过程中，每个接收端的 SEOA 放大器保证钳位输出，而发送端 SEOA 放大器进行关断处理。

（5）单板内设有 1510/1550 合波器和分波器，监控通道波长（1510 nm）光信号的上、下，但不对 1510 nm 监控信号进行处理。

（6）具有性能监测和告警处理功能，检测 EDFA 光模块及驱动、制冷电路的相关光电性能，并上报网管。

（7）具有增益锁定和功率钳制功能。

（8）增益锁定：采用增益锁定的放大方式，增益锁定值可大范围调整，以适应不同中继距离的需求。在全输入和全工作温度范围内，增益调整的分辨率为 0.1 dB。

2）工作原理

EONA（OLA）单板工作原理框图如图 8-25 所示。它左半边相当于 SEOPA，右半边相当于 SEOBA。

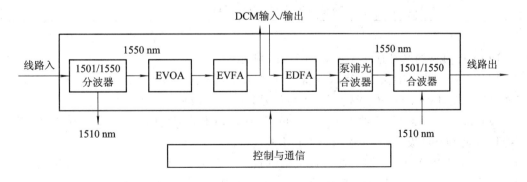

图 8-25　EONA 单板原理框图

EONA 单板的各个功能单元介绍参见表 8－12。

表 8－12　EONA 单板的功能单元介绍

功能单元	功 能 描 述
分波器 合波器	位于 EONA 板的接收和发送端，完成监控通道（1510 nm）与主光通道（1550 nm）的分波和合波
EDFA	EDFA 完成 1550 nm 光信号的放大功能，由 EDFA 驱动电路控制。EDFA 驱动电路具有增益调整、功率钳制、增益锁定、APSD、APR 等功能。 EONA 板增益调整范围高达 10 dB，即 ±5 dB；调整分辨率为 0.1 dB
EVOA	电可调光衰耗器，根据网管命令调整光路衰耗
泵浦光合波器	将信号光耦合进泵浦光，实现光信号放大功能
控制与通信	检测输入、输出光功率，上报网管；同时，接受网管对单板的控制命令

EONA 单板业务流向：

（1）光线路信号进入 EONA 板后，由 1510/1550 分波器分离线路信号中的 1510 nm 和 1550nm 波长信号。

（2）将 1550 nm 信号送入 EVOA 进行增益调整后，送入第 1 级 EDFA 模块进行放大，可接入 DCM 模块进行色散补偿。送入第 2 级 EDFA 模块进行放大，经泵浦光合波器耦合泵浦光，实现合波信号光放大，并在 1510/1550 合波器合入 1510 nm 波长的监控信号后输出。

3）面板说明

SEOBA、SEOPA 单板面板示意图如图 8－26 所示，光接口说明见表 8－13。

表 8－13　光接口说明

光接口	IN	线路输入接口，LC/PC 接口
	SIN	1510 nm 输入接口，LC/PC 接口
	SOUT	1510 nm 输出接口，LC/PC 接口
	MON1	本地前级监测输出接口，LC/PC 接口
	MON2	本地后级监测输出接口，LC/PC 接口
	OUT	线路输出接口，LC/PC 接口

4）单板应用

EOA 板典型的光纤连接关系如图 8－27 所示。

EOBA 板 IN 接口接入光终端设备（OTM）的合波光信号，OUT 接口输出放大后的光信号，SIN 接口接入 SOSC 板输出的监控信号，MON 接口与 OPM 板连接。

EOPA 板 IN 接口接入线路光信号，OUT 接口输出放大后的光信号，SOUT 接口输出监控信号至 SOSC 板，MON 接口与 OPM 板连接。

EOLA/EONA 板 IN 接口接入放大前的线路光信号，OUT 接口输出放大后的线路光信号，SIN/SOUT 接口与 SOSC 板的输出/输入接口连接，MON 接口与 OPM 板连接。

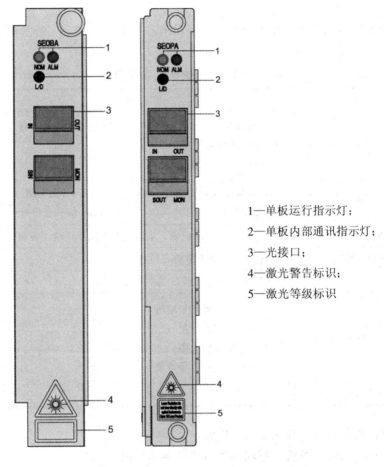

图 8 - 26　SEOBA、SEOPA 单板面板示意图

1—单板运行指示灯；
2—单板内部通讯指示灯；
3—光接口；
4—激光警告标识；
5—激光等级标识

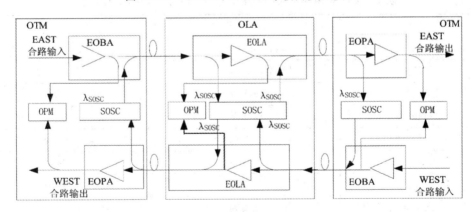

图 8 - 27　EOA 板光纤连接关系

4. 交叉子系统

交叉子系统包括交叉单元板、线路侧业务板和支路侧业务板等。交叉子系统实现了各种业务颗粒在电层的灵活调度和保护。

1) CSUB 交叉单元板

CSUB 板是安装在集中交叉子架上的时钟和信号交叉处理单元，通常配置 2 块，主要功能如表 8-14 所示。

表 8-14　CSUB 单板功能说明

功 能 项	说 明
时钟功能	支持最多 6 个输入时钟源的优选功能，选择最优时钟作为系统时钟，并根据系统时钟生成输出时钟。 支持时钟源设置
交叉功能	对 11 块业务板提供的 80 路、每路 5 Gb/s 的 ODUa 信号进行交叉处理，交叉颗粒度 ODU0/1/2，实现 ODUa 信号在所有时隙的任意调度
主备倒换功能	支持 CSUB 主从配置，并将主从标识提供给业务板
单板复位功能	支持硬件复位、软件复位、IC 复位
单板软件下载	支持单板软件在线下载
告警性能检测	支持背板信号质量检测 支持时钟告警检测 支持环境温度检测 支持单板失效告警检测
开销处理功能	支持 ODUa 的开销处理功能

CSUB 单板面板示意图如图 8-28 所示。

CSUB 单板指示灯与单板运行状态的对应关系参见表 8-15。

表 8-15　CSUB 单板运行状态与指示灯状态对应关系

工作状态	指示灯	
	NOM(绿灯)	ALM(红灯)
等待配置	红、绿灯交替闪烁	
正常运行	规律慢闪	灭
单板告警	规律慢闪	长亮
APP 加载 FPGA	常亮	快闪
APP 初始化芯片	常亮	慢闪
自检不通过	常灭	快闪
单板进入下载状态	红、绿灯同时快闪	
正在下载状态	红、绿灯同时慢闪	

注：慢闪(1 次/秒)表示指示灯 0.5 秒亮，0.5 秒灭；快闪(5 次/秒)表示指示灯 0.1 秒亮，0.1 秒灭。

2) COMB 支路板

COMB 板作为集中交叉子系统的支路板，完成支路侧 8 路 GE 业务信号或 4 路 STM-16 业务与背板侧 ODU1 信号的复用与解复用功能。GE 业务汇聚到 ODU0，STM16 业务

1—单板运行指示灯(MOM/ALM)；

2—主从时钟板指示灯；

3—时钟状态指示灯

图 8 - 28　CSUB 单板面板示意图

汇聚到 ODU1，与 COMB 板配合使用的交叉板是 CSUB 板。

支路侧：

• 提供 8 对光接口，每对光接口可以独立接入满足 IEEE 802.3 标准的 GE 光信号。每两个相邻端口为一组，即 1 - 2、3 - 4、5 - 6、7 - 8 四组。

• 提供 4 对光接口，每对光接口可以独立接入 STM - 16 客户业务。

• 支持 GFP 相关性能检测。

背板侧：

• 提供两个背板通道：通道 A（来自 7 槽位 CSUB 板）和通道 B（来自 8 槽位 CSUB 板）。每个通道承载 4 路双向的 ODU1 信号。

• 支持 GFP 数据包封装功能，符合 G.704.1 要求。

说明：

(1) 一组端口或两个光口接入两个 GE 业务，全接入即端口 1～8 为 GE 业务。

(2) 第一个光口接入一个 STM‐16 业务，全接入即 1、3、5、7 端口为 STM‐16 业务。混合接入时，当 3、7 端口接入 STM‐16 时，4、8 端口将不再使用。

COMB 单板面板示意图如图 8‐29 所示。其中，ADDn 是以太网支路光输入接口，DRPn 是以太网支路光输出接口。

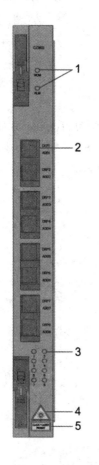

1—单板运行指示灯；
2—支路光接口(DRPn/ADDn)；
3—以太网光口指示灯；
4—激光告警标识；
5—激光等级标识

图 8‐29　COMB 单板面板示意图

3) LD2 单板

LD2 单板实现双路 10 G 业务下背板功能，作为线路侧业务板，采用光/电转换的方式将 10 G 光信号转成电信号。

· 线路侧：两个 10 G 串行接口，支持速率 10.709～11.09 Gb/s 的线路侧业务，将 10 G 速率的线路侧 OTU2 信号下背板进行解复用。线路侧支持 AFEC。

· 背板侧：用于实现 ODU0/ODU1/ODU2 业务下背板功能。

LD2 单板面板示意图如图 8‐30 所示。其中，L1T～L2T 为线路侧光发送口，L1R～L2R 为线路侧光接收口。

1—单板运行指示灯；
2—光接口(L1T~L2T/L1R~L2R)；
3—光口指示灯；
4—激光警告标识；
5—激光等级标识

图 8 - 30 LD2 单板面板示意图

5. 其他子系统

1) 监控子系统

监控子系统实现网管对各网元的远程管理和控制功能，包括 SNP、SCCA、SOSC、SEIA 等单板。

(1) SNP 单板。SNP 板作为节点控制处理器，可以采集和处理设备中各单板的告警和性能，并上报网管。管理和控制自动保护倒换（APS），提供告警输入、输出信号给 SEIA 板，通过 SEIA 板将告警输出至列头柜或其他用户告警设备。SNP 单板提供多子架管理功能（每个网元最多可管理 127 个子架），提供大容量存储器如 SD 卡存储网元历史数据。

(2) SCCA 单板。SCCA 负责单子架或者多子架的总线消息转发。主子架上的 SNP 板通过 SCC 板管理从子架，与 SNP 单板紧密配合实现网元内部通信。

(3) SOSC 单板。SOSC 单板支持 100 M 以太网业务速率和 OSPF 协议多域划分，主要通过二、三层交换实现对 ECC 信息、公务信息、用户信息（透明用户通道）和控制信息的传输。可接入四个光方向光监控信道（OSC），通过同步以太网技术实现满足 IEEE 1588v2 标准要求的高精度时间传送。

(4) SEIA 单板。SEIA 单板用于提供以太网和总线信号的输入、输出接口。

2) 光层管理子系统

光层管理子系统用于分析和管理波分主光通道中每一波的光功率、频率和信噪比。主要有光性能检测功能模块（OPM）和光波长监控功能模块（OWM），前者只能分析性能，无法自动反馈控制单波波长，而 OWM 不但可以分析出合波中每一波的波长，且能自动校正波长偏移。

3）电源子系统

电源子系统包括电源板（SPWA）和风扇板（SFANA）。SPWA 单板外部电源设备输入到电源板的－48 V 电源接口，支持 1＋1 热备份功能。经过防反接、防雷击浪涌、滤波处理后，通过子架背板的电源插座为本子架内的各槽位单板提供－48 V 电源。此外，SPWA 面板上还提供了子架级联的 GE 光接口（内部连接至监控子系统中的二层交换）。风扇板 SFANA 监控风扇的运转状况以及风扇插箱的温度，将风扇的转速和插箱的温度上报主控板。

8.4　信号流与光纤连接

1. 波分系统信号流

两个站点之间点到点的信号流示例如图 8－31 所示。在 OTN 系统中，光纤连接通常采用双纤双向连接。粗线箭头表示业务信号流向，可以看出，上下两路信号流实现了业务的双向收发，每个方向的信号在 OTN 网络中都会依次经过 OTU 发、OMU、OBA、（ODF）、光缆、（ODF）、OPA、ODU、OTU 收，在中间主光通道光缆上只使用了一根纤芯。虚线箭头表示监控光（1510 nm）信号流，它虽然经过 OBA 和 OPA 放大单板，但并没有经过其中的 EDFA，只是借用了光通道，从而节省了光纤资源的使用。

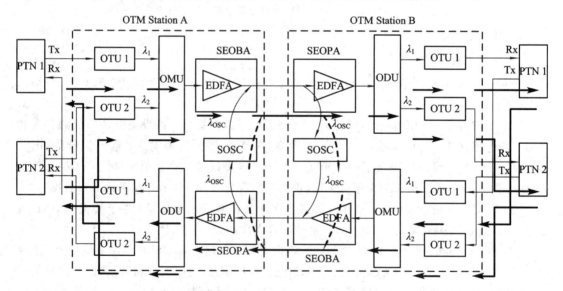

图 8－31　两个站点之间点到点的信号流示例

在进行光纤连接时，一定要始终以信号流的规划为依据。并且，由于每个方向都有同样的一组单板设备，因此应该先连完一个方向再连另一个方向，这样才不容易混淆。

1）FOADM 光纤连接

从图 8－32 所示的 FOADM 光纤连接可以看出，OADM 站点中，一部分业务会落地，另一部分会穿通。并且，同一方向上落地的业务在后续主光通道上可以被其他业务再次使用，前后两个业务之间并没有任何联系，只是要注意光功率的调整。

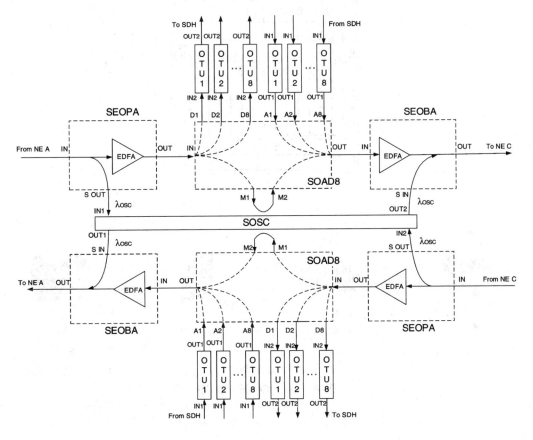

图 8-32　FOADM 光纤连接

2）OLA 站点

OLA 站点配置如图 8-33 所示。纯粹中继的站点本质上只是相当于两个 OLA，它的连纤和配置都很简单。

2. OTN 组网拓扑

在前面的课程中已经讲述了 OTN 的组网拓扑，这里重复提及是为强调拓扑是通过光纤连接来实现的。在连纤的过程中，要始终以光纤连接规划（信号流）为依据。

3. OTN 光纤连接

下面以一个链型组网来说明光纤连接，更复杂的网络拓扑都是由点到点和链型网络结构组成的。

链型组网的网络拓扑如图 8-34 所示。这个链型组网包括 OTM、OADM 和 OLA 三种站点类型。

在现网规划中，业务波长分布通常是用表 8-16 表示的，其中 λ_x 表示所用波长，实线表示主用，虚线表示备用，箭头表示波长所在光通道的落地站点。

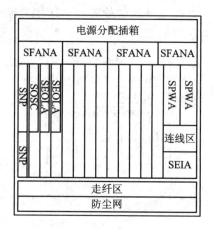

图 8-33 插位

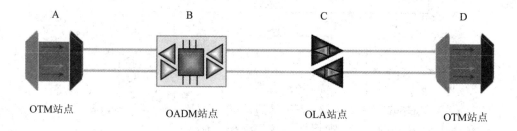

图 8-34 网络拓扑

表 8-16 波 长 分 布

波长 \ 站点	A	B	C
λ_1	←--→	→←--→	
λ_2	--------→	→←--→	→←--
λ_5	--------→	→--------→	→←--

——→ 上/下业务

根据波长分布要求，我们要在 A—B 之间使用第 1 波，在 B—C—D 之间使用第 2 波，在 A—B—C—D 之间使用第 9 波。

首先连接第 1 波，然后再连接第 2 波，光纤连接示意图如图 8-35 所示。

从图 8-35 可以看出，站点 B 是 OADM 站点，它的业务要面向东西(左右)两个方向，每个方向都需要一组 OTU、OMU、OBA、ODU、OPA，不同方向是不能混用的，需要特别注意。另外，在 OTN 系统中，合波光通道只需要连接一次。

最后连接第 9 波。可以看到，第 9 波所要经过的主光通道已经连好了，只需要将第 9 波的 OTU 单板与相应的合分波连接好，然后在 B 站点做穿通就好了(B 站点在对第 1、2 波进行合分波时，也会将第 9 波进行合分波)。图 8-36 中加粗的连线就是在对第 9 波进行光纤连接时所要进行的操作。其余没有业务的光波长将端口空着即可。

将 OTN 原理中提到的 OTN 网络结构进行对应，如图 8-37 所示，看看 OMS、OTS 和各波长 OCh 的对应范围。

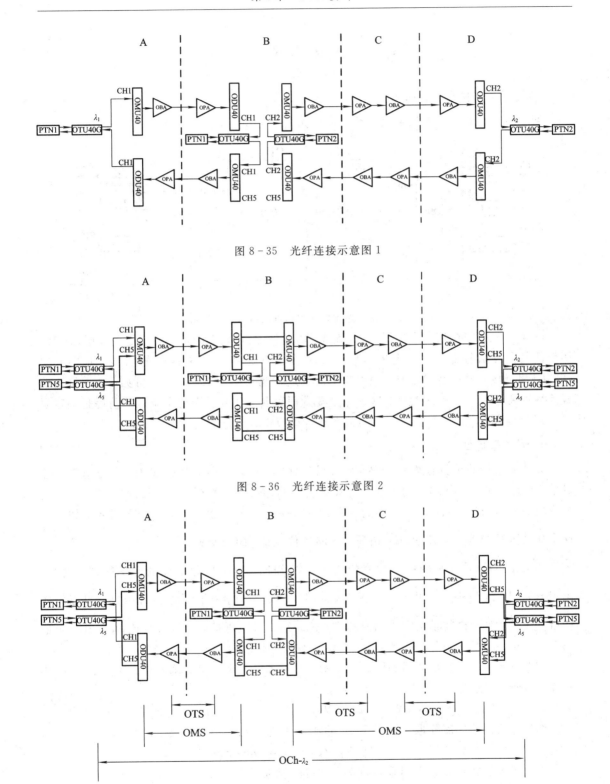

图 8-35　光纤连接示意图 1

图 8-36　光纤连接示意图 2

图 8-37　光纤连接示意图 3

8.5　光功率调整基础

1. 光功率调试点与信号流

两个站点之间点到点的单向信号流示例如图 8 - 38 所示。

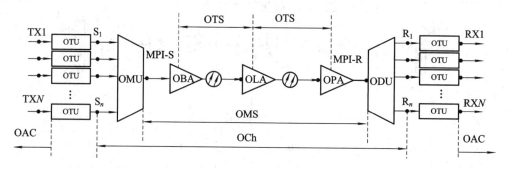

图 8 - 38　两个站点之间点到点的单向信号流示例

图 8 - 38 中，光通道层（OCh）用于衡量单波信号在系统中的传输；光复用段层（OMS）用于衡量合波信号的特性；光传送层（OTS）提供在光缆中传输信号的功能；光接入层（OAC）用于接入各种客户信号。黑点表示需要进行光功率调试的位置。可见，几乎每块单板前后都要进行光功率的调试，这是一个复杂而重要的工作。光功率调试的前提是一定要掌握好信号流，熟练掌握它们之间的关系和各单板正常工作的光功率参数范围。

2. 光功率单位

光功率常用的单位有毫瓦（mW）和毫瓦分贝（dBm），其中毫瓦（mW）是光功率常用计量单位，毫瓦分贝（dBm）是为了便于计算而引入的光功率计量单位，分贝（dB）是光功率衰减或增益的比值。例如，同一量纲的参数 A/B 是一个比值，也就是多少倍的关系，如果对这个比值进行如下数学处理：$10 \lg \dfrac{A}{B}$，这时单位就是 dB（分贝）。

如果用单位为 mW 的一个功率值与 1 mW 相比，然后再作上面的数学处理，则有：$p(\text{dBm}) = 10 \lg \dfrac{p(\text{mW})}{1(\text{mW})}$，由于 1 mW 是确定值，因此与它相关的数学处理结果就可以用来衡量功率的大小，也就是用它表示光功率，这一结果就不再是一个纯粹的比值或 dB，而是一个功率单位，即 dBm（毫瓦分贝）。

在波分系统中，经常会遇到图 8 - 39 所示合波器的模型计算，输入是 N 波功率相同的光波，用毫瓦表示为

$$p_{总}(\text{mW}) = p_1(\text{mW}) + p_2 + \cdots + p_N(\text{mW})$$

如果等式两边同时作取对数并乘 10 的数学处理，等式依然成立：

$$p_{总}(\text{dBm}) = 10 \lg(N p_1(\text{mW})) = p_1(\text{dBm}) + 10 \lg N$$

由上述表达式可以联想到以前数学中学过的对数运算，如：

$$\lg(AB) = \lg A + \lg B, \quad \lg \frac{A}{B} = \lg A - \lg B, \quad \lg(A^N) = N \lg A$$

可以看到，取对数的处理会使以 mW 为单位的乘除运算变成以 dB 和 dBm 为单位表示

的加减运算，使指数运算变为倍数运算。

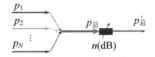

图 8-39 功率损耗计算示意图

所以，当光功率在光纤传输中产生损耗时，就可以进行如下运算：

若输入功率 p 为 10 mW，输出功率 p' 为 1 mW，衰减至 1/10，那么，用 dBm 为单位计算功率损耗为

$$p - p' = 10 \lg \frac{10 \text{ mW}}{1 \text{ mW}} - 10 \lg \frac{1 \text{ mW}}{1 \text{ mW}} = 10 \text{ dB}$$

数学表达式为

$$p'_{总}(\text{dBm}) = p_{总}(\text{dBm}) - n(\text{dB})$$

即

$$p'_{总}(\text{mW}) = p_{总}(\text{mW}) \cdot \frac{1}{10^{\frac{n}{10}}}$$

8.6 OTN 各单元的光功率调整

1. 准备工作

1）单站调测

在进行光功率调试之前通常要做好单板输出光功率的检查、站内光纤的检查、网管监控、OMU 和 ODU 的插损测试等准备工作。

2）OMU 的插损测试

OMU 单板是常用的无源单板，在使用之前需要测试 OMU 单板的插损，测试示意图如图 8-40 所示。首先测试接入的单波光功率，然后在 OMU 的 OUT 口测试输出的单波光功率，再将两个测得的数值相减，差值即为这一波在 OMU 的插损值。OMU 单板有多个通道，一般随机抽测几个通道，各通道测得的插损值之差不超过 3 dB 即为合格。

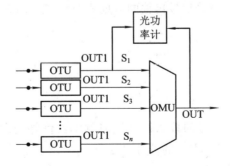

图 8-40 OMU 的插损测试示意图

3）ODU 的插损测试

ODU 和 OMU 一样属于无源单板，插损的测试方法和 OMU 基本相同，不过 ODU 是用在收端的，常用测试方法如图 8-41 所示。

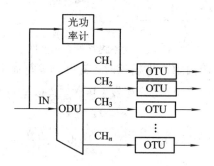

图 8-41　ODU 的插损测试示意图

2. 功率调整的目的和步骤

光功率调整的目的如下：

（1）合波信号中各单波光功率均衡。光放大单元要求输入的合波信号中各单波光功率必须均衡，否则级联放大后，增益功率将只集中在某几个单波上，如图 8-42 所示。

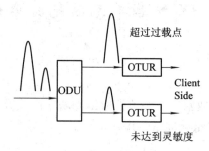

图 8-42　测试框图

（2）合适的入纤光功率。合波信号的光功率如果超过了光纤传输的阈值，则会引发非线性效应。

（3）合适的接收光功率。接收机的光电器件需要在标称的工作范围内才能正常工作。

光功率调整的步骤为：沿着信号传输的方向进行调试；调完一个方向，再反向调通另一个方向。

3. 各单元光功率调试

1）发端 OTU 调试

（1）CR 端口。

发端 OTU 用于客户侧信号的接入以及线路侧单波信号的发送。发端 OTU 的输入部分用于客户信号的光/电转换，主要的器件是光/电转换器。发端 OTU 常用的光/电转换器是 PIN 管。对于 10 G 单板，PIN 管的工作范围为 0～−14 dBm。光功率调试示意图如图 8-43 所示。中兴工程规范通常是把输入光功率调整到 −4 dBm 左右。

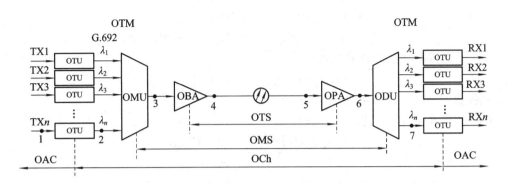

图 8-43 光功率调试示意图

（2）LT 端口。

发端 OTU 的输出部分用于波分信号的电/光转换，主要的器件是半导体激光器。激光器的输出功率会有一定的差异，我们把各单波之间功率的差值称为通道功率差，其中最大一波和最小一波的差值称为最大通道功率差。在发端 OTU 的输出口调试时必须控制最大通道功率差小于 3 dB。保证各通道之间足够小的通道功率差是波分系统正常工作的基础，并且最大通道功率差越小越好。

发端 OTU 输出的光功率通常在－3 dBm 左右，一般以－3 dBm 为参考点调试 OTU 的输出光功率，可以容忍的输出功率为－3 dBm±1.5 dB。高出上限的可以在 OTU 的输出口添加光衰减器，低于下限的必须更换单板。为了控制最大通道功率差，输出功率通常越接近－3 dBm 越好。

2）OMU 的调试

OMU 的功能主要是将各个 OTU 输出的单波信号进行合波。为了下一步的调试，需要对 OMU 的合波信号进行测试，如图 8-44 所示。

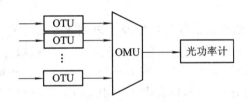

图 8-44 OMU 的合波信号测试示意图

若需要进行光功率预算，可用下式估算 OMU 的合波输出光功率：

$$合波输出光功率＝单波输入光功率＋10 \log N － 插损$$

3）OBA 的调试

光放大单元的功能是给合波信号补充能量，进行全光放大。为了不让系统在满配置时输入光缆的合波信号引发非线性效应，需要通过计算控制光放大单元的合波输入光功率。中兴波分设备的光放大单板都在面板上标注有单板的工作参数，如 OBA 2220，指的是放大板正常固定增益为 22 dB，满配时最大输出光功率为 20 dBm。

例如：40 波系统当前使用了 3 波，光放大板参数为 2220，那么：

（1）计算单波光功率：

$$P_{合40} = P_单 + 10 \lg 40,\ P_{合40} = 20\ \text{dBm}$$
$$P_单 = P_{合40} - 10 \lg 40 = 20\ \text{dBm} - 16 = 4\ \text{dBm}$$

（2）计算现有波数的合波光功率：

$$P_{合3} = P_单 + 10 \lg 3 = 4\ \text{dBm} + 5 = 9\ \text{dBm}$$

即 3 波输出时，最大饱和光功率为 9 dBm。

（3）计算放大板输入光功率：

$$P_{in} = 9\ \text{dBm} - 22\ \text{dB} = -13\ \text{dBm}$$

4）OPA 的调试

对于光放大板的光功率计算，OBA、OPA 和 OLA 的思路和方法都是相同的，都是通过控制 OA 的输入光功率使 OA 的输出处于饱和状态，从而实现线路的光功率控制。

5）ODU 的调试

ODU 的功能主要是将合波信号中的各个光载波拆分出来输出到对应的 OTU，即进行分波。可以在 ODU 的各通道口测得各单波的光功率，如图 8-45 所示。

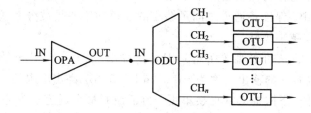

图 8-45　各通道口测得各单波的光功率示意图

可以近似认为：

合波输入光功率 $-10 \lg N-$ 插损 ＝ 单波输出光功率

6）收端 OTU 调试

收端 OTU 用于线路侧单波信号的接收及客户侧业务信号的发送。收端 OTU 常用的光/电转换器是 PIN 管和 APD 管。城域网一般采用 PIN 管接收，APD 管常用在省干线及以上。对于 10 G 单板，APD 管的工作范围为 $-9 \sim -21$ dBm。根据经验值，中兴工程规范通常是把输入光功率调整在 -14 dBm。由于经由 ODU 分波出来的各单波光功率基本一致，所以通常把所需的光衰统一加在 ODU 的输入口。

8.7　OTN 系统光功率联调

1. 光功率联调案例问题的提出

某局甲、乙两地 40×10 G 系统构成链型组网，目前仅使用了 4 波，如图 8-46 所示。假设 OMU 和 ODU 的插损均为 6 dB，OTU 的输出均为 -3 dBm，OTU 的接收器使用 PIN 管，线路损耗为 0.25 dB/km，其他器件损耗不计。

请计算：（1）各点光功率；（2）3、5 两点应加入多大的光衰减器。

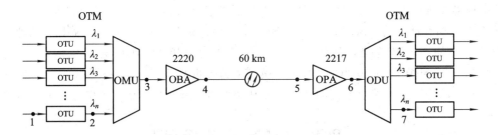

图 8-46　40×10 G 系统构成链型组网

2. 系统光功率计算

涉及波分系统光功率计算的问题,一般都是从假设系统满配开始着手,根据系统信号流方向逐点计算理论光功率,先把主干光通道调通。所以,这里先计算 3、5 两点应加入多大的光衰减器,步骤如下:

(1) 计算满配 40 波合波光功率:

$$P_{合40} = P_{OMU-IN} = P_{OTU-LT} + 10 \lg 40 = -3 + 16 = 13 \text{ dBm}$$

(2) 计算 40 波 OMU 合波输出光功率:

$$P_{OMU-OUT} = P_{OMU-IN} - L_{OMU} = 13 - 6 = 7 \text{ dBm}$$

(3) 计算 OBA 输出光功率(满配、最佳工作点):

$$P_{OBA-OUT} = 20 \text{ dBm}$$

(4) 计算 OBA 输入光功率(满配、放大前):

$$P_{OBA-IN} = 20 - 22 = -2 \text{ dBm}$$

(5) 计算 3 点光衰:

$$L_3 = P_{OMU-OUT} - P_{OBA-IN} = 7 - (-2) = 9 \text{ dB}$$

(6) 计算线路损耗:

$$L = 0.25 \text{ dB/km} \times 60 = 15 \text{ dB}$$

(7) 计算 OPA 输出光功率(满配、最佳工作点):

$$P_{OPA-OUT} = 17 \text{ dBm}$$

(8) 计算 OPA 输入光功率:

$$P_{OPA-IN} = 17 - 22 = -5 \text{ dBm}$$

(9) 计算 5 点光衰:

$$L_5 = P_{OBA-OUT} - L - P_{OPA-IN} = 20 - 15 - (-5) = 10 \text{ dB}$$

(10) 计算 7 点单波光功率:

$$P_{ODU-IN} = P_{OPA-OUT}$$

$$P_{OTU-LR} = P_{ODU-IN} - 10 \lg 40 - L_{ODU} = 17 - 16 - 6 = -5 \text{ dBm}$$

虽然 -7 dBm 是理想接收点,但之前我们提到过,PIN 管工作范围工程上通常在 $-4 \sim -7$ dBm 就可以了,略高有利于抵消接续等维护操作带来的附加损耗。

由于实际使用的是 4 波,合波通道上与满配 40 波相差 10 倍,即 10 dB,所以,把上面加好光衰的 OMS 段(即合波段 OMU—ODU)的计算结果全部减 10 dB 就是各点的光功率。

3. 色散补偿的处理

光纤具有色散特性,如 G.652 光纤的色散容限约为 40 km,所以实际系统中线路超过

40 km 时需要加色散补偿模块（DCM），使补偿后的色散残留在 10～30 km 的范围。

　　但从光功率计算的角度看，DCM 仅相当于一块大光衰。比如，计算上题时，乙地 OPA 接收时需要加 15 dB 光衰，如果加上一个条件"乙地用 DCM40 进行色散补偿（衰减 10 dB）"，只需要把 DCM40 当成 10 dB 的光衰，另外再加 5 dB 光衰就可以了。

　　至此，已经完成了整个系统的连接和光功率调试，系统可以正常上电并连通运行了。

8.8　OTN 光层保护

1. OP 保护原理

　　OP 单板的工作原理如图 8-47 所示。

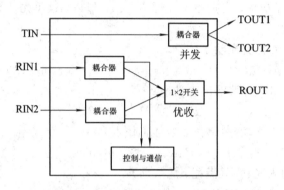

图 8-47　OP 单板工作原理

　　从图 8-47 可以看出，OP 保护的信号流非常简单，发送端通过耦合器实现双发，接收端根据输入光功率检测结果控制 1×2 光开关，进而选择接收的信号，即"并发优收"或"双发选收"。

　　OP 单板保护原理（正常工作状态）如图 8-48 所示。在光纤容量满足需求的情况下，一般采用短路径或光纤线路稳定的路径作为主用工作通道。

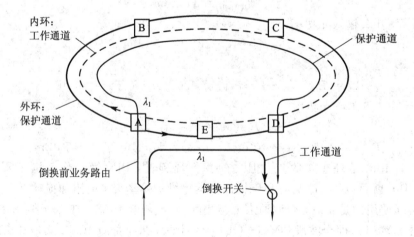

图 8-48　OP 单板保护原理（正常工作状态）

　　OP 单板保护原理（保护状态）如图 8-49 所示。当工作通道中的光纤路径或单板发生故障时，系统就会将业务倒换到备用的保护通道上，以保障通信业务不中断。

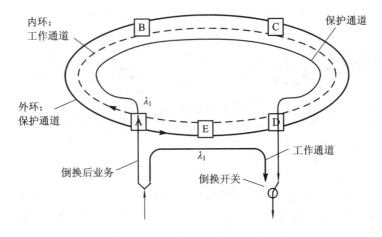

图 8 - 49　OP 单板保护原理（保护状态）

2. OP 保护组网方式

OP 保护的组网方式，按 OP 保护单板放置位置的不同，可以分为五种，分别是：光通道 1＋1 保护（OTU 冗余）；光通道 1＋1 保护（OTU 共享）；光复用段 1＋1 保护（OA 冗余）；光复用段 1＋1 保护（OA 共享）；光传送段 OTS 层 1＋1 保护。下面分别进行讲述。

光通道 1＋1 保护（OTU 冗余）如图 8 - 50 所示，OTU 冗余配置可以实现光通道和业务单板的保护，可以通过检测通道的信号质量和通道功率来达到保护的目的。

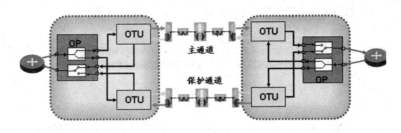

图 8 - 50　光通道 1＋1 保护（OUT 冗余）

OTU 冗余配置的倒换条件：

（1）业务单板启用 APSD 功能；

（2）当业务单板上报 LOS/LOF/误码越限时，客户侧激光器自动关断（OAC APSD），OP 单板接收无光触发倒换；

（3）中继单板不要开启 APSD 功能，否则倒换时间可能超标。

光通道 1＋1 保护（OTU 共享）如图 8 - 51 所示，OTU 共享配置具有只对光通道失效进行保护，不保护业务单板故障的特点。

倒换条件：OP 单板接收无光告警触发倒换。

上述两种 OP 通道保护组网方式的区别如下：OTU 冗余保护的优点是可以实现通道的保护和单板保护，可以通过检测通道的信号质量和通道功率来达到保护的目的，缺点是使用的 OTU 单板数量多，增加成本；OTU 共享保护的优点是使用的 OTU 单板的数量少，

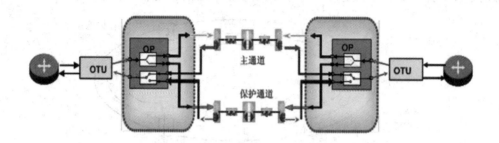

图 8-51　光通道 1+1 保护（OTU 共享）

节约成本，缺点是仅仅是通过检测通道功率来实现保护，无法检测通道质量。

图 8-52 所示是 OA（OBA、OPA）和 OP 单板组成的光复用段 1+1 保护（OA 冗余）的配置；接收端采用 OPA+DCM+OP+OBA，第二级放大的 OBA 单板共享，只配置一块。为了实现保护倒换，需要开启 OA 单板的 APSD 功能。

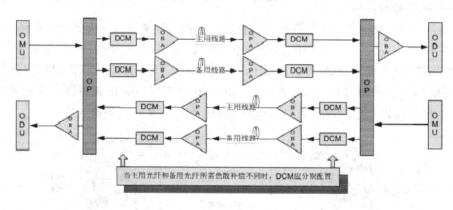

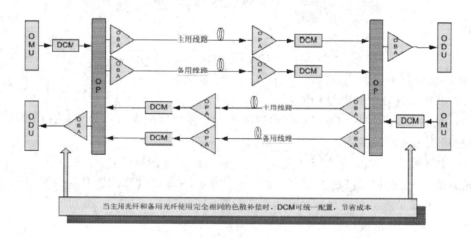

图 8-52　光复用段 1+1 保护 1

图 8-53 所示是 EOA（EOBA、EOPA、EONA）、SEOA 和 SOP 单板组成的光复用段 1+1 保护（OA 冗余）的配置；接收端采用 EONA（DCM）+SOP 的方式。为了实现保护倒

换，需要开启 EOA 单板的 APSD 功能。

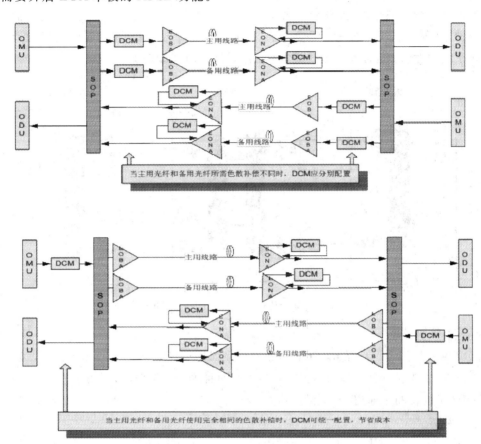

图 8-53 光复用段 1+1 保护 2

光复用段 1+1 保护（OA 共享）如图 8-54 所示，SOP 配置于线路中，即配置于放大单板的线路侧，插损计入线路损耗。需要注意这种情况只适合主用、备用光纤色散补偿一致的情况，SOP 插损计入线路衰耗影响系统信噪比。

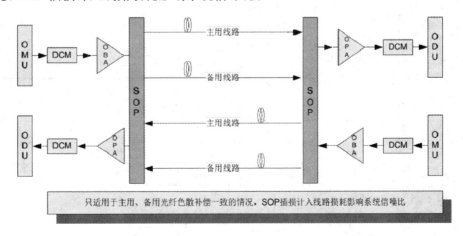

图 8-54 光复用段 1+1 保护（OA 共享）

光传送段 OTS 层 1+1 保护如图 8-55 所示，OTS 层 1+1 保护是指 SOP 单板配置在相邻站点（即单个 OTS 段）进行 SOP 单板的配置。这种保护方式分为 OA 冗余保护和 OA 共享保护，对应 OA 共享保护，需要考虑 SOP 加入会导致 OTS 层的线路衰耗加大 5 dB，会影响系统的性能。这种配置方式成本高，但是倒换时间能保证。

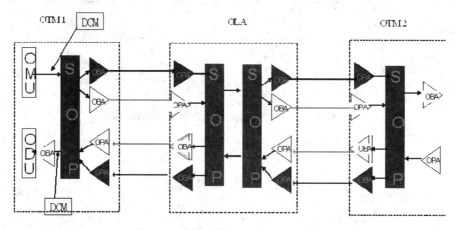

图 8-55　传送段 OTS 层 1+1 保护

3. OP 单板类型

SOP 单板如图 8-56 所示，SOP 是紧凑型光保护板（Optical Protect Board），支持通道和复用段 1+1 保护功能，分为 SOP1 和 SOP2 两种型号。SOP1 支持单通道 1+1 保护功能；SOP2 可提供两个通道 1+1 保护功能，相当于两个 SOP1。

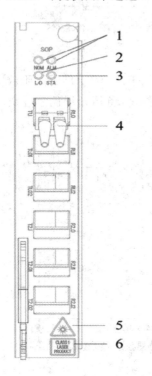

1—单板运行指示灯（NOM/ALM）；

2—单板通讯状态指示灯（L/D）；

3—光开关状态指示灯（STA）；

4—光接口；

5—激光警告标识；

6—激光等级标识

指示灯描述

指示灯	描　　述
NOM	绿灯，正常运行指示灯
ALM	红灯，告警指示灯
STA	双色灯，光开关状态指示灯
L/D	通讯状态指示灯：有连接则亮，有消息收发闪烁

图 8-56　SOP 单板

SOP 单板分为两类：SOP1/2(C,LC,1550 nm)和 SOP1/2(C,LC,1310 nm)。它们用于不同的保护方式。

SOP1/2(C,LC,1550 nm)支持的保护包括：

- 光复用段(OMS)1+1 保护
- 光传送段(OTS)1+1 保护
- 光通道 1+1 保护(OTU 共享)
- 光通道 1+1 保护(OTU 冗余)(如果客户侧光接口是 1550 nm 窗口)

SOP1/2(C,LC,1310 nm)支持光通道 1+1 保护(OTU 冗余)(如果客户侧光接口是1310 nm 窗口)。

什么时候能够触发业务倒换呢？SOP 单板使用相对无光判决模式，设 RelTh 为相对无光判决门限，P_w 为工作通道光功率，P_p 为保护通道光功率，则倒换触发条件为

$$|P_p - P_w| > \text{RelTh}$$

如果 RelTh 设为 5，当工作通道光功率比保护通道光功率低 5 dB 以上时，将执行倒换。

倒换恢复条件：

$$|P_p - P_w| < \text{RelTh} - 3 \text{ dB}$$

以此为例，如果工作通道和保护通道的光功率差值小于 2 dB，业务将从保护通道恢复到工作通道。

这里要特别作一个说明，设置 3 dB 的迟滞是为了保证工作通道完全恢复正常后，业务再从保护通道恢复到工作通道。此外，还有一个叫返回时间的参数，网管配置范围在1~12分钟，其功能是在满足倒换恢复条件后，还要等一个"返回时间"业务才能真正从保护通道恢复到工作通道。这样做是为了避免通道不稳定造成业务反复倒换。

相对无光功率的判决门限可以在 5~10 dB 范围内调整，界面如图 8-57 所示。

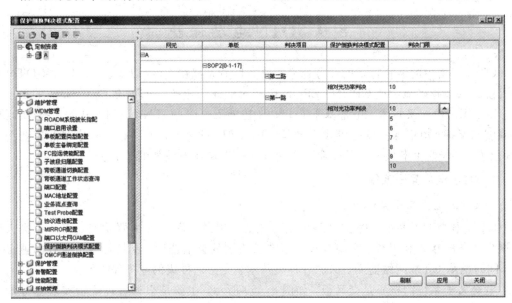

图 8-57　保护倒换判决模式配置

在网管上选中网元，依次点击菜单［网元管理→WDM 管理→倒换板倒换状态管理］，可进行设置并查询各路保护工作状态，如图 8-58 所示。

图 8-58　倒换板倒换状态模式

8.9　OTN 电层保护

OTN 网络中的波长携带的业务速率很高，目前大都在 10 G 以上。在现网中，OTN 的下沉使其越来越多地承载 GPON、EPON 等相对低速的业务。OTN 借鉴了 SDH 的很多优点，如采用了电交叉技术。正是基于 OTN 的电交叉操作，OTN 可以像 SDH 一样实现电层调度和保护。电层保护既可以建立波长级的保护，比如 100 G；也可以建立低速业务保护，比如 GE。这里形象地将低速业务称为其所在高速业务波长的子波长。

1. OTN 电交叉子系统

1）OTN 电交叉子系统

OTN 电交叉子系统以时隙电路交换为核心，通过电路交叉配置功能，支持各类大颗粒用户业务的接入和承载，实现波长和子波长级别的灵活调度，支持任意节点任意业务处理，同时继承 OTN 网络监测、保护等各类技术，支持毫秒级的业务保护倒换。

电交叉子系统的核心是交叉板，如图 8-59 所示，主要是根据管理配置实现业务的自由调度，完成基于 ODUk 颗粒的业务调度，同时完成业务板和交叉板之间告警开销和其他开销的传递功能。电交叉需要采用 O/E/O 转换。

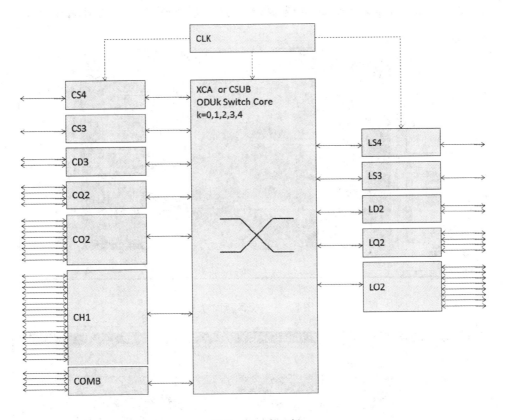

图 8-59　交叉板

其中，交叉板的命名 N1N2N3 分别为：

· N1：单板类型，其中 C 表示客户侧单板，L 表示线路侧单板。

· N2：端口数量，其中 Single 表示 1 端口，Double 表示 2 端口，Quarter 表示 4 端口，Octal 表示 8 端口，Hex 表示 16 端口。

· N3：速率级别，其中 1 表示 OTU1，2 表示 OTU2，3 表示 OTU3，4 表示 OTU4。

2）配置交叉连接

在光纤容量满足需求的情况下，一般采用短路径或光纤线路稳定的路径作为主用工作通道，交叉只能在相同粒度的调度端口间进行。如 ODU1 调度端口只能与 ODU1 调度端口互连，而不能与 ODU0、ODU2 级别的调度端口互连。

端口可以多发，即广播的形式，但是不能多收，即只能接收 1 个。左键单击单板左侧的小圆点或者单击左下角的“全部展开”按钮可以展开单板的所有端口资源。

客户侧到线路侧单板的双发单收交叉板配置如图 8-60 所示。在右上角的“分组选择”中选择需要配置的交叉子架，在右侧的“编辑操作”选项区中依次选中“编辑”、“双向”和“工作”，按照业务配置规划在该界面依次用鼠标左键单击左侧的发送端口和右侧的接收端口，连接好交叉关系后点击确认，最后点击“增量应用”按钮下发交叉关系即可。

线路侧单板到线路侧单板的双向交叉板配置如图 8-61 所示。

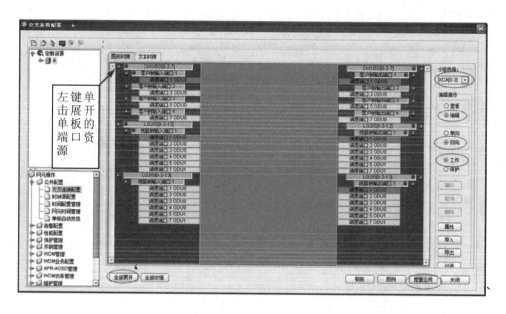

图 8-60 交叉板配置 1

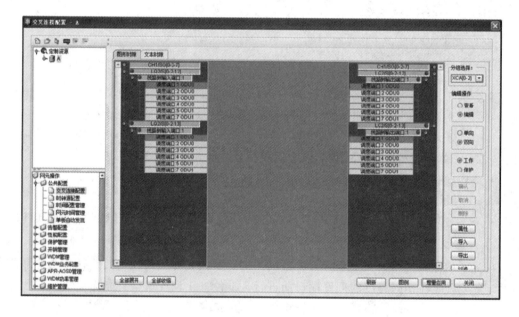

图 8-61 交叉板配置 2

2. 电层 1+1 保护原理

1+1 保护的基本原理是"并发优收"。在 1+1 保护结构中,一个工作通道有一个专用的保护通道。正常的业务信号在源端会同时发往工作通道与保护通道,在接收端,根据信号质量从两个通道中择优选择接收正常的业务信号。

1) 单向保护倒换与双向保护倒换

单向保护倒换是指发生单向故障时(即故障只影响传输的一个方向),只有受影响的方向倒换到保护通道,如图 8-62 所示。单向保护倒换不需要通过 APS 信令通道与业务源端进行 APS 信令交互，每个节点间完全独立。

　　双向保护倒换是指在单向故障(即只影响传输的一个方向的故障)情况下，受影响和不受影响的两个方向(路径或子网连接)都倒换到保护通道，如图 8 - 62 所示。在保护倒换过程中，需要业务的接收端与发送端之间通过 APS 信令通道进行 APS 信令交互。因此，双向的 1＋1 保护需要计算组播。

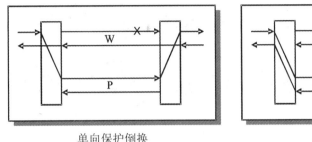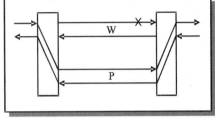

单向保护倒换　　　　　　　　　　　　　　双向保护倒换

图 8 - 62　1＋1 保护

　2）返回式与非返回式

　　在"返回式"操作类型中，如果倒换请求被终结，即当工作通道已从缺陷中恢复或外部请求被清除时，业务信号总是返回到(或保持在)工作通道；在"非返回式"操作类型中，如果倒换请求被终结，则业务信号不返回到工作通道。

　3. 电层保护类型

　　电层波长 1＋1 保护如图 8 - 63 所示。电层波长保护是对整个波长进行保护，即客户侧业务速率经过交叉之后，在线路侧用同样速率的业务波长输出。此时线路侧波长仅承载一个客户侧业务。

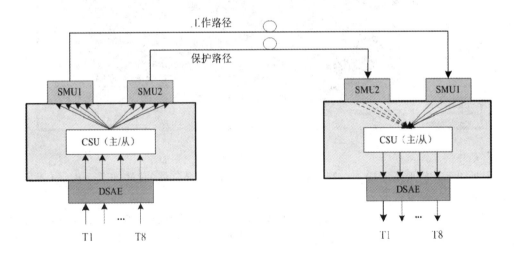

图 8 - 63　电层波长 1＋1 保护

　　电层子波长 1＋1 保护示例如图 8 - 64 所示。所谓子波长，即客户侧业务速率经过交叉之后，汇聚到线路侧的高速业务波长中输出。这里用一个例子说明这种保护方式。

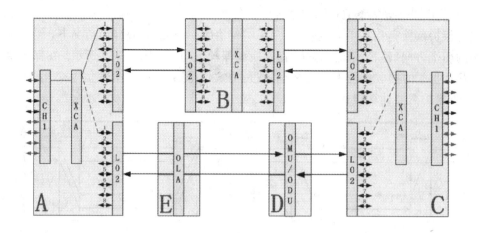

图 8-64　电层子波长 1+1 保护

图 8-64 中，沿着顺时针方向，A 站线路侧业务单板 LO2 发，C 站线路侧单板 LO2 接收。其中 A 与 C 站点有业务上下，B 站点通过 LO2 背板穿通，D 站点是 OMU 与 ODU 穿通，E 站点为 OLA 站点。本例配置 A 到 C 的一个 GE 业务及保护，走 LO2 的第一波（192.10 THz），调度口 1。在 A、C 站点（业务上下站点）配置交叉连接如图 8-65 所示。

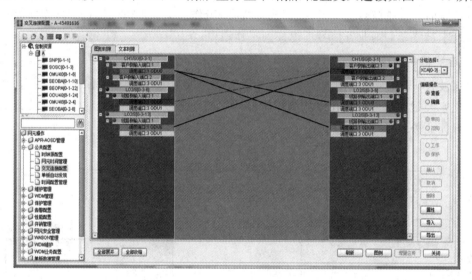

图 8-65　交叉配置

图 8-65 中左侧是发送，右侧是接收，实线（界面中绿色线）代表工作，虚线（界面中蓝色线）代表保护（并发选收）。

例如：客户单板 CH1 在发送侧（左）并发出去，两条均为绿色的；CH1 单板在接收侧（右），一条是工作（绿色），一条是保护（蓝色）。在穿通（业务直通）站点配置交叉连接即可。

本 章 小 结

随着 4G、5G 技术的普及，作为光纤通信系统的最新技术，传送能力强大的 OTN 网络，与调度能力强大的 PTN/IPRAN 技术一起，成为传输网中的核心主导技术。本章首先介绍了 OTN 技术的基本概况，然后在此基础上以中兴通讯 ZXMP M820 为例，详细介绍了 OTN 系统硬件的各子系统单元和常用单板。OTN 系统中的单板类型非常多，初学时会觉得掌握难度很大。其实，它们类别有限，常用的单板数量也不多，多花些时间接触就可以很快熟悉。学习 OTN 系统时，最为重要的是掌握 OTN 系统的信号流，它直接影响到光纤连接和光功率联调。OTN 系统的连接有固定的物理顺序，易于掌握。此外，需要注意的是，实际现网中，光功率相关的故障是 OTN 系统最主要的故障类型，掌握光功率计算与联调非常重要。

习　　题

一、填空题

1. SOTU10G 单板可以支持_____和_____两种业务帧格式。

2. 最适合于 OTN 系统使用的光纤是_____。目前使用最广泛的光纤是_____。

3. ITU－T 建议的 40 波 DWDM 设备，相邻波长之间的频率间隔为_____GHz，其中第一波的中心频率为_____THz。

4. 监控通道的光信号波长是_____nm。

5. SOTU10G 单板可以检测所接入 SDH 信号的_____、_____和_____字节。

6. 光源在 10 G 业务速率时的色散容限为 800 ps/nm，光纤的色散系数值为 20 ps/(nm·km)，则该光纤的色散受限距离为_____km。

7. 在光放大器上，我们采用_____和_____方法来防止光浪涌。

8. 放大板按照位置类型可以分为_____、_____和_____。

9. 信噪比是 DWDM 系统受限的一个重要因素，而噪声的根源在于系统中大量应用的_____。

二、选择题

1. OTN 帧的第一个字段是(　　　　)。

A. 帧对齐　　　　　　B. 段监控　　　　　　C. 串联监控　　　　　D. 误码监测

2. OTN 帧大小是(　　　　)。

A. 9×270×N 字节　　　　　　　　　　B. 4×1024 字节

C. 53 字节　　　　　　　　　　　　　D. 4×4080 字节

3. OTN 数据成帧是在(　　　　)单元完成。

A. OC　　　　　　　　B. OTU　　　　　　　C. OD　　　　　　　　D. OM

4. 一块 LD2 单板有(　　　　)个 10 G 业务接入端口。

A. 4　　　　　　　　　B. 8　　　　　　　　　C. 2　　　　　　　　　D. 1

5. ZXMP M820 电交叉子系统的核心是(　　　　)。

A. SOP/SOP2　　　　　　　　　　　　B. SNP

C. OMU/ODU　　　　　　　　　　　　D. CSU/CSUB

6. 下列放大器中（　　　　）不是按位置不同分类的。

A. OBA　　　　　　　B. OPA　　　　　　　C. DRA　　　　　　　D. OLA

7. 下列说法中错误的是（　　　　）。

A. 某器件插损为 3 dB，意味着经过该器件后光能量损失一半

B. 光功率过高会引起非线性效应，甚至烧坏光器件

C. 0 dBm 意味着无光，0 mW 并不意味着无光

D. 光功率过低会引起误码

8. OTN 的全称是（　　　　）。

A. 波分复用　　　　　　　　　　　　B. 密集波分复用

C. 稀疏波分复用　　　　　　　　　　D. 光传送网

9. ITU－T 定义的 OTN 光接口规范协议是（　　　　）。

A. G. 957　　　　　　　　　　　　　B. G. 691

C. G. 692　　　　　　　　　　　　　D. G. 709

10. 目前波分系统的业务波长主要集中在（　　　　）。

A. 1550 nm 左右　　　　　　　　　　B. 1410 nm 左右

C. 1710 nm 左右　　　　　　　　　　D. 1310 nm 左右

11. SOTU10G 线路侧光功率的正常值为（　　　　）。

A. －3 dBm 左右　　　　　　　　　　B. 20 dBm 左右

C. 10 dBm 左右　　　　　　　　　　D. －20 dBm 左右

12. SEOBA 2520 中数字的含义是：（　　　　）

A. 增益 20 dB，最大输出光功率 25 dBm

B. 增益 25 dB，最大输出光功率 20 dBm

C. 增益 25 dB，稳定输出功率 20 dBm

D. 增益 20 dBm，稳定输出功率 25 dBm

13. 光功率调测时，要首先保证 OMU 的每个通道输入光功率差在（　　　　）以内。

A. 1 dB　　　　　　　　　　　　　　B. 2 dB

C. 3 dB　　　　　　　　　　　　　　D. 4 dB

14. ZXMP M820 电交叉子系统的核心是（　　　　）。

A. SNP　　　　　　　　　　　　　　B. CSU/CSUB

C. SOP/SOP2　　　　　　　　　　　D. OMU/ODU

三、判断题

1. ODU 本质上属于有源器件，加电的作用是为了提高信号光功率。（　　　　）

2. 波分复用系统中某一波业务中断时，放大器有可能会烧坏。（　　　　）

3. ZXMP M820 设备优先使用的波段是 C 波段。（　　　　）

4. OTN 的基本单位为 OTU1、OTU2、OTU3，其帧结构不同，但帧频相同。（　　　　）

5. OPM 板可以检测合波信号中单波的光功率、信噪比和中心波长。（　　　　）

6. OMU 和 ODU 本质上均属于无源器件，加电的作用是为了温度控制。（　　　　）

实 验 与 实 训

实验一　OTN 设备光纤连接

（一）实验目的

（1）掌握 OTN 波分系统信号流。

（2）掌握 OTN 设备系统和单板工作原理。

（3）掌握 OTN 设备内部及设备间光纤连接关系。

（二）实验条件

ZXMP M820 设备相关硬件安装完毕。

（三）实验内容及步骤

1. 设备分配

小组成员共用一套 ZXMP M820 设备进行实习。

2. 组网规划

OTN 系统组网规划如图 8－66 所示。

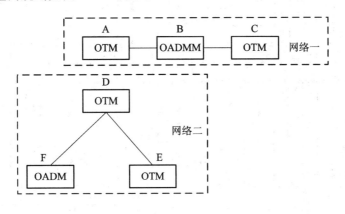

图 8－66　OTN 系统组网规划

3. 数据规划

（1）网元 A、B、C、D、E、F 均为 ZXMP M820 设备，其中 D、E 为背靠背的 OTM 网元。

（2）40 波系统，A↔B：2 波，A↔C：1 波，B↔C：2 波，D↔E：2 波，E↔F：1 波，D↔F：2 波。

4. 实验记录

1）选择单板

（1）A→B：第_____波，B→A：第_____波；

　　A→C：第_____波，C→A：第_____波；

　　B→C：第_____波，C→B：第_____波；

（2）D→E：第_____波，E→D：第_____波；

　　D→F：第_____波，F→D：第_____波；

　　E→F：第_____波，F→E：第_____波。

2）在各网元的面板图上写出单板名称

A 网元：

B 网元：

C 网元：

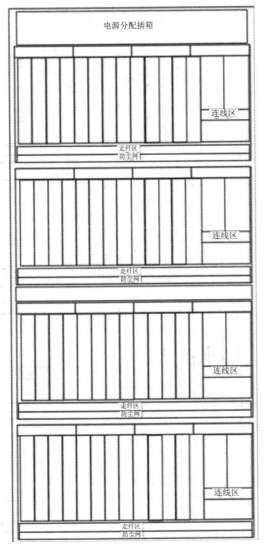

D 网元：

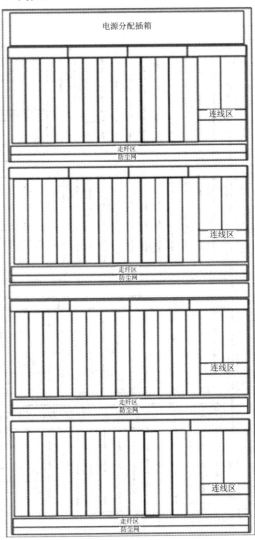

E 网元：　　　　　　　　　　　　　　　　　　F 网元：

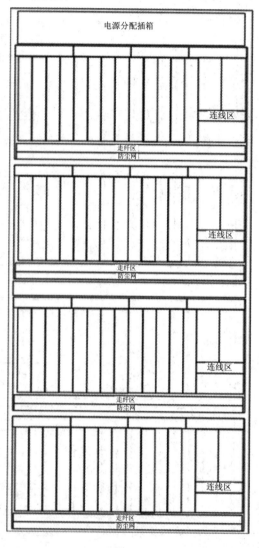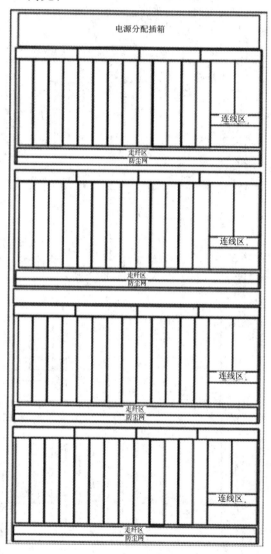

3）画出网络波道图

（1）画出网络一的波道图。

（2）画出网络二的波道图。

4）连接光纤

（1）画出信号流程图，并在草稿纸上画出 A、B、D 站点的连纤图。

（2）按照连纤图连接光纤。

5. 思考题

SOSC 板的光纤应该如何连接？

实验二　OTN 光功率调整

（一）实验目的

（1）掌握 OTN 波分设备光功率调试的原则。

（2）掌握 OTN 波分设备光功率调试的方法。

（3）练习使用 OPM 观察频谱。

（二）实验条件

（1）ZXMP M820 设备硬件安装完毕。

（2）按组网规划完成光纤连接，并且连接正确。

（三）实验设计

1. 设备分配

小组成员共用一套 ZXMP M820 设备、一台光功率计、一台网管。

2. 组网规划

OTN 系统组网规划如图 8 - 67 所示。

图 8 - 67　OTN 系统组网规划

3. 数据规划

（1）网元 A、B、C 均为 ZXMP M820 设备。

（2）40 波系统，A↔B：2 波，A↔C：2 波，B↔C：2 波。

（3）要求 B 站点使用 OAD 板。（lg3＝0.5，lg2＝0.3）

（四）实验内容及步骤

注意：

• 调试光功率时一个站点一个站点地调试，每个站点都按如下步骤进行。

• 调试时要按照光信号的流程来调，先调 A→B→C 的光方向，再调 C→B→A 的光方向。将结果记录在表 8 - 17 中（只记录一个光方向即可）。

• 调试要结合网管进行，每调一个站点都要在网管上查看相应性能值，与光功率计上读到的性能值对比，并观察告警的变化。

（1）调平各单波输出的光功率。用光功率计测量各站点的 OTU 单板输出光功率，记录该数值，并调整各单板光功率的差值在 4 dB±2 dB 范围内。

（2）调平各单波在 OMU 板 OUT 口输出的光功率。把每个单波单独作为 OMU 板的输入，测量 OMU 的 OUT 口单板输出光功率，并记录该数值。保证 OMU 的 OUT 口的单波输出光功率的差值在 4 dB±2 dB 范围内。

（3）使 OBA 工作在最佳工作点（如果使用 SDMT 则可以省略这一步）。

① 计算 OBA 的最佳工作点，写出计算过程。

② 用光功率计测量 OBA 的实际输入光功率，记录在表 8－17 中，并根据需要增加光衰，使 OBA 工作在最佳工作点。

（4）调平 OAD 各单波的输入输出光功率。

① 在本站 OADM 的 OPA 的 OUT 口测试功率值，包含加调制的直通波长和下路波长两部分，算出每波的单波功率。

② 测试上下路插损，记录上下路插损。在本站 OADM 的 OAD 的 DROP 口测试下路波的功率值。除去架内尾纤的插损，与上一步算出的单波功率的差值即为下路插损。下路波每波都需要测算。此外，上路波的测试是将本站点上单光直接引入相应的 ADD 口（断开 M1 和 M2 口），测量 OUT 口的输出即可，每波都需要测试。

③ 测试直通插损，记录直通插损。将本站的正常连纤恢复，通知上游站在 OAD 上断开所有的上路波长输入，则本 OADM 站的 OPA 的 OUT 口只包含直通光部分。然后，本 OADM 站断开本地的 ADD 口上路光，这时在 OAD 的 OUT 口测试到的就是所有直通波长的合波功率，除去架内尾纤的插损后取差值，得到一个合波的直通插损值。这个值与各个单波的插损值是大致相同的。（也可以让上一个站点单独输入每个直通光，测量各个单板差损。）

④ 调平 OAD 的各波输出，即调平直通波长和上路波长。

（5）使 OPA 工作在最佳工作点。

① 计算 OPA 的最佳工作点。写出计算过程。

② 用光功率计测量 OPA 的实际输入光功率，记录在表 8－17 中。并根据需要要增加光衰，使 OPA 工作在最佳工作点。

（6）使 OTUR 工作在最佳工作点。

表 8－17　实验数据记录

站点	单板	端口	光功率	光衰位置	光衰大小
A	OTUT_				
	OTU_				
	OTU_				
	OTU_				
	OBA				

续表

站点	单板	端口	光功率	光衰位置	光衰大小
B	OPA	IN			
		OUT			
	OAD	ADD1			
		ADD2			
		OUT			
	OBA				
	OTUR_				
	OTUR_				
	OTUT_				
	OTUT_				
C	OPA				
	OTUR_				
	OTUR_				
	OTUR_				
	OTUR_				

（7）OPM 调试。结合光谱管理菜单中与 OPM 相关的菜单，学会使用 OPM 单板，利用 OPM 单板完成在线监控功能。

① 连接 OPM 光纤：OPM IN1 连接东向 OPA 的 MON，OPM IN2 连接东向 SDMT 的 MON，OPM IN3 连接西向 OPA 的 MON，OPM IN4 连接西向 SDMT 的 MON。

这样连接可以包括系统东西向收发的全部情况，保证本地收发通道功率平坦度、信噪比和信噪比平坦度满足要求。

② 设置 OPM 性能查询端口：在设备管理器中选择 OPM 单板，在操作树中选择［WDM 维护→OPM 光谱］，弹出图 8-68 所示的对话框。将要查询的端口加入使能光端口，并将想查询的端口处于使能状态。设置完成后点击"应用"按钮。

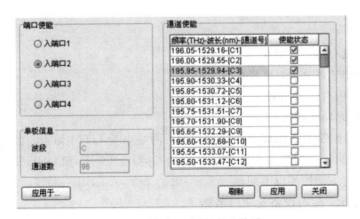

图 8-68　设置 OPM 性能查询端口

思考并回答：为什么要设置 OPM 的查询端口；性能查询时，检测点和性能项是否需要设置。

③ 设置 OPM 性能偏移量（可以不做）。以 OPA 为例，首先上游站点只输入一个单波，用光功率计测量或在网管上直接读 OPA 的输出值，与通过 OPM 性能值读到的光功率值做比较，通过 OPM 设置可以确定目前性能窗口查询的 OPM 端口，修改相应端口插入损耗，再次查询 OPM 单板上报的性能，可以发现功率读数发生了变化。

网管上对 OPM 性能偏移量的设置是通过设置 OPM 的插入损耗来实现的。在设备管理器中选择 OPM 单板，在操作树中选择［WDM 维护→OPM 光谱］，设置端口光功率补偿值，如图 8-69 所示。

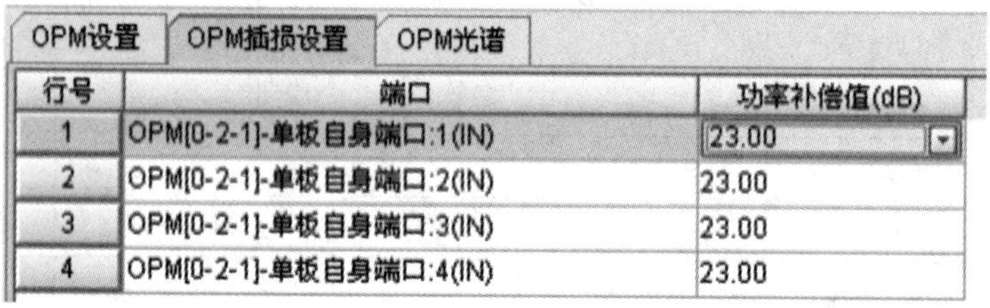

OPM设置	OPM插损设置	OPM光谱	

行号	端口	功率补偿值(dB)
1	OPM[0-2-1]-单板自身端口:1(IN)	23.00
2	OPM[0-2-1]-单板自身端口:2(IN)	23.00
3	OPM[0-2-1]-单板自身端口:3(IN)	23.00
4	OPM[0-2-1]-单板自身端口:4(IN)	23.00

图 8-69　设置 OPM 的插入损耗

如果通过查询网管的 OPM 性能通道 1（Channel 1）得到的光功率读数是 -2.23 dBm，通过光功率计和光谱仪从 OPA 的 OUT 口输出的通道 1（Channel 1）实际测得的光功率是 $+0.5$ dBm，则需要修正两者的偏差，保证网管上读取的通道功率和实际测试的功率一致。

所有 OPM 最初出厂的插入损耗设置都是 23，于是调整 OPM 插入损耗值为 23～24.6 dB。

OPM 插入损耗修正后再次在网管上读取 OPM 通道功率性能，发现通道 1（Channel 1）光功率已经变成修正值。通过实际测量，验证其他所有光通道功率实际测试值都和网管性能查询值一致。

思考并回答为何要对 OPM 性能偏移量进行设置，如何进行偏移量的调整。

④ OPM 性能查询：在网管上性能查询窗口读取 OPM 性能，通过 OPM 光谱分析对话框读取 OPM 性能。

【任务拓展】

（1）增加光衰有哪些注意事项？

（2）光功率调试好之后，哪些告警会消失？

（3）OPM 单板有什么用途？

（4）综合题（光功率调试）。

某局的 40×10 G 系统构成三点链型组网，两端点为 OTM 站点，目前仅使用了 4 波（图 8-70 中仅列出了由甲地至丙地的单个方向）。假设 OMU 和 ODU 的插损均为 6 dB，其他器件损耗不计，请回答以下问题：（lg2＝0.3，lg3＝0.5，lg5＝0.7，lg40＝1.6）

① 根据信号流，标明设备各端口名称。

② 假设 OTU 的输出都是平坦的，均为 -3 dBm。请给出 B 点 OA 板 4 波合波信号理

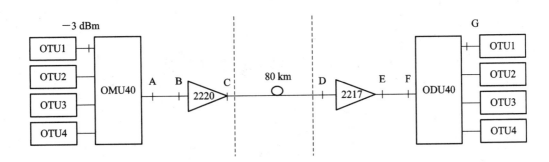

图 8 - 70　链型组网示意图

想的输入功率。

③ 如果线路损耗为 0.25 dB/km，C、D 间距离为 80 km，接收端 OTU 的接收器使用 PIN 管，理想接收光功率为 −7 dBm。计算各点的光功率，确定在系统中 B、D 两点应加入多大的光衰减器。(常用光衰类型有 1、2、3、5、7、8、10、15 dB 等)

附录 A　习题参考答案

第 1 章

一、填空题

1. 高锟　2. 0.85 μm，1.31 μm，1.55 μm　3. 电端机，光端机，光纤

4. 光导纤维，光波信号　5. 光纤　6. 损耗，色散

二、选择题

1. A　2. ABCDE

三、判断题

1. √　2. √

第 2 章

一、填空题

1. 纤芯，包层　2. 自聚焦效应　3. 色散，损耗，传输距离

4. 数值孔径　5. 单模光纤，多模光纤　6. 熔接法

二、选择题

1. D　2. ABCD　3. D

三、判断题

1. √　2. √　3. ×　4. √　5. √　6. √　7. √　8. √

第 3 章

一、填空题

1. 内，反，光生电动势

2. 扩散电流

3. 漂移电流，漂移电流，扩散电流，电信号

4. 小容量、短距离

5. 大容量、长距离

6. 荧光，激光

7. 谐振腔

8. 光的放大作用，阈值条件

二、选择题

1. D　2. B　3. ABC　4. C　5. A　6. D　7. C　8. C

三、判断题

1. √　2. √　3. √　4. √　5. √

第 4 章

一、填空题

1. 主放大器

2. 前置放大器

3. 光端机

4. HDB3，CMI，NRZ

5. 光电检测器，自动增益控制（AGC）

6. 自动增益控制（AGC）

7. 2048，2112，4，8448

8. 均衡放大，码型变换，光源的控制电路（ATC 和 APC）

二、选择题

1. A　2. D

三、判断题

1. √　2. √　3. √　4. √　5. ×

第 5 章

一、填空题

1. 同步数字体系　　2. 270，9　3. 155.520，622.080，2.5，10

4. 段开销，管理单元指针，信息净负荷　　5. 复用段开销，再生段开销，复用段开销

6. 1，3，9　7. 9，270，8，8000　8. 映射，定位，复用　9. 3，1

10. 传送终接功能　11. 码型变换、电平转换、时钟提取　12. ADM

13. （REG），（ADM）　14. 加扰的 NRZ 码

15. 通道保护，复用段保护，逻辑子网保护　16. 双发选收　17. 16

二、判断题

√

三、选择题

1. D　2. A　3. B　4. A　5. C　6. B　7. B

四、简单题

答：(1) 接口方面，PDH 没有统一的规范；SDH 的标准是统一的。(2) PDH 采用异步复用方式，低速信号在高速信号中的位置无规律性；SDH 采用字节间插、同步复用和灵活的映射。(3) PDH 信号帧中开销 OAM 字节过少，不能进行有效的控制管理，无统一的网管接口；SDH 用于 OAM 的开销多，OAM 功能强。(4) SDH 有前后向兼容能力。

第6章

一、填空题

1. 越来越大　2. 交叉板　3. 全交叉光接口板　4. ZXONM E400

5. 网络管理层，网元管理层，网元层，设备层

6. 管理者（Manager），用户界面（GUI），数据库（Database），网元（Agent）

7. 1.5 m, 0.4 m　8. 1 V

9. 防止灼伤眼睛，防止灰尘损坏接口

二、选择题

1. A　2. ABD　3. ABC

三、判断题

1. √　2. √　3. √

第7章

一、填空题

1. 通道，E1，T1　2. E1，VC，隧道封装　3. Packet Transport Network

4. T-MPLS，PBT　5. label，入出 PW

二、选择题

1. ABCDE　2. B　3. C　4. A

三、判断题

1. √　2. √　3. ×　4. √

第8章

一、填空题

1. STM-64，10GE　2. G.655，G.652　3. 100，192.1

4. 1510　5. B1，B2，J0　6. 40

7. APR，APSD（或 AOSD）　8. OBA，OPA，OLA　9. EDFA

二、选择题

1. A　2. D　3. B　4. C　5. D　6. C　7. C　8. D　9. A　10. A　11. B　12. C
13. C　14. B

三、判断题

1. ×　2. ×　3. √　4. ×　5. √　6. √

附录 B 缩 略 语

缩写	英 文 全 称	中 文 释 义
AFR	Absolute Frequency Reference	绝对参考频率
AFEC	Advanced FEC	高级 FEC
AGENT		代理
AIS	Alarm Indication Signal	告警指示信号
APR	Automatic Power Reduction	自动功率减小
APS	Automatic Protection Switching	自动保护倒换
APSD	Automatic Power Shutdown	自动功率关断
APSF	Automatic Protection Switching for FastEthernet	百兆自动保护倒换板
ASE	Amplified Spontaneous Emission	放大自发辐射噪声
AWG	Array Waveguide Grating	阵列波导光栅
BER	Bit Error Ratio	比特误码率
BLSR	Bidirectional Line Switching Ring	双向线路倒换环
BSHR	Bidirectional Self-Healing Ring	双向自愈环
CDR	Clock and Data Recovery	时钟数据再生
CMI	Code Mark Inversion	代码标记转换
CODEC	Code and Decode	编解码
CPU	Center Process Unit	中央处理单元
CRC	Cyclic Redundancy Check	循环冗余校验
DBMS	Database Management System	数据库管理系统
DCC	Data Communications Channel	数据通信通道
DCF	Dispersion Compensation Fiber	色散补偿光纤
DCG	Dispersion Compensation Grating	色散补偿光栅
DCN	Data Communications Network	数据通信网络
DCM	Dispersion Compensation Module	色散补偿模块
DCF	Dispersion Compensating Fiber	色散补偿光纤
DDI	Double Defect Indication	双缺陷指示
DFB-LD	Distributed Feedback Laser Diode	分布反馈激光器二极管

续表一

缩写	英 文 全 称	中 文 释 义
DSF	Dispersion Shifted Fiber	色散位移光纤
DGD	Differential Group Delay	差分群时延
DTMF	Dual Tone Multi Frequence	多音双频
DWDM	Dense Wavelength Division Multiplexing	密集波分复用
DXC	Digital Cross-connect	数字交叉连接
EAM	Electrical Absorption Modulation	电吸收调制
ECC	Embedded Control Channel	嵌入控制通路
EDFA	Erbium Doped Fiber Amplifier	掺铒光纤放大器
EFEC	Enhanced FEC	增强型 FEC
EX	Extinction Ratio	消光比
FDI	Forward Defection Indication	前向缺陷指示
FEC	Forward Error Correction	前向纠错
FPDC	Fiber Passive Dispersion Compensator	光纤无源色散补偿器
FWM	Four Wave Mixing	四波混频
GbE	Gigabits Ethernet	千兆以太网
GUI	Graphical User Interfaces	图形用户界面
IP	Internet Protocol	网际协议
LD	Laser Diode	激光二极管
LOF	Loss of Frame	帧丢失
LOS	Loss of Signal	信号丢失
MANAGER		管理者
MDI	Multiple Document Interface	多文档界面
MCU	Management and Control Unit	管理控制单元
MOADM	Metro Optical Add Drop Multiplexer Equipment	城域波分复用光分插复用设备
MBOTU	Sub-rack backplane for OTU	OUT 子架背板
MQW	Multiple Quantum Well	多量子井
MSP	Multiplex Section Protection	复用段保护
MST	Multiplex Section Termination	复用段终结
NCP	Net Control Processor	主控板
NDSF	None Dispersion Shift Fiber	非零色散位移光纤
NE	Network Element	网络单元

续表二

缩写	英 文 全 称	中 文 释 义
NNI	Network Node Interface	网络节点接口
NMCC	Network Manage Control Center	网络管理控制中心
NRZ	Non Return to Zero	非归零码
NT	Network Termination	网络终端
NZDSF	Non-Zero Dispersion Shifted Fiber	非零色散位移光纤
OA	Optical Amplifier	光放大板
OADM	Optical Add/Drop Multiplexer	光分插复用器
OBA	Optical Booster Amplifier	光功率放大板
Och	Optical Channel	光通道
ODF	Optical fiber Distribution Frame	光纤配线架
ODU	Optical Demultiplexer Unit	光分波板
OGMD	Optical Group Mux/DeMux Board	光组合分波板
OHP	Order wire	开销处理板
OHPF	Overhead Processing Board for Fast Ethernet	百兆开销处理板
OLA	Optical Line Amplifier	光线路放大板
OLT	Optical Line Termination	光线路终端
OMU	Optical Multiplexer Unit	光合波板
ONU	Optical Network Unit	光网络单元
OP	Optical Protection Unit	光保护单元
OPA	Optical Preamplifier Amplifier	光前置放大板
OPM	Optical Performance Monitor	光通道性能监测
OPMSN	Optical Protect for Mux Section (without preventing resonance switch)	不带阻振光开关的复用段共享保护板
OPMSS	Optical Protect for Mux Section (with preventing resonance switch)	带阻振光开关的复用段共享保护板
OSC	Optical Supervisory Channel	光监控通道
OSCF	Optical Supervision Channel for Fast Ethernet	百兆光监控通道
OSNR	Optical Signal-Noise Ratio	光信噪比
OTM	Optical Terminal	光终端
OTN	Optical Transport Network	光传送网
OTU	Optical Transponder Unit	光转发板
OXC	Optical Cross-connect	光交叉连接(光互联)

续表三

缩写	英 文 全 称	中 文 释 义
PDC	Passive Dispersion Compensator	无源色散补偿器
PMD	Polarization Mode Dispersion	偏振模式色散
PDL	Polarization Dependent Loss	偏振相关损耗
RZ	Return to Zero	归零码
SBS	Stimulated Brillouin Scattering	受激布里渊散射
SDH	Synchronous Digital Hierarchy	同步数字体系
SDM	Supervision add/drop multiplexing board	监控分插复用板
SEF	Severely Errored Frame	严重误帧
SES	Severely Errored Block Second	严重误码秒
SFP	Small Form Factor Pluggable	小封装可热插拔
SLIC	Subscriber Line Interface Circuit	用户接口电路
SMCC	Sub-network Management Control Center	子网管理控制中心
SMT	Surface Mount	表面贴装
SNMP	Simple Network Management Protocol	简单网络管理协议
SPM	Self-Phase Modulation	自相位调制
SRS	Stimulated Raman Scattering	受激拉曼散射
STM	Synchronous Transfer Mode	同步传递(转移)模式
SWE	Electrical Switching Board	电交叉板
TCP	Transmission Control Protocol	传输控制协议
TFF	Thin Film Filter	薄膜滤波片
TMN	Telecommunications Management Network	电信管理网
VOA	Variable Optical Attenuator	可调光衰减器
WDM	Wavelength Division Multiplexing	波分复用
XPM	Cross-Phase Modulation	交叉相位调制

参 考 文 献

［1］　李立高. 光缆通信工程［M］. 北京：人民邮电出版社，2004.
［2］　乔桂红. 光纤通信［M］. 北京：人民邮电出版社，2005.
［3］　柳春锋. 光纤通信技术［M］. 北京：北京理工大学出版社，2007.
［4］　林达权. 光纤通信［M］. 北京：高等教育出版社，2003.
［5］　吴凤修. SDH 技术与设备［M］. 北京：人民邮电出版社，2006.
［6］　胡先志. 光纤通信系统工程应用［M］. 武汉：武汉理工大学出版社，2003.